THE GUILFORD PRACTICAL INTERVENTION IN THE SCHOOLS SERIES

学校心理干预实务系列

丛书主编 [美]肯尼思·W

译丛主编 李 丹

促进学生的幸福：学校中的积极心理干预

PROMOTING STUDENT HAPPINESS: POSITIVE PSYCHOLOGY INTERVENTIONS IN SCHOOLS

[美] 香农·M. 苏尔多 (Shannon M. Suldo) 著

彭安妮 崔丽莹 陈怡文 译

上海教育出版社
SHANGHAI EDUCATIONAL PUBLISHING HOUSE

图书在版编目（CIP）数据

促进学生的幸福：学校中的积极心理干预 / (美)香农·M. 苏尔多（Shannon M. Suldo）著；彭安妮，崔丽莹，陈怡文译. — 上海：上海教育出版社，2024. 8.（学校心理干预实务系列）. — ISBN 978-7-5720-2882-3

Ⅰ. B844.2

中国国家版本馆CIP数据核字第2024Z2Y332号

责任编辑　徐凤娇
封面设计　郑　艺

学校心理干预实务系列
李　丹　主编
促进学生的幸福：学校中的积极心理干预
[美] **香农·M.苏尔多**（Shannon M. Suldo）**著**
彭安妮，崔丽莹，陈怡文译

出版发行　上海教育出版社有限公司
官　　网　www.seph.com.cn
地　　址　上海市闵行区号景路159弄C座
邮　　编　201101
印　　刷　上海昌鑫龙印务有限公司
开　　本　890×1240　1/32　印张 14
字　　数　280 千字
版　　次　2024年11月第1版
印　　次　2025年6月第2次印刷
书　　号　ISBN 978-7-5720-2882-3/B·0069
定　　价　75.00 元

如发现质量问题，读者可向本社调换　电话：021-64373213

献给我了不起的家庭

我慈爱的父母乔伊(Joy)和戴夫(Dave)为我的一生奠定了基础，

我每天都得到丈夫博比(Bobby)的祝福，

还有我们可爱的孩子埃玛(Emma)和布莱克(Blake)。

关于作者

香农·M. 苏尔多(Shannon M. Suldo)博士是美国南佛罗里达大学(University of South Florida)的学校心理学教授。她的研究主要聚焦于青少年幸福感领域,在阐释学生幸福感水平差异的影响因素方面做了大量研究。苏尔多博士经常在地方、州、国家和国际会议上介绍她的研究工作,并在小学、初中和高中等各类学校开展积极心理干预方面拥有丰富经验。她是美国心理学会第16分会(学校心理学)"莱特纳·维特默奖"的获得者,与人合作撰写了60多篇学术论文和10篇著作章节。

致　谢

这本书的内容反映了我 15 年来致力于为更好地理解儿童青少年幸福感进行的合作研究。这段历程的开始和发展得益于同许多杰出人士的交往，他们主要来自两所大学。这段历程始于我在南卡罗来纳大学（University of South Carolina）接受研究生训练——我非常荣幸地得到斯科特·许布纳（Scott Huebner）的指导。许布纳总是走在时代的前列，早在学生幸福感研究流行之前，他就关注该领域的研究。感谢他向我介绍了一个迅速成为共享热点的话题。我在南卡罗来纳大学接受的卓越教育为我后来的专题研究铺平了道路，给了我很多技能、信心和全身心投入研究的渴望。

南佛罗里达大学的资源为我长时间开展青少年幸福感研究提供了许多便利，我得以和研究内容、方法、专业知识互补的才华横溢的教师合作，与当地学校建立真实的合作关系，获得有出色的研究生助理支持的博士教育，得到初级教师的资助基金和真正的学术自由。多年来，这种多方面的支持，使我的积极心理学研究顺利开展；我非常感谢其他教职员工和研究生同事，以及当地学校的孩子、家长和教师，他们参与了本书介绍的研究项目。特别感谢教师同事约翰·费龙(John Ferron)、伊丽莎白·肖尼西-戴德里克(Elizabeth Shaunessy-Dedrick)、罗伯特·戴德里克(Robert Dedrick)和萨拉·基弗(Sarah Kiefer),他们为本书的基础研究作出了宝贵的贡献。此外,自2004年以来,参与学校心理学项目的同事的鼓励、赞赏和建议,促进了我多样化的实证研究。感谢乔治·巴彻(George Batsche)、凯西·布拉德利-克卢格(Kathy Bradley-Klug)、琳达·拉法埃莱·门德斯(Linda Raffaele Mendez)、茱莉娅·奥格(Julia Ogg)和乔斯·卡斯蒂略(Jose Castillo),他们都将工作作为幸福的源泉。

最重要的是,这本书源于许多有才华的研究生的想法、热情和辛勤工作,多年来我有幸与他们互动。我在过去十年里完成的所有关于青少年幸福的研究,都是与我的积极心理学研究小组的学生成员合作完成的,包括(大致按时间顺序)埃米莉·谢弗-哈德金斯(Emily Shaffer-Hudkins)、杰茜卡·米哈洛夫斯基·萨维奇(Jessica Michalowski Savage)、艾利森·弗里德里克(Allison Friedrich)、德文·明奇(Devon Minch)、特洛伊·洛克尔(Troy Loker)、蒂法尼·斯图尔特(Tiffany Stewart)、阿曼达·马奇(Amanda March)、阿曼达·塔尔吉-雷塔诺(Amanda Thalji-Raitano)、阿什利·查普尔·迪尔(Ashley Chappel Diehl)、梅拉妮·麦克马汉·阿伯斯(Melanie McMahan Albers)、萨拉·费费尔(Sarah Fefer)、克里斯特尔·库扎(Krystle Kuzia)、米歇尔·弗雷·哈斯梅耶(Michelle Frey Hasemeyer)、布伦纳·霍伊(Brenna

Hoy)、谢里尔·董·盖莱(Cheryl Duong Gelley)、莉萨·贝特曼(Lisa Bateman)、雷切尔·罗思(Rachel Roth)、迈克尔·弗兰克(Michael Frank)、布赖恩·班德尔(Bryan Bander)、陈心韻(Sim Yin Tan)、布里塔尼·赫龙(Brittany Hearon)、莫莉·麦卡洛(Mollie McCullough)、杰夫·加罗法诺(Jeff Garofano)、凯蒂·韦斯利(Katie Wesley)、凯拉·劳勒·拉罗萨(Kayla Lawler LaRosa)、萨拉·迪金森(Sarah Dickinson)、埃米莉·埃斯波西托(Emily Esposito)和林宇轩(Gary Yu Hin Lam)。这些聪明的年轻人更像是共同调查员,而不是学生,与他们的互动往往点亮我的一天,并激励我在工作中采取新的方向。例如,杰茜卡·米哈洛夫斯基·萨维奇和艾利森·弗里德里克负责指导我进行干预研究,他们想创建幸福感提升项目,并对该项目实施了第一次迭代,我永远对此表示感谢。同样,阿曼达·塔尔吉-雷塔诺热衷于研究高中生的双因素模型,梅拉妮·麦克马汉·阿伯斯和阿什利·查普尔·迪尔一直致力于追踪样本,这使得我们在本书总结的多项研究中分析了令人难以置信的数据。最近,布里塔尼·赫龙和莫莉·麦卡洛想要把积极心理干预应用到小学儿童和教师中的兴趣日益强烈,希望将这一系列研究扩展应用到其他群体,而不局限于我关注的青少年。简言之,我非常感谢自愿担任研究助理的研究生,并衷心感谢他们对本书大部分研究的启发、指导和传播所作的贡献,正是这些研究使这本书得以问世。我期待与南佛罗里达大学的学生和教师同事继续合作。

我也非常感谢促成本书问世的朋友。在吉尔福德出版社，感谢纳塔莉·格雷厄姆(Natalie Graham)和T. 克里斯·赖利-蒂尔曼(T. Chris Riley-Tillman)指导我完成这一出版项目。感谢章节合作作者愿意分享这项工作。感谢茉莉娅·奥格为每一章提供富有洞察力的、热情的和迅速的反馈。同样，感谢斯科特·许布纳、布里塔尼·赫龙、杰夫·加罗法诺、凯蒂·韦斯利、德文·明奇和唐·金凯德(Don Kincaid)为大多数特定章节提供与专业知识紧密结合的反馈。感谢王欢欢(Huanhuan Wang)和伊丽莎白·斯托里(Elizabeth Storey)提供的精心帮助，以确保引文和参考文献之间的对应关系。最后，至少到目前为止，感谢我了不起的丈夫博比·布霍尔茨(Bobby Bucholtz)，他给了我安慰，源源不断地提供咖啡和糖果，在我使用笔记本电脑工作的很长一段时间里，他承担了大量的育儿工作。作为优秀的学者、教师/导师、临床医生、妻子、朋友和年幼孩子的母亲，想要合理平衡这些角色并不是一件易事。感谢我所爱的人，感谢他陪伴我度过不可思议的时光，以及多年来给予我的无尽耐心与支持！

总 序

“健康不仅是免于疾病或虚弱，而且是身体上、精神上和社会适应上的完美状态。”世界卫生组织对健康的界定具有重要的现实意义，它改变了人们一直以来只强调身体健康的观念，逐渐开始重视身心和谐、心理健康和社会适应。事实上，随着中国社会的变迁，社会经济结构的迅速发展变化，人们感受到越来越大的竞争压力，心理健康问题日益增多；2020 年以来新冠疫情在全球大范围流行，不仅对社会经济发展造成不可估量的损失，而且给公众特别是未成年人的心理带来巨大的冲击和影响。2019 年底发布的《中国青年发展报告》指出，我国 17 岁以下的儿童青少年中，约 3 000 万人受到各种情绪障碍和行为问题的困扰。其中，有 30％的儿童青少年出现过抑郁症状，4.76％～10.9％的儿童青少年出现过不同程度的焦虑障碍，而且青少年抑郁症呈现低龄化趋势。中国科学院心理研究所发布的《中国国民心理健康发展报告(2019—2020)》指出，2020 年中国青少年的抑郁检出率为 24.6％，其中重度抑郁检出率为 7.4％，抑郁症成为当前青少年健康成长的一大威胁。联合国儿童基金会《2021 年世界儿童状况》报告，全球每年有 4.58 万名青少年死于自杀，即大约每 11 分钟就有 1 人死于自杀，自杀是

10～19岁儿童青少年死亡的五大原因之一。在10～19岁的儿童青少年中，超过13%的人患有世界卫生组织定义的精神疾病。

儿童青少年大多是中小学以及大学阶段的学生，他们的心理健康问题和自杀行为的原因极其复杂，除了父母不良的教养方式等家庭环境因素，学校的学业压力、升学压力、同伴压力和校园欺凌以及不同程度的社会隔离等，均可能是影响他们心理健康的重要原因。特别是中小学生处于生命历程的敏感期，他们的发展较大程度上依赖家庭和学校，学校氛围、同伴互动和亲子关系等对他们的大脑发育、心理健康和人格健全至关重要。学生在中小学校园接受必要的知识和技能训练，尤其需要获得来自学校的更多关爱和心理支持。为此，我们推出"学校心理干预实务系列"这个以学校心理干预为核心的系列译丛，介绍国外已被证明行之有效的心理干预经验，借鉴结构清晰、操作性强的心理干预框架、策略和技能，供国内学校心理健康教育工作者参考。

本系列是我们继"心理咨询与治疗系列丛书"之后翻译推出的一套旨在提高学校教师心理干预实务水平的丛书。丛书共选择8个主题，每个主题均紧扣学校心理健康教育实际，内容贴合学生的心理需求。这些译本原著精选自吉尔福德出版社（the Guilford Press）出版的"学校心理干预实务系列"（The Guilford Practical Intervention in the Schools Series），其中有3本出版于2008—2010年，另有5本出版于2014—2017年。选择这几本原著主要基于三方面的考虑。

第一，主题内容丰富。各书的心理干预内容与当前我国学生心理素质培养和促进心理健康紧密关联，既有针对具体心理和行为问题而展开的心理教育、预防和干预，诸如《帮助学生战胜抑郁和焦虑：实用指南（原书第二版）》《破坏性行为的干预：减少问题行为与塑造适应技能》《欺凌的预防与干预：为学校提供可行的策略》和《儿童青少年自杀行为：学校预防、评估和干预》，又有针对学生积极心理培养和积极行为促进的具体举措，诸如《学校中的团体干预：实践者指南》《促进学生的幸福：学校中的积极心理干预》《课堂内的积极行为干预和支持：积极课堂管理指南》和《课堂中的社会与情绪学习：促进心理健康和学业成就》。

第二，干预手段多样。有些心理教育方案是本系列中几本书都涉及的，例如社会与情绪学习（social and emotional learning，SEL），其核心在于提供一个框架，干预范围涵盖社会能力训练、积极心理发展、暴力预防、人格教育、人际关系维护、学业成就和心理健康促进等领域，多个主题都将社会与情绪学习框架作为预防教育的基础。针对具体的心理和行为问题，各书又有不同的策略和技术。对心理和行为适应不良并出现较严重心理问题的学生，推荐使用认知治疗和行为治疗技术、家庭治疗策略等，提供转介校外心理咨询服务的指导和精神药物治疗的参考指南；对具有自伤或自杀风险的学生和高危学生，介绍识别、筛选和评估的方法，以及如何进行有效干预，如何对校园自杀进行事后处理等；对出现破坏、敌对和欺凌等违规行为的孩子，包括注意缺陷多动障碍和对立违抗障碍/品行障碍者，采用清晰而又循序渐进的行为管理方式。对于积极品质的培养，更多强调采用积极行为干预和支持(positive behavior interventions and supports，PBIS)方案促进学生的幸福感，该方案提供的策略可用于积极的课堂管理，也可有效促进学生的积极情绪、感恩、希望及目标导向思维、乐观等，帮助学生与朋友、家庭、教育工作者建立积极关系。

第三，实践案例真实。各书的写作基于诸多实践案例分析，例如针对学校和社区中那些正遭受欺凌困扰的真实人群开展研究、研讨、咨询和实践，从社会生态角度提炼出反映欺凌(受欺凌)复杂性的案例。不少案例是对身边真实事件的改编，也有一些是真实的公共事件，对这些案例的提问和思考让学习者很受启迪。此外，学校团体干预侧重解决在学校开展团体辅导可能遇到的各种挑战，包括如何让参与者全身心投入，如何管理小组行为，如何应对危机状况等；同时也提供了不少与父母、学生、教师和临床医生合作的实践案例，学习者通过对实践案例的阅读思考和角色扮演，更好地掌握团体辅导活动的技能和技巧。

本系列的原版书作者大多具有学校心理学、咨询心理学、教育心理学或特殊教育学的专业背景，对写作的主题内容具有丰厚的理论积累和实践经验，不少作者在高等学校从事多年学校心理学和心理健康的教学、研究、教育干预和评估治疗工作，还有一些作者是执业心理咨询师、注册心理师、儿科专家。这些从不同角度入手的学校心理干预著作各具特色，各有千秋，体现了作者学术生涯的积淀和职业生涯的成就。本系列的译者也大都有发展心理学、社会心理学、咨询心理学和特殊教育学的专业背景，主译者大都在高等学校多年从事与本系列主题相关的教学科研工作，熟悉译本的背景知识和理论原理，积累了丰富的教育干预和咨询评估的实践经验。相信本系列的内容将会给教育工作者、学校心理工作者、临床心理工作者、社会工作者、儿童青少年精神科医生以及相关领域的从业人员带来重要的启迪，也会对家长理解孩子的成长烦恼、促进孩子的健全人格有所助益。

本系列主题涉及学校心理健康教育的方方面面，既有严谨扎实的实证研究和理论基础，又有丰富多彩的干预方案和策略技术，可作为各大学心理学系和特殊教育系相关课程的教学用书和参考资料，也可作为各中小学心理教师、班主任、学校管理者或相关从业人员的培训用书，还可作为家庭教育指导的参考读物。本系列是上海师范大学儿童发展与家庭研究中心和心理学系师生合作的成果。本系列的顺利出版得到上海教育出版社的鼎力相助，该出版社谢冬华先生为本系列选题、原版书籍选择给予重要的指导和帮助，在译稿后期的审读和加工过程中，谢冬华先生和徐凤娇女士均付出了辛勤的劳动，在此一并致以真诚的感谢！

译丛主编：李丹

2022 年 7 月 15 日

目 录

第一部分 学生幸福感概述

第二部分 以学生为中心提升青少年幸福感的策略

第一部分

学生幸福感概述

第一章
背景和原理

幸福和积极心理学概述

幸福是什么？孩子们的答案从具体事物（“冰激凌”“夏天”“迪士尼”）到表达形式（“当我笑的时候，我所有的牙齿都露出来了！”），各不相同。同样，成年人对幸福的定义可以从对愉快而短暂经历的反馈（“一整夜安稳的睡眠”“和我最好的朋友一起欢笑”）到对整体的反馈（“知道我的孩子是安全的和被爱护的”“取得事业的成功”）。科学家帮助我们达成共识，用“主观幸福感”来定义幸福。“主观幸福感”(subjective well-being)一词由伊利诺伊大学厄巴纳-香槟分校(University of Illinois at Urbana-Champaign)的迪纳(Ed Diener)创造。主观幸福感由认知和情感两方面组成。认知成分是指生活满意度，即对一个人生活质量的认知评价。情感成分包括体验积极情绪和消极情绪的频率。积极情绪有欢喜、骄傲、兴奋、愉快、感兴趣等；消极情绪有羞愧、疯狂、恐惧、悲伤、内疚等。也许因为认知是最稳定的成分，所以系统研究青少年主观幸福感的人会普遍进行生活满意度评估。

心理学家对幸福感的兴趣在过去15年里不断加深，尤其是在塞利格曼(Martin Seligman)1998年担任美国心理学会(American Psychological Association, APA)主席之后，紧接着是具有里程碑意义的《美国心理学家》(*American Psychologist*)积极心理学特刊的发行。这一期特刊(Vol.55, No.1)发行于2000年初，塞利格曼和奇克森特米哈伊(Mihaly Csikszentmihalyi)作为特邀编辑。在千禧年提出的这个问题重新聚焦于幸福感及相关结构，提出了积极心理学的三大支柱，包括积极情绪和体验(如幸福)、积极的人格特质(如性格优势)和积极的机构(如健康的学校和家庭)。从那时起，有1 300多篇与积极心理学相关的文章在专业期刊发表(Donaldson, Dollwet, & Rao, 2015)。起初关于积极心理学的论文大多是概念性的，现在这个领域已经发展到每年都有大量的积极心理学论文发表，其中包括对早期理论的实证研究。有相当一部分研究(16%)的实验样本已经包括儿童青少年。这些文献包含大量关于幸福的预测因素(相关因素)、幸福的益处的指导，以及越来越多的测试提升幸福感的干预手段的研究。在干预文献中，最初针对成人的研究关注建立效力，也就是在严格控制的实验中确定如何使干预方法生效，使内部效度最大化(见Sin & Lyubomirsky, 2009)。之后，又有连续的研究支持这些策略的有效性，而现在更多的注意力集中在这些干预措施如何起作用上，换句话说，是关注有些人的主观幸福感为什么发生了积极的变化(Layous & Lyubomirsky, 2014)。通过柳博米尔斯基(Lyubomirsky, 2008)的易读自学指南，人们可以了解并利用循证的干预策略来提高幸福感。

本书的焦点是对学校从业者实施干预而制定的干预策略的创新。第二章的评估和第三章的相关因素回顾充分关注提高幸福感的策略。这些知识体系是理解干预的逻辑对象的基础，也是收集和使用数据以理解谁最可能需要这样的干预措施，以及如何监控干预对主观幸福感的影响的基础。第四章介绍积极心理干预首次出现在成人研究中（如 Seligman，Steen，Park，& Peterson，2005），例如心理学家开始设计简单的“认知或行为策略，以反映发自内心感到幸福的人的思想和行为，反过来提高使用这些策略者的幸福感”（Layous & Lyubomirsky，2014，p. 3）。这项最初针对成人的研究发展出一系列前景广阔的积极心理干预，在这之后不久，学校和研究青少年的临床心理学家在青少年咨询（经常是小组咨询）中测试了这些干预策略（Marques，Lopez，& Pais-Ribeiro，2011；Rashid & Anjum，2008；Suldo，Savage，& Mercer，2014），第五章对此作了阐述。最近，积极心理学研究已经应用于小学生的课堂（Quinlan，Swain，Cameron，& Vella-Brodrick，2015；Suldo，Hearon，Bander et al.，2015）（见第六章和第七章）。第八章描述了让父母参与积极心理干预的有效性证据。第九章探讨了如何把在西方文化中发展的积极心理学应用于其他文化背景下的青少年。第十章将积极心理干预置于多层次支持系统，以在学校环境中提高学生心理健康水平。作为基础，第四章提出了积极心理干预的理论和实证原理。

人们呼吁通过提供一系列循证的初级预防活动来促进并保护青少年的心理健康，关注学生幸福感正与此相符（Weisz，Sandler，Durlak，& Anton，2005）。评估一个学生的主观幸福感可以使学校心理健康服务者在整个功能范围内捕捉心理健康，从痛苦到满足，再到高兴。识别主观幸福感水平低的学生很重要，原因有很多，例如由于学生主观幸福感低，即使未在心理病理学层面达到风险水平，也会表现出较差的结果（如 Suldo & Shaffer，2008）。考虑到主观幸福感带来的好处，以及主观幸福感起到保护作用的事实，有目的的、针对主观幸福感的干预措施与心理健康服务的前瞻性、资源构建方法相一致（Suldo & Huebner，2004a）。总之，培养主观幸福感与其他通用方法一致，例如多层次支持系统中第一层次的努力。这样的努力与传统心理健康服务形成鲜明对比，后者在本质上更加保守，主要集中于第三层次的努力，以治疗有严重情绪痛苦的学生。

心理健康的双因素模型

如前所述，积极心理学涉及对至善功能的研究，包括由对生活的“良好感觉”定义的个人幸福（享乐主义传统），或反映在追求生活的卓越和良好运行上（自我实现传统）。主观幸福感与以往强调情感体验的传统密切相关。一个被认为具有高主观幸福感的学生会报告高生活满意度，并且更频繁地体验到积极情绪（如快乐、兴奋）而不是消极情绪（如悲伤、愤怒）（Diener，Scollon，& Lucas，

2009)。

主观幸福感(尤其是生活满意度)一直是大多数青少年幸福感研究的主要指标。此外,还有其他幸福指标值得考虑。凯斯(Keyes, 2009)将积极心理健康操作化为包括社会幸福感(如积极的人际关系、社会贡献、社区融入)和心理幸福感(如个人成长、生活目标、自我接纳)。这些指标与传统幸福观密切相关,并被视为情感健康指标,类似于组成主观幸福感的积极情绪和生活满意度。凯斯的模型产生了从"萎靡不振"(相当于心理不健康)到"蓬勃发展"(除了在超过一半的社会和心理领域发挥积极作用外,还有高度享乐主义/情感健康)的心理健康类别。与心理健康水平中等或日渐萎靡不振的青少年相比,蓬勃发展的青少年有更少的抑郁症状和品行问题,例如旷课和吸毒(Keyes, 2006)。

2011 年,塞利格曼重新审视了积极心理学的最初焦点,并敦促人们将注意力从所谓的真实幸福转到幸福感理论上。从本质上讲,这一转变不再强调将生活满意度作为追求的主要结果,并将幸福的范围扩大到五个要素,形成 PERMA 模型(PERMA 为这五个要素的英文首字母组合):

1. 积极情绪(positive emotion)。与传统上强调主观幸福感相一致,包括开心和生活满意度两个指标,它们丰富刻画了愉悦的生活。

2. 投入(engagement)。这个要素的重点是心流(flow),它是奇克森特米哈伊(Csikszentmihalyi, 2014)创造的一个术语,用来描述当人投入自己的力量和才能,完全沉浸在活动中时经历的心理领域，它使人生活充实。

3. 关系(relationships)。在幸福理论中，塞利格曼(Seligman，2011)提升了积极关系的地位，将它作为幸福的基本因素，而不是人们获得积极情绪或意义的方式。这一要素要求与他人在一起，并努力建立牢固的关系。

4. 意义(meaning)。有意义的生活的标志是一种归属感，以及一种对比自己强大的事物的服务感。

5. 成就(accomplishment)。实现生命的意义是为了获得纯粹的成就(即胜利)，无论是否有积极情绪伴随，就像追求财富。

塞利格曼(Seligman，2011)敦促心理学家考虑幸福的五个要素(积极情绪、投入、关系、意义和成就)，而不是把幸福等同于积极情绪。尚不清楚“蓬勃发展”与主观幸福感之间的关系，考虑到主观幸福感反映了整体的满足感(不只是一时的快乐)，所以这种关联可能很强，而且与构成衡量蓬勃发展标准的项目所反映的结构相关。在澳大利亚，有500多名十几岁的男孩接受了这种多维度的幸福理论的测试，结果发现，除了高水平关系领域的项目在意义上有所重复，大多数因素的可分离性都得到支持(Kern，Waters，Adler，& White，2015)。这个因素分析研究提出了青少年幸福的四因素解决方案：

1. 积极情绪(例如，“经常感到愉快、活泼、快乐等”)。

2. 投入(例如，“在阅读或学习新的东西时，我经常忘记时间的流逝”)。

3. 关系/意义(例如,“我通常觉得我在生活中所做的事情是有价值的;我的关系是支持性的,并且可以得到回报”)。

4. 成就(例如,“一旦制定了完成某件事的计划,我就会坚持下去”)。

这四种幸福因素与青少年时期关键结果的对应关系不同。例如,良好的身体健康与积极情绪相辅相成,而成长的思维定势则与高度的成就感紧密相关。综上所述,本研究的结果提供了对幸福的多维概念化的初步支持,这和 PERMA 模型一致。青少年的生活满意度评分与幸福的所有维度存在显著相关(与投入的相关系数为 0.43,与成就的相关系数为 0.55,与积极情绪的相关系数为 0.63,与关系/意义的相关系数为 0.64),强调了生活满意度与青少年幸福感所有方面密切关联。

长期以来,尽管幸福感(尤其是快乐)一直是父母的终极目标,甚至被视为不可剥夺的权利,但在 20 世纪,心理病理学是大多数心理学研究和治疗的主要焦点(Joseph & Wood, 2010; Seligman & Csikszentmihalyi, 2000)。根据塞利格曼(Seligman, 2002)的记录,该领域对心理病理学的研究焦点源于对从战场归来情绪低落的退伍军人的治疗需要,这种对治疗的关注为心理学家的研究提供了机会。心理病理学包括心理障碍和内化性质的症状,如抑郁和焦虑,以及表现为过度活跃、不服从和其他品行问题的外化行为障碍。传统上,心理健康诊断由出现病症和相关负面结果(损害)来定义。如果不符合疾病的标准,则将患者视为亚临床患者,不作为常规干预的目标。

人们越来越多地认识到青少年的心理病理症状和幸福的特殊性。不管幸福是否以多维的五因素方式被概念化（Kern et al.，2015），比如蓬勃发展（即享乐幸福感和自我实现幸福感）（Keyes，2006），或高主观幸福感（Suldo & Shaffer，2008），虽然心理病理症状同幸福感相关，但是，不存在心理病理症状并不等于感到幸福。更确切地说，完全心理健康最好可以被定义为少许心理病理症状和完整的主观幸福感。运用主观幸福感的指标很容易就能考察更全面的个体发展，例如，从有问题到令人满意，再到蓬勃发展。在认可以积极的方式定义青少年幸福感的相互竞争的框架的同时，本书侧重于将幸福作为主观幸福感，部分原因是可以利用历史上对生活满意度的关注和相对较坚实的研究基础。表 1 - 1 说明了在对初中生（Suldo & Shaffer，2008）和高中生（Suldo，Thalji-Raitano，Kiefer，& Ferron，in press）的研究中，如何将青少年心理健康定义为主观幸福感和心理病理的综合心理测量分数（第三章有提及），如儿童行为评估系统（Behavior Assessment System for Children，BASC）（Reynolds & Kamphaus，2004）和阿肯巴克实证评估系统（Achenbach System of Empirically Based Assessment，ASEBA）（Achenbach & Rescorla，2001）。

有哪些研究证据支持青少年心理健康双因素模型的存在和效用？对小学（Greenspoon & Saklofske，2001）、初中（Antaramian，Huebner，Hills，& Valois，2010；Suldo & Shaffer，2008）、高中

(Suldo，Thalji-Raitano et al.，in press)和大学(Eklund，Dowdy，Jones，& Furlong，2011；Renshaw & Cohen，2014)学生的研究指出，要同时考虑心理病理症状和主观幸福感的重要性。这些研究反复发现，大多数心理病理症状最轻微的青少年拥有完整的主观幸福感(处于完全心理健康状态)，而许多心理病理症状水平较高的青少年的主观幸福感下降(处于疾患状态)。然而，也有相当数量学生的心理病理症状与高水平的主观幸福感并存(处于有症状但自我满足状态)，还有一部分学生的心理病理症状水平极低，主观幸福感也较低(易感者)。四组被试包括有相似水平的心理病理症状但不同水平的主观幸福感的群体，说明在评估他们的心理健康时，考虑主观幸福感很重要。

表 1-1　双因素模型定义的青少年心理健康状况

心理病理水平	主观幸福感水平	
	低	平均值以上
低	易感者	完全心理健康者
	主观幸福感低于样本底端的 26%～30%和内化症状 T 分数<60，外化症状 T 分数<60	主观幸福感在样本顶端的 70%～74%和内化症状 T 分数<60，外化症状 T 分数<60
高	疾患者	有症状但自我满足者
	主观幸福感低于样本底端的 26%～30%和内化症状 T 分数≥60，外化症状 T 分数≥60	主观幸福感在样本顶端的 70%～74%和内化症状 T 分数≥60，外化症状 T 分数≥60

完全心理健康者

在前面提到的研究中，所有学生被分为四组，大约三分之二的学生（平均为65%，范围为样本的57%～78%）处于完全心理健康状态，由平均水平到高水平的主观幸福感和低水平的心理病理来定义。处于完全心理健康状态的学生群体在文献中被称为“适应性强”“积极心理健康”和“精神健康”。完全心理健康的学生通常表现出最好的适应性，包括当时的心理健康评估（Antaramian et al.，2010；Eklund et al.，2011；Greenspoon & Saklofske，2001；Renshaw & Cohen，2014；Suldo & Shaffer，2008；Suldo，Thalji-Raitano et al.，in press）、这一学年下半学期的评估（Lyons，Huebner，& Hills，2013），乃至下一学年的评估（Suldo，Thalji-Raitano，& Ferron，2011）。与主观幸福感水平下降而被视作易感者的同学（同样没有心理疾病）相比，完全心理健康的学生更能在学业上取得成功，他们获得更好的成绩，在全州范围内的测试中表现出更强的阅读技能，更多地投身学校活动，并有积极的学习态度。这些学业优势在高年级和次年考勤中一直存在。这些发现证明，低心理病理水平和高主观幸福感的结合具有长期益处。完全心理健康的学生身体也更健康，与家人、同学、恋人、教师拥有良好的关系，有较强的自我概念，在情感上蓬勃发展，心怀希望和感恩。

易感者

一小部分学生（平均为12.1%，范围为样本的8%～19%）报告主观幸福感降低，但并未表现出许多心理病理症状。这种心理健康状况脆弱的学生被看作“不满意”“处于危险之中”或“无症状但不满意”。在传统模型中，心理健康只关注心理病理学，易感儿童不太可能成为干预对象，因为他们在内化或外化症状的筛查上得分不高。然而，将这些学生的结果与完全心理健康的学生进行比较，结果表明，他们的功能不是最优的。具体来说，这些学生的身体健康状况较差，自我概念较弱，人际关系和恋爱关系较差，与心理病理水平较低但主观幸福感较高的同龄人相比，他们的学业风险更大。例如，与心理健康状况良好的同龄人相比，易感中学生的学年课程成绩会下降。

疾患者

约 12.8％的学生（范围为 8％～17％）主观幸福感较低且心理病理水平较高。有这种问题的学生通常比其他三组结果更差，他们被称为“苦恼的”或“心理不健康”。迄今为止，研究结果表明，陷入此种困境的学生自我概念最弱，健康最糟糕，而且有许多社会问题，包括同伴侵害和社会支持减少。与心理病理水平低的两组学生相比，疾患者或有症状但自我满足者的成就测验分数都较低。目前的研究表明，不管主观幸福感水平如何，有心理病理症状的中学生更有可能面临学业挑战。然而，纵向研究表明，在认知投入和平均绩点（grade point averages，GPAs）方面，高心理病理水平和低主观幸福感的结合使本就处于学业风险的中学生面临更加恶劣的结果。

有症状但自我满足者

迄今为止，在双因素模型的研究中，有大约10.1%（范围为4%～17%，将心理病理学评估局限于内化症状的自我报告研究得出的数字较小）的学生报告了从平均水平到高水平的主观幸福感，尽管他们的心理健康问题较多。有症状但自我满足的学生有时被称为“矛盾的”或“外部失调的”，可能会在有心理健康问题的筛查者中找到这类人，但事实上，相对于主观幸福感较低的同伴，他们有一些适应性特征。这些特征包括与父母、教师和同学的关系牢固，整体自我价值和学业投入高。他们这些方面的功能通常可以与在完全心理健康的学生中观察到的积极结果相比较，这表明心理病理症状的存在并不总是与适应不良有关。对中学生的后续研究发现，有症状但自我满足的青少年没有经历过陷入困境的同龄人所经历的最糟糕的学业结果。

综上所述，双因素模型确定了两组独特的学生群体——易感者和有症状但自我满足者，只使用聚焦于问题的心理评估方法，可能会忽略或者误解这两类学生。越来越多的关于心理健康双因素模型的研究表明，需要综合考虑学生的主观幸福感。仅从症状水平判断心理健康是不完整的，因为适应似乎是学生的主观幸福感和心理病理症状的函数。

主观幸福感的益处

很少有人会说幸福是一种有价值的存在状态（一个理想的结

果)。但是,除了即时的个人益处,幸福还能起到重要作用吗?弗雷德里克森(Fredrickson, 2001)的扩展构建理论回答"是的",积极情绪会激发螺旋向上的人生。这是如何实现的呢?消极情绪与逃避和僵化联系在一起,积极情绪则引导人们去接近机遇,包括挑战,更灵活地思考,从而建构个人知识和社会关系。因此,主观幸福感是一种需要培养的资源,因为它促进了随后的积极结果。有一项研究能够支持扩展构建理论在教育背景下对青少年的适用性,该研究在一个学年中对高中生进行了五次调查(Stiglbauer, Gnambs, Gamsjäger, & Batinic, 2013)。结果发现,在学校的积极体验(被概念化为与教师和同学的良好关系,学生的心理需求得到满足,对自己的学业能力更有信心,更加重视教育)产生了更加积极的情绪。频繁的愉快情绪反过来促进了在学校更积极的体验。因此,幸福既是一种结果,也是能够在学校体验良好人际关系、能力和自主的原因。这些相互关系证明,学生的积极情绪会带来"积极的学校体验和幸福感的螺旋式上升"(Stiglbauer et al., 2013, p. 239)。

使学生在学校里茁壮成长是学校心理健康服务者的首要目标,而从公共健康角度来看,身体健康可能是最重要的结果之一。大量研究表明,主观幸福感较高的成年人活得更久。研究者(Diener & Chan, 2011)得出结论:

> 当个体认为幸福的人生活更愉快、更健康时,主观幸福感和健康的调查结果的重要性就更令人信服了。也许是时候增

> 加干预措施以改善主观幸福感，使之成为公共卫生措施列表中的一项，并提醒政策制定者注意主观幸福感与健康、长寿的关联。（p.32）

从双因素模型中可以看出，身体健康是不同心理健康状态的青少年的众多结果之一。如前所述，完全心理健康的学生主观幸福感水平高，且心理病理症状水平最低，在发展的关键领域（学业、社会、同一性和身体健康）表现出色。此外，与有症状但自我满足的状态相关的适应优势（与有问题的同龄人相比）表明，平均水平及以上的主观幸福感能够保护心理病理水平较高的学生，避免他们发展出最坏的结果。

主观幸福感作为一种保护因素的概念，与早期研究发现生活满意度的缓冲效应（Suldo & Huebner，2004a）的结果一致。准确地说，经历过更多压力生活事件的初中、高中学生一年后会出现更多的外化行为问题，但前提是他们的生活满意度较低。当学生面对压力时，高生活满意度能避免他们产生更多的外化行为问题。其他纵向研究表明，学生的主观幸福感水平预示着他们日后的学业适应水平，超越了心理病理学和初始学习成绩的影响。这些研究发现，主观幸福感对后来的学习投入（Lyons et al.，2013）和课程成绩（Suldo et al.，2011）产生了独特的影响。在解释和预测学生适应的过程中，学生主观幸福感的附加价值对评估和干预有影响。

将积极心理学融入学校心理健康服务

无论是采用学校讲授还是暗示的方式，对青少年主观幸福感的评估都被推荐作为传统心理病理学指标的补充。第二章提出多种选择，通过总体和具体领域满意度自我报告测量法评估生活满意度。这些测量法由许布纳及其同事开发，不受版权限制，并且具有心理测量效度。第五章提出的小组积极心理干预对生活满意度低的学生尤其适用。就像学校心理健康服务者试图去理解造成某个患有心理疾病的学生的症状的危险因素，人们也应该理解主观幸福感的促进因素。最近，有一些工具可以帮助学校心理健康服务者评估有助于提高学生总体生活满意度的外部和内部资源。具体来说，第二章介绍了由弗朗及其同事(Furlong, You, Renshaw, Smith, & O'Malley, 2014)开发的社会与情绪健康量表(Social and Emotional Health Survey)。社会与情绪健康量表测量了 12 个积极心理元素(positive psychological building blocks)(诸如感恩、热情、情绪调节、同伴支持和自我效能等)，它们构成学生潜在的综合活力水平。弗朗在提到一个潜在的元结构时使用了“综合活力”(covitality)这个词，它反映了“多个积极心理元素之间相互作用产生积极心理健康的协同效应”(Furlong, You et al., 2014, p. 1013)。综合活力是主观幸福感的准确预测指标。例如，高中生潜在的综合活力与主观幸福感的相关系数是 0.89 (Furlong, You et al., 2014)。在学校心理健康服务者通过积极心理干预(第五章)来提高主观幸福感的努力中，生活满意度和综合活力的测量将发挥作用，这些积极心理干预针对其相关因素(第三章)，包括在社会与情绪健康量表中捕捉的一些心理元素。然而，有大量循证干预措施可供从业者用于心理病理症状水平升高的学生(Weisz & Kazdin, 2010)，第五章描述的积极心理干预项目是该领域一个相对较新的发展，该项目教导学生有目的地增加与幸福的决定因素理论相一致的思想和行为来提高幸福感(在第四章中总结)。

第十章呼吁关注多层次支持系统(multi-tiered systems of support, MTSS)，通过系统性、协调性的服务和实践与公共卫生方法结合，预防心理问题，促进健康(Doll, Cummings, & Chapla, 2014; Eber, Weist, & Barrett, 2013)。正如本书所述，积极心理干预系统地培养能力，利用学生及其所在环境中的保护因素来提高主观幸福感，并缓解心理健康问题(Nelson, Schnorr, Powell, & Huebner, 2013; Seligman & Csikszentmihalyi, 2000)。因此，在预防框架中，促进主观幸福感的做法必不可少，研究发现，生活满意度的下降预示着之后心理健康问题的出现，例如抑郁(Lewinsohn, Redner, & Seeley, 1991)。这可能是因为，快乐人群的积极思想和活动能有效减少和瓦解共同的危险因素，比如孤独和倾向于反思负面经历(Layous, Chancellor, & Lyubomirsky, 2014)。主观幸福感影响心理病理的实证支持来自对青少年心理健康的反复评估，结果表明，生活满意度预测后期的心理病理水平，而不是心理病理水平预测生活满意度。具体地说，尽管外化或内化症状不能预测后期的生活满意度，但生活满意度较低的中学生后来报告了较多的外化问题行为，并且男孩会出现更多内化症状（Lyons, Otis, Huebner, & Hills, 2014）。

目标干预可能预示随着主观幸福感下降而出现的问题迹象，提高生活满意度的普遍策略可能会回避与这些目标干预有关的接触和污名。学校为促进学生的主观幸福感而作出的努力，可以针对与生活满意度相关的因素（见第三章“本章小结”），例如，学校氛围与最佳心理健康相辅相成。如第七章所述，在积极心理学的学校应用中，包括教师和/或同伴在内的通用策略可能特别合理，因为学校心理健康服务者更容易接触到他们。学生经常与同伴、教师和其他学校支持人员在一个环境中学习，这个环境可以自然增强支持和保护系统。

与积极心理学相似的方法

认同积极心理学的研究者肯定不是第一个关注心理疾病预防、能力提升和技能发展、青少年优势或最佳机能培养等目标的人。接下来介绍一些具有兼容性目标的理论框架和计划。

人本主义治疗

罗杰斯（Carl Rogers）以人为本的心理治疗方法强调自我实现倾向理论——想要最大限度地体验和实现自己潜能的固有欲望（Joseph & Murphy, 2013）。以人为本的方法和积极心理学的相似之处在于：拒绝心理健康实践的医学模式，强调个人力量（Raskin, Rogers, & Witty, 2014）。正如奥格雷迪（O'Grady,

2013)所指出的，罗杰斯认为幸福源于有目的的努力、充实的生活和努力发挥自己的潜能。

社会与情绪学习

把青少年培养成负责任的、有社会技能的公民，关心彼此，为一个强大的社会作出贡献，这不仅需要学业技能的直接指导。学校课程旨在促进社会与情感健康，这隶属于社会与情绪学习(social-emotional learning, SEL)①的范畴。这种促进健康的普遍努力先于积极心理干预，但同样基于强调积极发展的初级预防框架(Weisz et al., 2005)。正如格林伯格及其同事(Greenberg et al., 2003)所描述的，20 世纪 90 年代中期，教育的努力关键在于防止很多负面结果，比如使用毒品和暴力，或促进良好品格的社会性发展，提高情商和公民参与性，建立学业、社会与情绪学习合作组织(Collaborative for Academic, Social, and Emotional Learning, CASEL)。在学业、社会与情绪学习合作组织官方网站发布的资源包括对越来越多的学校项目的关键特征和经验支持的总结，这些项目旨在培养学生管理情绪、表达对他人的同情和关心、作出负责任的决定，并建立积极的关系等方面的技能。

积极青少年发展

大部分来自发展心理学的研究已经确定一组核心的内部因素(包括社会与情感能力)和外部因素，它们塑造了个体成长为有生

① 亦译为“社会与情感学习”。——译者注

产力的成人的积极轨迹。这些研究的核心原则强调温暖的关系和关爱的社区的强大影响，包括社区的非正式支持以及组织的课外项目，这些支持和项目促进并加强了青少年内部资源的增长。例如，目标是20个内部资源之一，它是对20个外部资源的补充，使发展资源框架得到扩展。达蒙、梅农和布朗克（Damon, Menon, & Bronk, 2003）将追求目标概念化为“实现积极心理学运动设想的幸运目的的关键，如真正的幸福”（p.120）。目标反映了个人对成就的目标导向的努力，这些成就既有个人意义，又有助于超越自我，对家庭、社区、信仰或国家都有重要意义。例如，资源丰富的环境使人有机会通过帮助他人产生影响（成年人或同伴提供志愿服务榜样，家长经常讨论时事），并安全地、具有建设性地利用时间（定期参加高质量的结构化活动）。拥有这样的外部资源的青少年会有更高水平的幸福感，体现为更少的冒险行为和情绪痛苦（抑郁），以及更高的生活满意度（Scale et al., 2008）。

心理韧性研究

一般来说，心理韧性（resilience）是指“在重大逆境中或经历重大逆境后的积极适应模式”（Masten, Cutuli, Herbers, & Reed, 2009, p. 118）。积极青少年发展强调不管风险水平如何，都能给所有个体带来最优结果的环境，心理韧性研究的重点是为青少年提供充足的结果预测因素，防止他们因压力和不利的情境而发展出心理病理症状。尽管研究中的青少年经历了巨大挑战，但最终的促进因素或保护因素使没有屈服于高风险状态的青少年脱颖而出，这些因素与积极青少年发展（Masten，2014）确定的资源有很多重叠。其共性包括儿童的特征（如信仰和意义/目的、自尊、对自己未来的积极看法、充满希望或乐观的表达）、家庭的特征（家长参与学校教育、权威的养育/支持）和社区的特征（安全的社区环境、参与亲社会组织）。这些以人为中心的发现为临床应用提供了理论依据，这些临床应用的目标是促进儿童的高水平适应性。例如，第四章和第五章提到的宾夕法尼亚心理韧性项目（Gillham，Jaycox，Reivich，Seligman，& Silver，1990）有针对性地阐述了乐观的思想和积极的社会关系，以及与预防抑郁症有关的保护因素。

显然，积极心理学的目标和干预对象在临床和教育心理学以及教育实践中有很深的根源。教育实践通过角色教育方法使青少年遵守社会规范。在青少年中，积极心理学在一定程度上以主观幸福感为指标，强调个人情感成长，从而和其他学科区分。即使现在感到很满意的学生也应该有机会变得更加幸福，因为他们认识到积极情绪会带来更好的社会和教育经历，从而产生螺旋上升（Fredrickson，2001；Stiglbauer et al.，2013）。促进主观幸福感的主要方法是，将学生对自己性格优势的认识和利用最大化，其中一些性格优势与内部发展资源框架中的诚实、道德、勇气、公平等积极价值意义相同。不同之处在于，许多早期性格教育项目侧重于建立一套特定的内部资源（包括发展资源或社会与情感能力框架资源）。这与许多积极心理干预的描述性本质形成鲜明对比，这些积极心理干预引导学生发现自己的性格优势，并通过在日常生活的多种情境中有意识地发挥来培养他们的性格优势(Linkins, Niemiec, Gillham, & Mayerson, 2015)。后一种方法更加个性化,包括探索优势行动价值问卷(Values in Action Inventory of Strengths, VIA-IS)(Park & Peterson, 2006)中体现的24种优势。优势行动价值问卷通常用于开发性格优势等级的个人档案,如第五章所述。

为了提高幸福感,从积极心理学中演化出来的其他干预措施都是为了模仿天生幸福的人的想法和行为(Layous & Lyubomirsky, 2014)。然而,心理韧性研究中的保护因素主要来自对处于高风险状态者产生的不良后果的关注,积极心理干预目标的理论基础源于对高水平主观幸福感的关注。值得注意的是,同前面提到的与积极青少年发展和心理韧性研究紧密相关的学科相比,对儿童青少年积极心理学的推广性研究是由许多学校心理学家领导的,他们对学校环境中的测量、理论和应用作出大量概念性的和实证的贡献(Donaldson et al., 2015)。

本书的目标读者

理想情况下,相对年轻的积极心理学运动的未来发展,将建立在关键的研究结果和吸取前辈的经验教训之上。跨学科的研究协作和努力传播对以下两点至关重要:一是防止冗余和碎片化;二是将研究范围扩展到服务于青少年,而不论其主要背景。在这种情况下,尽管迄今为止所做的许多应用性工作(如后面各章所述)都由服务于在校青少年的学校心理学家承担,但来自不同领域(包括社会工作、心理咨询和儿童临床心理学）的心理健康专家可能会发现，干预策略适用于他们为提高儿童青少年的幸福感所做的工作。因此，书中“从业者”一词意指所有在儿科、门诊或其他地方为儿童青少年服务的心理健康工作者或训练有素的临床医生。

第二章

测量学生的主观幸福感[①]

为了通过主观幸福感的结构来定义幸福，本章介绍了生活中较为常见的生活满意度测量方法，同时指出研究中对情感的测量方法。下面介绍社会与情绪健康量表（Social and Emotional Health Survey）（Furlong，You et al.，2014），该量表旨在评估提供学生综合活力的积极心理元素，能够预测主观幸福感结果。附录中提供了生活满意度和综合活力指数测量的可复制副本。

主观幸福感的测量

如何评估儿童的主观幸福感？也许你认为可以看出儿童主观幸福感的水平，或者（更具体地说）他们的生活满意度。有些个人特质很容易观察，有些并不是。也许你认为，悲伤或喜悦这种显而易见的情绪可以反映儿童的生活满意度。然而，尽管对儿童生活

---

① 本章与 E. 斯科特·许布纳（E. Scott Huebner）和迈克尔·弗朗（Michael Furlong）一起撰写。E. 斯科特·许布纳，博士，美国南卡罗来纳大学心理学系学校心理学项目教授。迈克尔·弗朗，博士，美国加利福尼亚大学圣巴巴拉分校咨询、临床和学校心理学系教授。

质量的判断与他们的积极情绪相关，但是两者不可以互换。儿童可以报告高水平的生活满意度，同时表现出较少的积极情绪和/或较多的消极情绪（Huebner, 1991b）。当要求家长评估儿童的生活满意度时，他们的报告会与儿童的报告呈现中等程度的相关，这样的报告存在误差（Huebner, Brantley, Nagle, & Valois, 2002）。为了更准确地测量儿童的主观幸福感，学校专家采用标准化的自我报告工具。学生作为“专家”判断自己的生活满意度水平。自我报告是最主要的评估工具，因为通过其他方法难以获得儿童对其生活质量的看法，并且儿童自我报告本身也越来越重要（Ben-Arieh, 2008）。

在关注采用多重方法测量儿童青少年的生活满意度之前，我们应该注意到，其他章节对儿童青少年主观幸福感的研究测量了认知和情感维度。情感维度最常由27个项目的儿童积极—消极情感量表（Positive and Negative Affect Scale for Children, PANAS-C）评估（Laurent et al., 1999）。使用儿童积极—消极情感量表时，主试可以选择儿童报告情绪体验时应该考虑的时间范围。如现在你是否关注某个人的情绪？在过去的24小时里他的情绪是怎样的？在过去的几周呢？从逻辑上说，更准确的回忆以及情绪的短暂性都与较短的持续时间有关。为了理解幸福感与其他因素的关系，我们在研究中试图捕捉学生的主观幸福感，要求学生回忆在过去几周他们体验到的各种感受和情绪的强度。在其他研究中，作为进度监控系统的一部分，研究者相当频繁地收集情绪评分(例如,在不同活动过程中寻找情绪变化),我们改变了方向,要求学生评估一天内他们体验各种感受和情绪的频率。

评估生活满意度有三种主要方法:评估总体生活满意度、评估一般生活满意度和评估多维度生活满意度。第一种方法假设,生活满意度报告最好通过自由领域问题(如“我过得很好”)和限定领域问题(如“我在学校过得很好”)来获得。儿童根据自己的标准回答问题。与此形成鲜明对比,一般生活满意度报告会涵盖一系列具体领域的问题(如有关学校生活、家庭生活和朋友的问题),总分基于测验开发者包含的特定领域问题的得分总和。因此,如果一种方法所包含条目测量的满意度领域与另一种方法不同,那么总分也应该不同,因为总分反映不同领域的集合。例如,卡明斯等人(Cummins & Lau, 2005)测量青少年的主观幸福感,基于物质幸福、健康、生产力、亲密关系、安全、社会地位和情感幸福七个领域的总分,而有些测量(Huebner, 1994)则基于家庭、朋友、学校、自我和生活环境五个领域。与关注整体主观幸福感的测量相比,多维度生活满意度的测量评估对儿童来说重要的领域,为每个领域提供不同的分数。专业人员在决定使用哪种测量方法时,应该考虑自己重点关注生活满意度的哪个方面。

不管具体的衡量标准是什么,所有生活满意度测量都是了解青少年幸福感水平的积极心理学途径。不同于从没有心理病理症状中推断幸福感的概念模型(和相关指标),生活满意度指标与世界卫生组织(WHO, 1948)早期将健康定义为一种完全的身体、心理和社会幸福感的状态一致。生活满意度测量旨在在一个满意度中点之上（或之下）来区分生活满意度。通过这种方式测得的“高”生活满意度不能简单地定义为没有不满意。我们可以从整体或特定领域区分“轻度满意”“中度满意”“高度满意”。

普罗克特等人（Proctor，Linley，& Maltby，2009a）全面综述了生活满意度测量的心理测量学特性。学生生活满意度量表（Students' Life Satisfaction Scale，SLSS）（Huebner，1991a，1991b）适用于对青少年总体生活满意度的评估（Proctor et al.，2009a），多维度学生生活满意度量表（Multidimensional Students' Life Satisfaction Scale，MSLSS）（Huebner，1994）适用于多维度测量。相比于多维度学生生活满意度量表，简版多维度学生生活满意度量表（Brief Multidimensional Students' Life Satisfaction Scale，BMSLSS）（Seligson，Huebner，& Valois，2003，2005）更加简短，适用于大规模监测和调查研究，也可用于临床筛查和干预研究。

学生生活满意度量表

学生生活满意度量表是简短的七项目自我报告测量，适用于8～18岁的儿童青少年。量表需要儿童从生活整体的角度判断生活满意度，因此项目情境彼此并不关联。在学生生活满意度量表项目的开发过程中，人们开发并使用了补充的积极情绪和消极情绪项目，以澄清学生生活满意度量表开发的生活满意度结构与相关的主观幸福感变量之间的差异（Huebner，1991a，1991b）。

施测和评分

学生生活满意度量表可以对个体和团体施测。最初的版本采用 4 点计分(Huebner, 1991b),后来的研究发现 6 点计分更为适用(Gilman & Huebner, 1997)。修订后的量表改用 6 点计分:1=非常不同意,2=中度不同意,3=轻度不同意,4=轻度同意,5=中度同意,6=非常同意。得分高代表生活满意度水平高。完整的问卷和使用说明见附录。

学生生活满意度量表已经用于非临床样本的学生,适用年龄为 8～18 岁。非临床样本的研究从 20 世纪 90 年代开始(例如,Dew & Huebner, 1994; Huebner, 1991b),一直持续到今天。来自临床和其他特殊人群的额外样本包括高危学生(Huebner & Alderman, 1993)、获刑的青少年(Crenshaw, 1998)、天才学生(Ash & Huebner, 1998)和学习困难学生(McCullough & Huebner, 2003)、有情绪困扰的学生(Huebner & Alderman, 1993)、听力障碍学生(Gilman, Easterbrooks, & Frey, 2004)、有慢性疾病的学生(Hexdall & Huebner, 2007)。学生生活满意度量表也适用于国际研究(例如,Marques, Pais-Ribeiro, & Lopez, 2007; Park & Huebner, 2005)。

心理测量学特性

研究证明了学生生活满意度量表的一维性。学生生活满意度量表的内部一致性系数通常为 0.80 左右。有关干预的稳定性系数和变化的研究表明,儿童的反应相对稳定,但对系统干预项目比较敏感。学生生活满意度量表得分显示出有意义的会聚效度和区分效度。例如，学生生活满意度量表得分与积极生活事件的发生呈正相关，与消极生活事件的发生呈负相关，与智力测验得分不相关（参见 Huebner & Hills，2013；用于评述学生生活满意度量表的心理测量学特性）。

多维度学生生活满意度量表

最初的多维度学生生活满意度量表包含 40 个项目，后来缩减为 30 个项目（Huebner，Zullig，& Saha，2012）。缩减后的版本删除了 10 个反向计分项目，增强了量表的简洁性，保留了足够的可靠性。剩下的分量表包含五个（学校领域）至七个（家庭领域和自我领域）项目不等。比起儿童对总体生活满意度的判断，多维度学生生活满意度量表旨在评估儿童在重要具体领域的生活满意度。因此，多维度学生生活满意度量表提供了判断儿童生活满意度的多维度概况，确保更有针对性的评估和干预。比如，有些学生对学校生活满意度较高而对家庭生活满意度较低，有些学生对学校和家庭环境都表现出不满意，这两类学生需要的干预项目不同。

具体而言，多维度学生生活满意度量表旨在：（1）提供儿童对五个重要具体领域（学校、家庭、朋友、自我、生活环境）的满意度概况；（2）在 8～18 岁范围内显示相关性；（3）适用于不同的能力水平（即从轻度发展障碍儿童到天才儿童）。这些特定领域的选择参考了焦点群体、文献以及来自试验研究（处于小学到中学年龄段的学生）的评分。

施测和评分

多维度学生生活满意度量表的 30 或 40 个项目版本可以对个体或团体施测。与学生生活满意度量表类似，多维度学生生活满意度量表的当前版本采用 6 点计分，其中 1＝非常不同意，6＝非常同意。分数越高，说明每个领域的满意度越高。由于分量表包含不同项目数，因此可以通过对项目分数求和并除以项目数来使得分具有可比性。40 个项目完整版的测量和指导语可参见附录。

和学生生活满意度量表一样，多维度学生生活满意度量表也应用于临床和非临床儿童青少年样本的各种研究，以及其他国家的儿童青少年(参见 Gilman et al.，2008)。

心理测量学特性

40 个项目的多维度学生生活满意度量表的内部一致性系数为 0.70～0.90，2～4 周的重测信度为 0.70～0.90，进一步支持了量表的可靠性。探索性和验证性因素分析的结果支持了多维度学生生活满意度量表的维度。与其他自我报告的主观幸福感测量、家长报告、学校行为的教师报告和社会赞许性量表的预测相关性也证明，该量表的会聚效度和区分效度良好。在评估几类特殊儿童的幸福感上，多维度学生生活满意度量表的适用性和效度都有其独特之处，多种出版物已有刊表(见 Huebner & Hills，2013；综述了多维度学生生活满意度量表的心理测量学特性)。

简版多维度学生生活满意度量表

简版多维度学生生活满意度量表(Seligson et al., 2003)满足了生活满意度测量有效性和稳定性的需要,该量表具有相关性,发展合理且足够简短,可用于对环境的筛查或对儿童青少年的大规模调查,例如国家调查或国际调查。具体来说,它反映了多维度学生生活满意度量表背后的概念模型。因此,简版多维度学生生活满意度量表为五项目自我报告测量,从五个领域评估满意度,多维度学生生活满意度量表也包括这五个领域,即学校、家庭、朋友、自我和生活环境,除此之外,还涵盖总体生活满意度项目。

施测和评分

简版多维度学生生活满意度量表可用于个体或团体施测。采用 7 点计分方式(Andrews & Withey, 1976), 1 代表糟糕的,7 代表非常幸福。阿西等人(Athey, Kelly, & Dew-Reeve, 2012)也为简版多维度学生生活满意度量表提供了 5 点计分反应量表有效性的证据,其中 1 代表非常不满意,5 代表非常满意。测量和指导语见附录。

与学生生活满意度量表和多维度学生生活满意度量表的研究一致,简版多维度学生生活满意度量表在 8～18 岁儿童青少年中使用,已应用于美国两项大规模研究。1997 年,南卡罗来纳疾病控制中心青少年危险行为调查(South Carolina Youth Risk Behavior Survey of the Centers for Disease Control)对南卡罗来纳州超过 5 500 名高中生(Huebner, Drane, & Valois, 2000)和

2 502名初中生(Huebner, Valois, Paxton, & Drane, 2005)施测了简版多维度学生生活满意度量表。

心理测量学特性

简版多维度学生生活满意度量表的信度系数一般为0.70～0.80,而且具有跨时间的稳定性。简版多维度学生生活满意度量表的项目显示了一种单维因素结构,以及与多维度学生生活满意度量表得分相关的有意义的会聚效度和区分效度模式(有关简版多维度学生生活满意度量表心理测量学特性的综述,参见Huebner & Hills, 2013; Huebner, Seligson, Valois, & Suldo, 2006)。

享乐主义主观幸福感测量总结

尽管针对儿童青少年的总体生活满意度和基于特定领域的生活满意度的有效心理测量方法发展相对较慢,但现在已有各种适用于儿童青少年的测量方法。近期的发展应有助于确定干预措施的效果,如本书所述。随着干预措施的完善和更规范样本的出现,学校专业人员应该能够自信地监控学生的健康状况,提供常规的幸福感检测(Frisch, 1998, p.36),以及研究个体和团体干预项目的效果。

根据哈特(Harter, 1985)有关自我概念评估的建议,许布纳等人(Huebner, Nagle, & Suldo, 2003)提出,生活满意度测量的临床效用可以通过极限测试程序来提高。这样的程序旨在阐明儿童个体或团体使用的以确定他们对各种项目的反应的过程。例如，在学生完成测量后，测试者可以问一些开放式问题，比如“你的生活顺利吗？为什么？”或者“当你说喜欢/不喜欢学校的时候，你最主要的想法是什么？”这类程序在某些情况下可能特别有用，可以解释有障碍的青少年的反应（Brantley，Huebner，& Nagle，2002；Griffin & Huebner，2000）。

读者应该注意到，学生生活满意度量表、多维度学生生活满意度量表和简版多维度学生生活满意度量表都是免费的，不需要作者的额外许可就可以使用。因此，从业者和研究人员可以根据需要使用或修订。

测量构成主观幸福感的心理倾向

当在学校环境中实施积极心理干预时，选择何种测量来评估学生的需求和项目的有效性，需要考虑三个核心因素。第一个也是最重要的考虑因素为，如何选择主观幸福感的一般测量，这在本章第一节已有论述。单独使用简版多维度学生生活满意度量表、学生生活满意度量表，或者结合儿童积极—消极情感量表使用，可以获得有效的、有据可查的主观幸福感指标。

单一优势测量

第二个考虑因素是，关注一个或多个与主观幸福感相关的单一积极心理学结构是否有意义。在这种情况下，希望（Snyder，2005）和感恩（Froh et al.，2011）的配对测量提供了有关结构的信息。这些信息与积极青少年发展有关，但本身不能直接用来测量主观幸福感。幸运的是，除了前面提及的希望和感恩，还有一系列相关测量可供选择，拥有最有力的证据支持的是乐观、宽容、正念、勇气等单一结构。对单一结构的测量方法现已发展得较好，其使用建立在变迁理论之上。在变迁理论中，幸福感不能被直接“教授”，但心理倾向可以对幸福感产生直接或间接的影响，故通过增强心理倾向以培养幸福感是可以实现的。

多维优势测量

本章接下来将讨论第三个考虑因素，即新开发的多维度测量方法是否能够合理、全面地阐释积极心理干预对学生产生的影响。奥莱尼克等人（Olenik, Zdrojewski, & Bhattacharya, 2013）提供了有关评估多项指标测量法的综述，这些指标显示了积极发展路径，带来更高水平的主观幸福感。这些测量旨在评估多维结构，这些结构相互补充，共同促进心理健康发展。

积极青少年发展（简版）

有一种测量方法（两个版本）基于 4－H 项目全国纵向研究的坚实基础，分为积极青少年发展（简版）（Positive Youth Development－Short Form, PYD－SF；34 个项目）和积极青少年发展（极简版）（Positive Youth Development－Very Short Form, PYD－VSF；17 个项目）（Geldhof et al., 2014）。积极青少年发展（简版）衡量学习者积极发展的核心组成部分，如能力、信心、联系、性格和关怀/同情，在青春期培养这些品质，更容易使青少年“走上一条个人与环境相互影响的人生轨道，为自己、家庭、社区和公民社会作出贡献”。

PERMA 模型

塞利格曼（Seligman，2011）的 PERMA 模型（积极情绪、投入、关系、意义和成就）（描述见第一章）提供了另一个促进青少年优势发展的多维度框架。在短时间内，学校（尤其是澳大利亚的学校）（例如，White & Waters，2015）已经将 PERMA 模型融入教育结构。最近，基于 PERMA 模型的优势评估已得到初步发展（Kern et al.，2014）。这个工具有 34 个项目，用以评估积极情绪（alpha=0.92）、投入（alpha=0.68）、关系（alpha=0.85）和成就（alpha=0.84）。需要更多研究来改进 PERMA 模型的“意义”组成部分。如第一章所述，该工具还配套内化痛苦量表（抑郁和焦虑），可用于双因素评估框架。

儿童趋向蓬勃发展项目

另一项综合开发的多维度评估由儿童趋向蓬勃发展项目（Child Trends Flourishing Children Project，FCP）（Lippman et al.，2014）创建。儿童趋向蓬勃发展项目评估包含 19 项简单测量，旨在衡量与主观幸福感有关的成分：(1) 个人蓬勃发展（感恩、宽容、希望、生活满意度、目标导向、目的、灵性）；(2) 在学校和工作中蓬勃发展（勤勉可靠、教育投入、积极主动、诚信正直、节俭）；(3) 人际关系蓬勃发展（与同伴的友谊、与父母的积极关系）；(4) 关系技巧（共情、社交能力）；(5) 帮助别人蓬勃发展（利他主义、帮助家人和朋友）；(6) 环境管理。

社会与情绪健康量表(中学版)

社会与情绪健康量表(中学版)(Social and Emotional Health Survey-Secondary, SEHS - S)是青少年心理优势的多维评估,其概念基础基于这样一种假设:随着青少年的发展,他们会完成影响主观幸福感的基本发展任务。随着这一发展过程的展开,青少年会建立基本的自我—他人认知倾向。这些倾向有助于青少年组织自己的世界和所处的位置,以促进积极发展和避免心理痛苦。此外,社会与情绪健康量表(中学版)模型表明,这些倾向共同促进更高水平的主观幸福感(Jones, You, & Furlong, 2013)。积极心理倾向的组合和交互效应称为综合活力(Renshaw et al., 2014)。可参阅伦肖及其同事的文章(Renshaw et al., 2014),了解社会与情绪健康量表(中学版)的概念和研究基础。

社会与情绪健康量表(中学版)基于高阶模型评估核心社会能力,该高阶模型包含四个潜在特质:自我信念(包括自我效能、自我意识和持久性分量表)、对他人的信念(包括学校支持、同伴支持和家庭一致性分量表)、情绪能力(包括情绪调节、自我行为控制和共情分量表)和生活投入(包括感恩、热情和乐观分量表)(Furlong, You, Renshaw, Smith, & O'Malley, 2014)。图 2 - 1 显示了社会与情绪健康量表(中学版)概念模型。

施测和评分

社会与情绪健康量表(中学版)适用于 13～18 岁的青少年,共 36 个项目。在 12 个分量表中,有 10 个分量表的自我报告采用 4

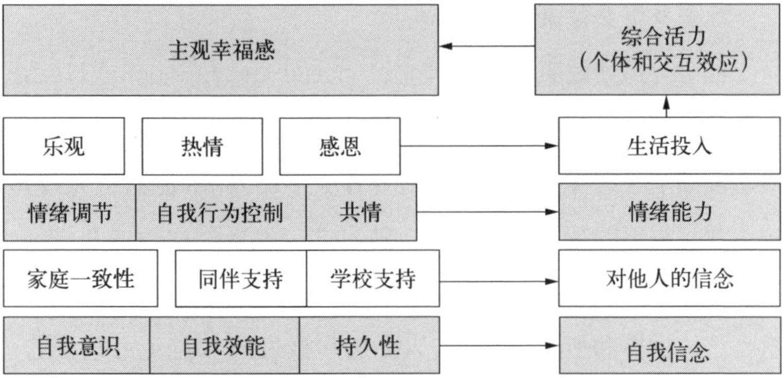

图 2－1　社会与情绪健康量表(中学版)测量维度及其与主观幸福感的关系

点计分(1＝和我完全不符，2＝和我有一点相符，3＝和我比较相符，4＝和我完全相符)。感恩和热情分量表采用 5 点计分(1＝一点也不，2＝很少，3＝有点，4＝比较多，5＝非常多)。社会与情绪健康量表(中学版)的具体项目可参见附录。

心理测量学特性

迄今为止，已有六项研究检验社会与情绪健康量表(中学版)的心理测量学特性。验证性因素分析为社会与情绪健康量表(中学版)高阶测量模型提供了结构有效性支持(见图 2－1)(Furlong, You et al., 2014; Ito, Smith, You, Shimoda, & Furlong, 2015; Lee, You, & Furlong, 2015; You et al., 2014)。每项分析重现了高因子负荷(均为 0.50～0.91)的相同高阶结构，而且没有双重负荷项目。对于性别、年龄(You et al., 2014)和加利福尼亚州学生的五个种族(拉丁裔、欧裔、亚裔、非裔和多族裔)(You, Furlong,

Felix, & O'Malley, 2015),都发现了支持测量不变性的证据(Furlong, You et al., 2014; Ito et al., 2015; Lee et al., 2015)。以往研究报告的内部一致性系数保持一致且较高:自我信念为0.75~0.84、对他人的信念为0.81~0.87、情绪能力为0.78~0.82、生活投入为0.87~0.88、综合活力(36个项目的总分)为0.91~0.95。

先前的研究发现,社会与情绪健康量表(中学版)的综合活力与主观幸福感呈正相关。李及其同事(Lee et al., 2015; r= 0.56),以及金等人(Kim, Dowdy, & Furlong, 2014; r=0.57)使用学生生活满意度量表和儿童积极—消极情感量表测量,报告了综合活力与主观幸福感之间相关性强。弗朗及其同事(Furlong et al., 2013),李及其同事(Lee et al., 2015),伊藤及其同事(Ito et al., 2015)使用更为复杂的结构方程模型,结果发现,综合活力增加一个标准差,主观幸福感也会增加将近一个标准差(betas= 0.89~0.94)。尤及其同事(You et al., 2014)通过行为情绪筛查调查(Behavioral Emotional Screening Survey, BESS)(Kamphaus & Reynolds, 2007)发现,综合活力每增加一个标准差,心理痛苦则减少2/3个标准差。

为了传达综合活力与主观幸福感之间的实际关系,图2-2展示了弗朗及其同事(Furlong et al., 2013)的数据。

学校心理学家和教育者可以发现,学生的社会与情绪健康量表(中学版)反应与其他重要生活质量指标,如在学校感到安全(Furlong et al., 2013)、学业成绩(Furlong et al., 2013; Lee

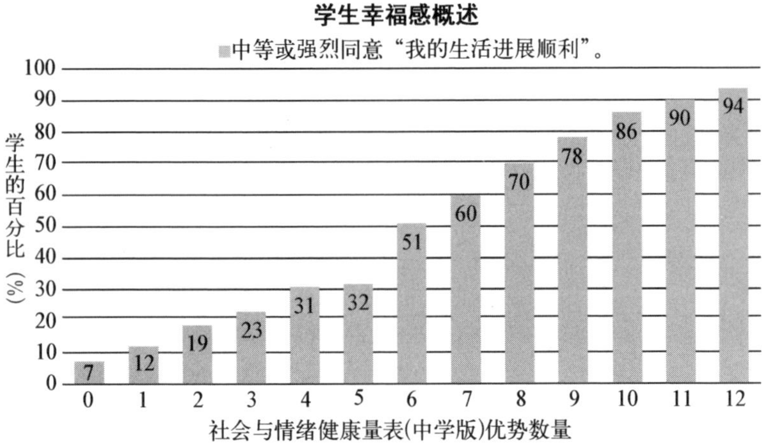

图 2－2　中等或强烈同意“我的生活进展顺利”的学生人数的百分比

et al., 2015)、学校的亲社会行为(Ito et al., 2015)和个人适应(Jones et al., 2013)存在正相关。此外,研究报告了综合活力与物质滥用、抑郁症(Furlong, You et al., 2014; Lee et al., 2015)、注意缺陷多动障碍、学校问题和内化症状存在负相关(Jones et al., 2013; You et al., 2015)。

社会与情绪健康量表(小学版)

社会与情绪健康量表(小学版)(Social and Emotional Health Survey-Primary, SEHS－P)基于一般社会与情绪健康量表(中学版)综合活力模型,但考虑到8～12岁儿童认知复杂度较低,因此包含的心理倾向成分较少。在开发8～12岁儿童的社会与情绪健康量表时,量表的长度和可读性是关键考虑因素。在社会与情绪健康量表(小学版)发展的初步阶段,包含四个分量表:感恩、热情、乐观和坚持。选择这四种优势是因为前三者与儿童的幸福感呈正相关,坚持任务对学校生活整体成功来说较为重要。社会与情绪健康量表(小学版)的开发包括使用试点研究样本的探索性分析,以及对项目中所有单词的可读性和可理解性的单独分析。有关量表开发的完整描述可参阅弗朗及其同事(Furlong et al., 2013)的文章。

施测和评分

社会与情绪健康量表(小学版)包含 16 个项目,由学生自主报告,旨在衡量四种潜在的积极心理倾向,每个分量表包含 4 个项目。这四种心理倾向都与学生积极发展的多方面有关,并结合起来衡量一种首要特质——综合活力。除了 16 个测量心理倾向的项目,社会与情绪健康量表(小学版)还包含 4 个补充项目,用来测量学生对学校亲社会行为的自我感知。具体项目见附录。

心理测量学特性

弗朗及其同事(Furlong et al., 2013)使用来自 26 所学校的 2 600 多名四至六年级学生的样本,开展一系列探索性和验证性因素分析。结果表明,在一个模型中,感恩、热情、乐观和坚持都能很好地载荷到一个二级综合活力因素上。进一步分析发现,社会与情绪健康量表(小学版)因素结构对男孩和女孩是一样的,在亲社会行为分量表上也是如此。所有分量表都有较高的内部一致性系数:感恩为 0.70,热情为 0.75,乐观为 0.66,坚持为 0.76,综合活力为 0.88,亲社会行为为 0.80。综合活力、亲社会行为和学校连通性的正相关证明了同时效度。社会与情绪健康量表（小学版）综合活力得分高也与校内较强的安全意识和较少的欺凌行为有关。

社会与情绪健康量表的校内应用

本书的模型描述了如何将积极心理干预融入学校心理健康支持系统（见第十章），在这种背景下，将优势和生活质量评估结合应用于实践时，建议采取一种互补的方法。第一步要认识到从积极心理学角度来监测所有学生健康状况的重要性，因为学生的健康和幸福很重要。事实上，这是学生的一项基本权利（Kosher，Ben-Arieh，Jiang，& Huebner，2014）。例如，学校利用生活满意度量表全面评估学生的幸福感。这些简单的评估采用纸笔测验的形式或改编成网上测验的形式（如通过 SurveyMonkey），易于施测和计分，这有利于使用数据监测学生长期以来的幸福感。在全校范围内使用时，心理健康学生（如学生生活满意度量表的 T 分数为 40 及以上，或者平均分为 4.0 及以上）所占比例已经成为学生积极发展和良好学校氛围的指标。

下一步是评估生活满意度相对较低或低于临界值的学生。例如，学校利用普遍/全民幸福感筛查结果，通过学生生活满意度量表的 T 分数（≤ 40）和简版多维度学生生活满意度量表的 T 分数（≤ 40）来识别报告自己不太幸福的学生。按照这种方法，社会与情绪健康量表（中学版）提供了学生积极优势的概况，与个人痛苦的测量（实施双因素完全心理健康模型）结合使用以提供数据，从而作出有针对性的决策。例如，作为社会与情绪健康筛查过程的一部分，一些高中会使用社会与情绪健康量表(中学版)和行为情绪筛查调查(Kamphaus & Reynolds, 2007)。与传统校本心理健康筛查一样，该方法能够识别行为情绪筛查调查自我报告分数提高或较高的学生，除此以外还会将行为情绪筛查调查得分和社会与情绪健康量表(中学版)优势等级作比较。行为情绪筛查调查得分高(T 分数>60)且社会与情绪健康量表(中学版)得分低(原始分<85，满分 150)，该标准可用于确定最需要第二层次服务的学生分组。如表 2-1 所示，学生痛苦和心理资源的平衡评估为更细致的决策提供了数据。值得注意的是，这一过程确定了在行为情绪筛查调查上报告痛苦水平不高，但社会与情绪优势水平极低的学生群体。当这些学生在学生生活满意度量表、简版多维度学生生活满意度量表上报告的分数也偏低时，本书后面章节所述的积极心理干预最能使他们直接获益。道迪及其同事(Dowdy et al., 2015)，弗朗等人(Furlong, Dowdy, Carnazzo, Bovery, & Kim, 2014)，莫勒及其同事(Moore et al., 2015)提供了额外信息，说明学校如何使用社会与情绪健康量表(中学版)来监测学生的社会与情绪健康。

大量研究证据表明，学生社会与情绪健康量表(中学版)心理倾向的增加与蓬勃发展的主观幸福感密切相关(Furlong, You et al., 2014; You et al., 2015)，这是积极心理干预应用的主要结果。因此，像社会与情绪健康量表(中学版)这样的评估在监测积极心理干预的效果方面有很大潜力。

表 2-1　某所高中使用社会与情绪健康量表(中学版)和行为情绪筛查调查筛查出的重点组学生百分比

<table>
<tr><th rowspan="2">社会与情绪健康量表(中学版)优势组</th><th colspan="3">行为情绪筛查调查痛苦组</th></tr>
<tr><th>正常
(T<60)</th><th>较高风险
(T=60—69)</th><th>极高风险
(T≥70)</th></tr>
<tr><td>有明显劣势(≤85)</td><td>4. 逐渐衰弱的 2%</td><td>2. 中等水平的风险 3%</td><td rowspan="2">1. 最高水平的风险 1%</td></tr>
<tr><td>低于平均水平的优势(86～106)</td><td>5. 过得去的 23%</td><td>3. 较低水平的风险 5%</td></tr>
<tr><td>高于平均水平的优势(107～127)</td><td>6. 适度发展的 41%</td><td>9. 不一致的 4%</td><td>8. 不一致的 1%</td></tr>
<tr><td>有明显优势(≥128)</td><td>7. 高度发展的 18%</td><td></td><td></td></tr>
</table>

注：优先对阴影区的学生进行随访。这里显示的百分比是某所学校的真实数据，百分比因学校而异。同样的双因素方法也可用于社会与情绪健康量表(小学版)。更多信息请参见弗朗的文章(Furlong，2015)。

本章小结

许多积极心理干预的主要目的是促进更高水平的幸福感，这反过来又推动了积极的发展轨迹。虽然主观幸福感不能直接“教授”，但可以通过其他内在心理倾向培养，通过全面的积极心理干预，内在心理倾向会对主观幸福感产生直接和间接影响。这些方法的共同之处在于提出，发展核心优势会形成家庭、学校和社区环境中积极发展的广泛基础。积极心理干预包括多个组成部分，需要全面的测量方法来评估学生需求和干预效果。本章的测量方法为监控积极心理干预进展，并根据数据实施干预提供了资源。

第三章
青少年主观幸福感的相关因素

早期对学生幸福感主要采用观察性研究，以确定在同样的环境、人格、活动和人口学特征上，幸福感水平高的青少年是如何表现的。全面了解与主观幸福感指标有关或无关的因素，例如积极情绪、总体生活满意度和具体领域生活满意度，这对主观幸福感发展非常必要，能在一定程度上使心理学家推荐可能产生最大效益的干预目标，以促进幸福感。例如，如果广泛参与有组织的课外活动，较少接触电子游戏的孩子是快乐的，就可以建议家长尽其所能合理安排孩子的空余时间，使空余时间有意义（更强有力的建议基于一些证据，证明课后行为的改变实际上与孩子的幸福感变化联系在一起）。研究者已通过三种主要方法确定与主观幸福感有关的因素（本书称为相关因素，在其他文章或书籍中也称为决定因素和预测因素）。第一种方法（定性研究）要求青少年分享他们认为最能决定其生活满意度的因素。感知相关因素是学生报告的主题。第二种方法（横断研究）同时收集青少年的主观幸福感评分和其他因素（如关系质量或青少年活动和态度）的数据，相关因素随主观幸福感水平的变化而变化，例如，外向性水平较高的青少年和神经质水平较低的青少年倾向于报告更高的生活满意度。第三种方法（纵向研究）在最后一次评定学生主观幸福感前收集相关因素的数据，相关因素最终能预测哪些学生的主观幸福感水平更高或更低（例如，感知到较多父母支持的孩子在今后几个月和几年里会有更高的生活满意度）。

2000 年，我在南卡罗来纳大学完成硕士学位论文，那是我第一次系统回顾文献以搜集此类研究。当时，已发表的关于青少年生活满意度的研究很少，因而我不得不综合成人主观幸福感的研究结果以提出合理假设，即父母教养方式对青少年的生活满意度可能产生影响。在 15 年的时间里，我们非常欣喜地了解到幸福感的决定因素，特别是儿童青少年幸福感的决定因素。实际上，实证研究的数量呈指数上升，研究人员发表了大量文章和撰写了大量书籍，将各种相关因素（例如家庭、同伴群体、学校、内部资源）的发现综合到文献综述中。最近的例子包括《青少年生活满意度的评估和提高》（*Assessment and Promotion of Life Satisfaction in Youth*）（Huebner, Hills, & Jiang, 2013）和《生活满意度和学校教育》（*Life Satisfaction and Schooling*）（Huebner, Hills, Siddall, & Gilman, 2014），甚至在这 5 年前发表的文献综述（*Youth Life Satisfaction: A Review of the Literature*）（Proctor et al., 2009b）也查找到 141 篇儿童青少年实证研究。显然，本书的阐述范围不包括综述与学生生活满意度相关的所有研究。取而代之的是，本章总结了前述二手资料中确定的主观幸福感的有力相关因素。我们鼓励有兴趣的读者阅读篇幅更长的文章以了解更多细节，或者查阅综述总结的第一手资料来源（如本章所概述的）。本章还包含上述论著中一些精选的实证研究结果和综述中未提及的一些研究。这些第一手资料来源之所以被特别注意，是因为它们阐明、完善和扩展了之前发表的相关综述的结论。

主观幸福感相关因素的主要类别

上述研究定义了主观幸福感，并问学生一些问题："当你判断自己对生活的满意度时，你考虑的因素是什么？"（Suldo, Frank, Chappel, Albers, & Bateman, 2014）或"促进幸福的因素有哪些？"（Navarro et al., 2015）这类问题反映了一个相似的重要性分类，至少在青少年眼中如此。在不同样本中，主观幸福感相关因素的各大类别十分相似，特别是在不同年龄（小学到高中）、不同国家（如西班牙、挪威、泰国、加拿大）和国家内部文化（如在美国，墨西哥裔美籍样本以及就读于不同高中的学生）等方面。在所有相关研究中，许多青少年都描述幸福感受到人际关系和内在品质的影响，具体来说：

- 家庭支持。包括父母提供的爱和情感，以及以信任为标志的开放式沟通；家庭内部互动和谐（与矛盾重重相对）并表达积极情感；有充足的时间相处。
- 友谊。提供陪伴、接纳、协助和娱乐活动。

- 个人态度。如积极的人生观，对自我的信心。

在超过一半的定性研究中，引出的其他影响因素包括：

- 学校教育经历。包括接受正规教育，个人的学习成绩和班级人际关系。
- 身体健康状况。包括感觉良好，患有轻微疾病或有限制活动的健康问题。

以下主题可能被认为是次要的，因为它们仅出现在少数样本中：

- 个人能力和行为。包括应对压力的主要策略，自我拥护技能。
- 利用空闲时间。包括参加课外活动和与朋友接触。
- 财务资源。包括有足够的钱满足基本需求，个人就业需求。
- 生活环境和社区。包括安全性、保障性、舒适性。
- 身体外貌。
- 目标导向的活动和愿望。
- 生活压力事件。包括亲人去世、父母离异。
- 慢性压力。包括与朋友或家人争吵，以及繁重的学业负担。

参与访谈和焦点小组的青少年提出上述可能的相关因素，事实证明，这些青少年非常有洞察力。具体来说，不同的较大样本的横断研究和纵向研究普遍证实，上述因素虽然以非理论的方式获得，但实际上与青少年主观幸福感水平相关。一些额外的相关因素可能超出特定学生现有的视角。例如，实证研究多次发现青少年的年龄与生活满意度之间存在负相关，青少年时期的生活满意度随年龄增长而降低。接下来的内容总结了实证研究表明的各类别中的主要相关因素。

学生层面的相关因素

人口学因素

大多数研究表明，一个国家不同群体的生活满意度平均水平可以比较。虽然男孩的自尊等自我评价倾向于较高，但研究尚未发现性别或种族对主观幸福感有一致的主效应。也有例外情况出现，但影响程度小，且不容易理解。综上所述，研究支持这样一种观点，即少数族裔或多数族裔的男孩和女孩同样可能获得幸福。相比之下，来自全球各地（如以色列、德国、英国、美国）的横断调查和纵向研究发现，青少年时期的生活满意度呈下降趋势（例如，Helliwell，Layward，& Sachs，2015）。社会经济地位的影响不是线性的，尽管这种影响往往很小，相对于没有资格获得政府援助（例如学校里的免费或低价食品）的家庭，生活贫困的儿童通常会报告较低的幸福感。然而，一旦基本需求得到满足，家庭收入和生活满意度之间几乎没有任何关系。

人格

早期研究侧重于外向性和神经质，发现两者都与主观幸福感密切相关，分别产生积极影响和消极影响。由于测量工具的进步，现在研究人员能够可靠评估青少年所有“大五”人格特质的水平。在研究幸福指数时，我和我的研究生发现，“大五”人格因素能够解释高中生生活满意度水平47%的差异(Suldo, Minch, & Hearon, 2015)。神经质症状成为最有力的预测因素。开放性、尽责性和外向性是提高生活满意度的重要因素和独特的预测因素，而且对女孩来说更是如此，但不适用于男孩。

态度

以自我为导向的信念与儿童青少年的主观幸福感呈正相关，例如多领域的整体自尊、自我效能感(如社会领域、学业领域、情绪领域)以及内在控制点都与主观幸福感呈正相关。在相关研究中，希望和乐观(通常源于对个人控制和能力的归因)已经成为生活满意度的相关因素。具有其他性格优势，如感恩、爱、热情的青少年也会报告更高的生活满意度。

活动

初步的混合方法研究表明，易感青少年(主观幸福感低但没有心理健康问题的学生)的显著特征包含他们如何度过自己的空闲时间。特别是，他们的主观幸福感可能会受到抑制，因为要面临平衡就业与社会、家庭、学业诉求的挑战，导致他们感到不堪重负和责任过重(Suldo, Frank et al., 2014)。此外，当他们有时间休息时，这类学生似乎更倾向于选择与他们兴趣一致的、非结构化的、孤立的活动。总体而言，大规模调查发现，参与更具组织结构的课外活动，如校内俱乐部和团队运动，与青少年生活满意度存在正相关。事实上，在上述定性研究中，没有一个问题学生在讨论决定幸福感的因素时提到参与课外活动，比如参与体育运动、音乐活动、俱乐部等，这表明此类活动不在他们的关注范围之内。有研究发现，在学校参加课外体育运动和艺术课程的高中生，主观幸福感比只上必修课（Orkibi，Ronen，& Assoulin，2014）的同龄人要高。因此，参加有组织的体育运动和艺术活动（无论课内或课外），似乎都与主观幸福感的提升有关。

健康

正如第一章所讨论的，幸福的孩子往往较少出现心理健康问题且身体健康状况较好。健康习惯产生的最终结果并不令人惊讶，最近的研究发现，一个健康的行为（在一个普通的夜晚有更多睡眠时间）能够预测六个月后更高的主观幸福感（Kalak，Lemola，Brand，Holsboer-Trachsler，& Grob，2014）。这一趋势适用于三个年龄组（10～11 岁、12～13 岁和 14～15 岁）的所有被试，而且不能用反向效应来解释（即主观幸福感不能预测以后的睡眠趋势）。这一结果强调了保障高中阶段的青少年有充足睡眠的重要性，他们往往倾向于牺牲自己的睡眠来适应学业竞争。其他可以预测青少年生活满意度的健康行为包括：良好的饮食习惯（每天吃早餐，少喝碳酸饮料），几乎每天都参加体育锻炼，以及不频繁吸烟或不吸烟（Moor et al.，2014）。

如果任其发展，压力会对生活满意度产生负面影响，一部分原因是增加了心理健康问题的内化形式。总体生活满意度随着多种情境下压力的增加而下降，包括学业、亲子关系、社会奋斗和经济问题相关的压力源（Suldo，Dedrick，Shaunessy-Dedrick，Roth，&

Ferron，2015）。因此，制定有效的压力管理策略可以被认为是促进健康的行为。萨哈等人（Saha，Huebner，Hills，Malone，& Valois，2014）在对中学生的纵向研究中发现，学生未来的总体生活满意度与他们应对压力的倾向紧密相关，比如通过寻求社会支持来解决与朋友的争吵。同样，生活满意度高的学生倾向于通过向家庭成员寻求支持以应对与学校相关的压力因素，以及使用其他适应性策略，如时间管理、任务管理、认知重评和体育运动转移等（Suldo，Dedrick，Shaunessy-Dedrick，Fefer，& Ferron，2015）。相比之下，生活满意度低的学生更多地将问题留给自己，或选择使用放弃、情绪恶化等方式来应对学业压力。

家庭层面的相关因素

在整个生命周期，家庭环境是主观幸福感的一个核心决定因素。感到自己安全地依附于父母，并被父母接受的青少年有最高的生活满意度，他们与父母有充足的开放式交流和自我表露。除了亲子关系，是否符合权威教养方式也与青少年的主观幸福感紧密相关。权威教养方式包括促进青少年的心理自主性（例如鼓励适龄决策）、行为监控，以及表达温暖、关爱和情感支持的高水平反应（见 Suldo & Fefer，2013；综述）。举例来说，托兰和拉森（Tolan & Larsen，2014）追踪调查了来自 25 所中学的近 4 000 名青少年，发现了生活满意度的三种轨迹趋势：稳定高水平、提高和下降。在中学开始和结束阶段，区分不同群体的生态预测因素是养育行为。生活满意度较高的六年级至八年级学生反复报告父母参与度高(例如,孩子和父母一起参与家庭活动),而且与父母经常沟通交流(例如,经常讨论日常活动)。

家庭的稳定性和可预测性也有助于提高生活满意度。尽管一些研究发现,离异家庭的孩子生活满意度有一定程度的降低,但随后的研究发现,不同家庭结构(如离异家庭和完整的双亲家庭)的学生生活满意度的平均差异更能通过单亲家庭中常见的经济劣势来解释(Shek & Liu, 2014)。父母的和谐程度似乎更重要。查普尔、苏尔多和奥格(Chappel, Suldo, & Ogg, 2014)研究了四类家庭压力源(社会经济地位低下、家庭结构紊乱、累积重大生活压力事件和感知到的父母冲突)对青少年生活满意度的共同和独立影响,发现父母冲突对其影响最大。报告父母争吵更频繁、更持久、更激烈(比如大喊大叫)的中学生与报告父母冲突较少的同龄人相比,生活满意度明显降低。第四章讨论父母和其他家庭成员的幸福水平如何影响孩子。

朋友层面的相关因素

健康的家庭关系为良好的友谊奠定了基础,这种友谊以同伴依恋为特征,伴随着较高的生活满意度。感觉自己被同伴接受与更高的生活满意度有关,尤其在较少强调家庭价值文化的青少年早期(Schwarz et al., 2012)。横断研究发现,感知自己受支持、受欢迎与更高的生活满意度有关。除此之外,纵向研究还发现,青少年时期的友谊经历影响深远。举例来说，个体在15岁时受同伴拒绝的负面影响，以及拥有至少一个朋友的保护作用，都会延续到40多岁，并在个体的生活满意度报告中显示出来（Marion, Laursen, Zettergren, & Bergman, 2013）。对15岁时报告至少有一个同龄朋友的个体来说，遭受同班同学（在15岁时）拒绝的程度与中学时期的生活满意度并无关联；对青少年时期没有朋友的人来说，较高的同学拒绝是近30年后更低的生活满意度的显著预测指标。下一节将继续讨论这种学校人际关系的显著影响。

学校层面的相关因素

与学生幸福感相关的学校因素主要包括学校氛围（包括与校内人员的关系）和学生的学业成绩。学生的成功通常从技能方面来考虑，即在特定领域表现出的知识。能够预测技能成就的参与度指标也很重要，因为它们能够提高学业成绩。因此，对学业成功的全面认识包含对学生技能、学校相关行为（行为参与度）、态度（情感投入）等方面的关注（Suldo, Gormley, DuPaul, & Anderson-Butcher, 2014）。

学校氛围

学校氛围是一种多维结构，通常反映人际关系质量（包括师生互动和学生互动）、父母参与、安全和秩序、纪律和资源分配的公平性，以及学校建筑物的外观。在所有中学生样本中，人际关系维度和父母参与都是生活满意度最强的相关因素。

师生关系

对中学生来说，教师支持对学生主观幸福感的影响尤为显著，其中包括情感支持。情感支持能使学生在学习过程中感受到关怀、公平对待和切实的帮助，男生和女生对教师如何表现出情感支持有不同的看法（Suldo et al.，2009）。有研究比较了多个来源的学校相关支持对生活满意度的影响，结果发现，尽管父母对学习的支持对学年后期的总体生活满意度影响最大，但师生关系才是后续学校满意度的最强预测指标（Jiang，Huebner，& Sidall，2013）。积极的师生关系可能会激发学生对课堂和课后活动的兴趣以及投入，反过来有助于总体生活满意度的提高。路径模型的实证检验支持学校满意度作为学生投入和总体生活满意度之间的关系中介。学校氛围举措旨在解决与学生主观幸福感相关的各方面氛围问题，以上研究结果对此有借鉴意义。

同学关系

与同学的社交关系可能会引发青少年的痛苦或快乐，这取决于关系的性质。例如，与同学相关的负性经历（如被拒绝、不受欢迎）可能对友谊的发展产生不利影响，会导致孤独感和低主观幸福感。奇克森特米哈伊和亨特（Csikszentmihalyi & Hunter，2003）采取经验抽样法，要求青少年报告参与不同日常活动的瞬时快乐，结果发现，初中和高中学生在他们独处的时候快乐水平最低，而与朋友待在一起时快乐水平最高。除了亲近朋友以外，近期对高中生进行的调查研究强调与同伴友好互动的影响。具体而言，从学校同龄人那里得到更多积极社会行为（从赞美到提供帮助）的学生报告了更高水平的生活满意度和积极情绪（Suldo，Gelley，Roth，& Bateman，2015）。这些影响远远超出同伴欺凌的负面影响，而关系欺凌会对生活满意度产生极其强烈的负面影响。

总而言之，感到被排斥、遭人议论、不受欢迎、孤独，或受同学欺凌的学生，他们的主观幸福感可能会下降，而感受到同学陪伴、关心和支持的学生可能会体验到更高的主观幸福感。

学业技能

在考察学生生活满意度与客观技能指标（如学校记录的课程成绩和成就测验分数）之间关系的研究中，两个变量的相关系数一般在 0.20 左右（例如，Lyons & Huebner，2015；Suldo et al.，2011）。这个小但可靠的（有统计学意义的）相关系数表明，在学业上表现出色的中学生往往更幸福。但是，这种情况在一些特定背景的学生身上例外。例如，在德国最具选择性的学业发展道路（类似于大学预科课程）的高中生中，母亲受教育程度较高的学生的生活满意度与学生平均学分绩点之间的相关更为显著（Crede，Wirthwein，McElvany，& Steinmayr，2015）。相比之下，如果母亲的学术背景不那么严谨（即她们自己并没有进入最挑剔的学业轨道），那么学生的生活满意度与平均学分绩点无关。克雷德及其同事（Crede et al.，2015）推测，来自高成就家庭的学生可能会遇到更大压力，良好的成绩能够提高生活满意度；相比之下，受教育程度高于母亲的学生在学业上已经得到认可，这有助于减轻他们的压力,因此学业成就低并不一定导致他们的生活满意度降低。

促进学业的因素

一般来说,总体生活满意度与课堂参与度、任务完成情况、顺从行为,以及对学校教育的重视程度都有较强的关联。莱昂斯和许布纳(Lyons & Huebner, 2015)确定了中学生生活满意度与行为和认知投入指标之间的中等相关性。另一个与生活满意度相关的促进因素是学业自我效能信念。相信自己能学习并获得成就的学生往往更幸福。加上前面提到的学业成绩与生活满意度之间的关系,似乎有理由认为课堂上经历的学业挑战并不会降低学生的幸福感。相反,教师可以通过支持学生的学业自我效能信念来帮助他们脱离消极状态,保持主观幸福感。在课堂上促进学业自我效能信念的策略包括:安排学生掌握与自身水平相匹配的技能,口头说服以便向学生传达自己对他们有能力取得成功的信念(Bandura, 1997)。

本章小结

本章介绍了确立青少年主观幸福感相关因素的方法,并总结了文献中已确定的最普遍的相关因素。虽然并非所有学生、家庭、朋友和学校层面的幸福感相关因素都是可塑的,但能够在学校环境中被强化的因素是提高幸福感的干预措施尤为有前景的目标。这些研究内容和结果为第四章提出另一个重要问题奠定了基础:改善这些相关因素的努力在多大程度上提高了学生的主观幸福感?

第二部分

以学生为中心提升
青少年幸福感的策略

第四章

积极心理干预设计与开发的理论框架

致力于提升学生主观幸福感的从业者可以从两条途径中得到指导。第一条途径确定了环境(如同伴、家庭和学校)和个体(如认知和活动)层面与儿童青少年生活满意度提高有关的潜在的可塑性因素。尽管这些研究大部分是横断研究,相关的方向性未知,但第三章总结的改善主观幸福感相关因素的努力可能在逻辑上有助于提升主观幸福感。第二条途径因第一条途径的进展而得以实现,当今已被证实能够提高主观幸福感的积极心理干预措施越来越多,第二条途径便是应用其中某种措施,主要通过操纵个体有目的的想法和行为来实现。尽管对有意提高主观幸福感的人来说,实施这些有效力的措施似乎是最有吸引力的途径,但关于主观幸福感实践干预的文献有必要作两点说明。首先,这类研究相对较新(即仅在过去 15 年开始),而且尚未被独立研究团队重复验证。其次,大多数已发表的研究仅限于成年人被试样本,有关青少年被试的研究仅在过去 5～10 年出现过(尽管这类研究正逐步发展)。因此,必须相信适用于成年人的研究同样适用于青少年,才能应用这些干预措施。本章介绍积极心理干预，这些干预措施的评估重点是作为结果的主观幸福感。本章以一个更大的问题作为铺垫：一个人的幸福感水平有可能发生持久变化吗？还是有些人天生就幸福，就像有些人天生就很高？

幸福感的稳定性

越来越多的研究关注人的幸福感水平是否会改变，为什么改变，如何改变，以及为什么有些人无论身处何种境地都似乎比其他人更幸福。人的幸福感是否有潜力长期改变？一篇里程碑性的文献综述（Lyubomirsky，Sheldon，& Schkade，2005）对这一问题进行了总结。该文献综述主要基于对成人的研究，但研究结果揭示的影响在整个生命周期都适用。在提出能够使人们关注幸福感持续提升的合理机会的框架之前，柳博米尔斯基及其同事首先承认了悲观主义的三个强有力来源。

基因设定点

有相当多的证据表明，幸福感涉及生物因素。同卵双生子（即使分开抚养）的主观幸福感与异卵双生子相比一致性更强，这证明主观幸福感的遗传性质（Lykken，1999）。幸福感的遗传力大约可以解释个体间 50%的差异。这个基因设定点通常被概念化为一系列典型的幸福表达。例如，有些人倾向于天生表现出更高的幸福感，而且看起来比大多数人幸福得多。有些人幸福感的设定点较低，可能不常感到幸福。在 1（最低）到 7（最高）的范围内，有些人的幸福感水平天生很高，其范围可能是5～7。此外，有些人可能表现出较低的幸福感，其范围可能是1～2。稍后会提供青少年基因设定点的证据。

人格与幸福感的关系

根据定义，人格特质在各种情境下都是一致且稳定的。人格特质（特别是神经质，也包括外向性）属于影响成年人主观幸福感的最一致的相关因素（Steel，Schmidt，& Shultz，2008），这对于第三章描述的青少年也一样。因为人格（例如气质）可能从出生时就存在，并与基因设定点密切相关，这是影响幸福感持久变化的悲观主义来源。简而言之，人们通常无法"修正"与幸福感下降有关的人格特质。稍后将提供青少年人格与主观幸福感之间稳定关系的证据。

享乐适应

享乐适应的现象是指，虽然幸福感可能在一些经历之后飙升，或者在经历重大生活压力源之后骤然下降，但人们能相对较快地适应自己的情况和/或更加渴望积极事件，这促使人们的幸福感水平回归到基线。例如，布里克曼、科茨和詹诺夫-布尔曼的经典研究（Brickman，Coates，& Janoff-Bulman，1978）比较了三个成年人群体的幸福感水平：彩票中奖者、因事故而瘫痪的人和来自相同地区的对照组人员。彩票中奖者的幸福感水平与对照组中普通成年人的幸福感水平相似，因事故而瘫痪的人的幸福感水平并不像预期的那样低。这些违反直觉的结果表明，由于人类倾向于适应任何积极或消极变化，因此生活环境改变带来的影响是短暂的。这种适应性对于经历极度消极情况(如丧失或创伤)的个体是有益的，但对于临床医生是不幸的，他们努力改善人们的生活却没有收获。通过努力改变行为获得的幸福感只是暂时的，必须继续进行这种活动，以维持更高水平的幸福感。如果有益的积极活动不能长时间保持下去，个体的幸福感水平就会很快适应并回到基因设定点的下限。这与体重减轻类似——人们可以努力达到他们的目标体重，但如果不继续保持饮食或锻炼习惯，体重就会回升。为了维持积极干预带来的幸福感的螺旋上升，这些努力必须持续下去。

尽管这些现实表明，预先确定的个体幸福感范围具有持久性，但对成年人的研究表明，他们对提高或维持幸福感策略的使用频率，比如追求职业目标、聚会、锻炼、帮助他人或祈祷，在考虑人格的巨大影响后确实能够预测个体的幸福感差异，而且预测力非常显著，高达16%(Tkach & Lyubomirsky, 2006)。一项研究调查了900多名大学生的人格特质，以及他们使用的诱发幸福感的自然行为，例如培养人际关系、品味、善意行为、目标导向活动、乐观、心流、灵性、感恩、宽恕、冥想和积极的健康行为等(惯常的健康饮食和日常锻炼)(Warner & Vroman, 2011)。大学生的这些人格特质(“大五”加在一起)解释了他们幸福感水平35%的差异(用四项目的主观幸福感评定量表测量，而不是完整的主观幸福感量表)。上述一系列诱发幸福感的行为能够预测幸福感额外10%的差异，超越了“大五”人格特质的影响，尤其是乐观、培养人际关系、品味和避免忧虑。

综合来看，这些发现支持这样一种观点：遗传学不是幸福感方程的唯一组成部分。通过有目的的活动和思维方式，个体可以避免享乐适应，并将自己的主观幸福感水平提高到基因设定点的上限（Sheldon & Lyubomirsky，2006a）。虽然积极的环境变化也能够预测主观幸福感的提升，但如果配合调整注意力或在生活中常作出新的改变，增益可能会更持久。这种以不同的和意想不到的方式品味（持续欣赏）并从变化中获得幸福的努力，是避免享乐适应的关键（Sheldon & Lyubomirsky，2012）。值得注意的是，在适应一种提升幸福感的行为（例如仁爱冥想）之后不久，积极情绪快速增加的人更有可能坚持这种行为改变（Cohn & Fredrickson，2010）。舒勒（Schueller，2010）的研究评估了六项积极练习，结果发现，只有品味练习在整个成年人样本中可以显著提高幸福感和减少抑郁（不管个人对品味练习的偏好如何）。对于其他五种提升幸福感的练习，幸福感在一定程度上是参与者和诱发幸福感的练习之间的共鸣程度的函数（例如，参与者认为这些练习是愉快的、容易完成的），这反过来又与坚持践行积极改变的人有关（Schueller，2010）。因此，主观幸福感的持久增益可能会随着偏好、多样性和欣赏而变化，同时当人们有意图地开展积极活动时，促进人与活动最佳拟合的其他因素也会调节主观幸福感的持久增益（Lyubomirsky & Layous，2013）。

可持续幸福感模型的构建

柳博米尔斯基及其同事(Lyubomirsky et al.，2005)以成年人样本为主开展研究，他们得出结论，幸福感受到三个不同因素的影响。

基因设定点

对每个人来说，幸福感的最大决定因素是基因设定点，它是恒定的、稳定的，并受生物因素控制。这意味着，我们的幸福感基线水平生来就受到控制，而且对每个人而言可能看起来不同。如上所述，幸福感的基因设定点取决于生物因素，构成个体约50%的幸福感。考虑到幸福感的遗传基础和基因设定点，塞利格曼(Seligman，2002)评论："幸福不是竞争。真正的幸福来源于提高自己的标准，而不是将自己与他人作比较。"据此，幸福感指标经常以自我测评的方式来解释，而不是与同龄人的幸福感标准作比较，也不是与社会设定的充分幸福感标准作比较。在断言基因因素如何对幸福感设定范围而不是设定点作出更大贡献时，谢尔登等人(Sheldon，Boehm，& Lyubomirsky，2013)解释：

> 虽然与其他人相比，一个人幸福和热情的潜力可能有限，而且更倾向于悲观，但这个人至少可以实现一种长期的谨守满足的状态，这比慢性的沮丧和恐惧要好。每个人都有一个可能的主观幸福感状态的特征范围，因此我们的目标是寻找

方法，使自己处于主观幸福感可能范围的最高水平，而不是回归到自己的平均水平。(p. 904)

生活环境

对个体生活来说，环境是偶然但相对稳定的因素。生活环境包括人口统计学变量，如性别、种族、年龄、社会经济地位和外貌。其他静态环境可以说更多处于个人控制范围之内，包括个体生活的地理区域、职业地位和特定的财产。儿童和成年人经常设想环境改变，将其作为获得幸福感的方式。我们预计，生活在温暖的气候中，驾驶最新的汽车，使用最新款的手机，或有一份轻松的工作将带来更高水平的幸福感。虽然某些环境具有一些递增的幸福感优势，而且生活环境的积极变化有助于使个体在基因设定的范围内提升幸福感水平，但生活环境只能解释个体约10%的幸福感。一项广为讨论的研究以近50万美国人为研究对象，结果发现，高收入对幸福感的增量效益每年最高可达75 000美元。收入超过这个临界值并不会让成年人获得更多积极情绪，如一天内的快乐、愉悦和微笑/笑声。

意向性活动

意向性活动包括日常生活中的各种行为和想法，如运动量、以积极的方式看待事物和设定目标(Lyubomirsky et al., 2005)。这类幸福感的促进因素更加灵活，包括思考和行为方式，这些方式被挑选成为个体态度和行为的一部分。意向性活动在日常生活中开展（无论是好还是坏），而且获得不同程度的幸福和成功。已知个人态度和目标导向行为（例如个体作出积极选择以培养优势）与幸福感相伴随，为最大限度地提高自己的幸福感水平提供了最佳和最持久的潜力。总的来说，意向性活动决定了主观幸福感约40%的差异，由此反映出干预主义者的一个相当大的目标。

柳博米尔斯基及其同事（Lyubomirsky et al.，2005）提出的"可持续发展架构"背后的理论，仍然是提高幸福感水平涉及的突出问题的主流模型。该理论在儿童青少年样本上缺乏实证检验。然而，越来越多的研究考察了该模型的各个方面，包括持久改变青少年幸福感的乐观主义和悲观主义的来源。接下来概述这一工作的重点。总的来说，研究结果表明该模型适用于希望促进学生幸福感的从业者。

青少年基因设定点的证据

双生子研究

支持基因设定点的发现主要来自双生子研究。大多数可观察到的特征，如身体特征（例如体重）和能力（例如智力）受遗传和环境的共同影响。同卵双生子基因相同，而异卵双生子只共享约50%的基因。在某一变量上，如体重或智力测验分数，当同卵双生子的相似程度高于异卵双生子时，就表现出该因素的遗传效应。此外，当双生子之间的相关性高于他们与其他兄弟姐妹的相关性时，就能够说明双生子之间共享的特定环境效应（并不与其他兄弟姐妹共享)。同卵双生子某一因素的相关系数小于1时,表明该因素受到环境特征的影响。

遗传因素对青少年幸福感的影响是否和它对成年人幸福感的影响一样显著?巴特尔斯和布姆斯马(Bartels & Boomsma,2009)通过研究荷兰双生子登记处的被试的主观幸福感,来确定人们是否确实生来就幸福。这项研究考察了大约4 000名青少年双生子和近1 000名非双生子兄弟姐妹的样本数据。样本包括770对同卵双生子、590对同性别的异卵双生子和503对不同性别的异卵双生子。12~23岁时(大多数双生子是14~16岁),双生子和一些非双生子兄弟姐妹在两项生活满意度指标和两项积极情绪指标(总体幸福情绪)上报告他们的主观幸福感。这项研究的结果支持,青少年主观幸福感近50%的差异可以归因于遗传效应。同卵双生子之间的平均相关性很强,相关系数大约为0.42(根据主观幸福感指标和双生子的性别,r介于0.31到0.53之间)。异卵双生子和非双生子兄弟姐妹的平均相关性很弱,相关系数大约为0.14(根据主观幸福感指标和被试性别,r介于0.08到0.26之间)。这些发现支持了遗传对主观幸福感的影响,无论考察的具体组成部分(认知和情感)如何,同卵双生子之间的相关在四个指标的任何一个上都超越了异卵双生子和其他兄弟姐妹配对组之间的相关。巴特尔斯和布姆斯马解释:“这一发现说明,主观幸福感的不同测量方式在遗传水平上没有区别。本研究使用的四项衡量指标都加载了类似的基因组。”(p. 619)

对上述数据进一步的分析表明，遗传因素可以解释主观幸福感得分差异的近 50%，这与柳博米尔斯基及其同事的模型一致。对于生活满意度的两项指标，遗传力可以解释 47%的差异，其余 53%的个人生活满意度差异归因于非共享环境因素。遗传力对主观幸福感情绪指标的估计值偏小，解释了 36%～38%的积极情绪差异。重要的是，主观幸福感的遗传结构在不同性别、年龄的青少年中相同。尽管年龄较大的人报告的主观幸福感水平较低，但样本中青少年和年轻成年人的生活满意度或幸福感评分具有强大的遗传基础。这项设计良好的研究支持这样一种观念，即无论青少年的年龄或性别如何，主观幸福感大约 50%的差异性会遗传。

双生子研究以外的证据

在缺乏同卵双生子的情况下，研究者如何检验幸福感的基因设定点理论？谢尔登和柳博米尔斯基(Sheldon & Lyubomirsky, 2006a)提出了三种观点：(1) 将个体的人格当作遗传物质的代表来研究；(2) 研究个体血亲的幸福感；(3) 研究个体多年来在不同测量中的幸福感均分。青少年的年龄跨度有限，因此接下来总结与前两种方法有关的研究结果。首先，重要的是要确定青少年时期主观幸福感的变化程度。

正如第一章所述，将青少年的心理健康定义为主观幸福感和心理病理学的组合可以产生四个心理健康群体：完全心理健康者(主观幸福感水平高，心理病理学水平低)，易感者(主观幸福感水平低，心理病理学水平低），有症状但自我满足者（主观幸福感水平高，心理病理学水平高）和疾患者（主观幸福感水平低，心理病理学水平高）。麦克马汉（McMahan, 2013）对青少年心理健康的变化和稳定性进行了纵向研究，发现 61%的学生在 1 年后有相同的心理健康状况，将近四分之一（23%）的学生在 1 年的时间间隔内改变了他们的主观幸福感水平（从低水平到平均/高水平或相反），剩下的 16%的学生仅在心理病理学水平上发生变化（内化或外化症状增加或减少）。

如前所述，大部分典型的中学生很可能拥有完全心理健康（Suldo, Thalji-Raitano et al., in press）。麦克马汉（McMahan, 2013）追踪了该研究中的高中生样本，发现完全心理健康组主观幸福感最稳定；主观幸福感水平低或心理病理学水平高或两者兼具的学生，主观幸福感更可能随时间而发生变化（在任一方向上）。在参与研究的 425 名高中生样本中，大约 12.5%的高中生转入主观幸福感水平较高组（例如，从易感者到完全心理健康者或从疾患者到有症状但自我满足者），11%的高中生转入主观幸福感水平较低组（例如，从完全心理健康者到易感者或从有症状但自我满足者到疾患者），11.5%的高中生转入心理病理学水平较高组（例如，从完全心理健康者到有症状但自我满足者或从易感者到疾患者），13%的高中生转入心理病理学水平较低组（例如，从有症状但自我满足者到完全心理健康者或从疾患者到易感者），具体参见表 4－1。

表 4－1 双因素模型下 425 名高中生间隔 1 年测得的心理健康指标

	初始心理健康组			
	完全心理健康组(270 人，占样本量的 63.5%)	疾患组(61 人，占样本量的 14.4%)	易感组(47 人，占样本量的 11.1%)	有症状但自我满足组(47 人，占样本量的 11.1%)
各组 1 年后心理健康状况相同的比例	80%	36%	30%	17%
1 年后心理健康状况改变的学生，他们会进入哪一组	有症状但自我满足组(10%)；易感组(7%)；疾患组(4%)	完全心理健康组(25%)；有症状但自我满足组(20%)；易感组(20%)	完全心理健康组(45%)；疾患组(15%)；有症状但自我满足组(11%)	完全心理健康组(47%)；疾患组(19%)；易感组(17%)

人格对主观幸福感的决定性影响

哪些因素能预测哪些学生能够保持幸福或烦恼，哪些学生的心理健康状况会发生变化？麦克马汉(McMahan，2013)研究了学生主观幸福感的一系列相关因素，包括：(1) 人口统计学性质的环境变量，如性别、社会经济地位、种族，以及学生在近六个月内经历的重大生活压力的积累量；(2) 态度变量，如自尊和自我概念；(3) 人格特质(外向性、神经质、尽责性、开放性、随和性)。除此之外，麦克马汉还研究了学生的人际关系质量(与家长、教师和同伴的关系)和学校教育经历(如学校连通性、学业成绩),以确定哪些人口统计学特征、个人特征和环境特征可以预测学生后来的心理健康状况。

基因设定点理论认为,心理健康的稳定性在很大程度上由稳定因素预测,如人格。麦克马汉的发现与这一理论观点一致,即神经质是预测个体心理健康状况稳定性的最有力因素。回归分析结果表明,神经质得分较低的学生,心理健康状况保持稳定的概率是神经质得分较高的学生的五倍。生活环境因素也很重要,尽管强度较低。具体而言,社会经济地位较高的学生,心理健康状况保持稳定的概率是社会经济地位较低的学生的两倍。近年来的趋势表明,更高的学业成就能够预测稳定的最佳心理健康状况。这可能反映了一个环境变量(一贯成功的学生)或者行为模式(对学业任务的坚持),取决于学生个人对获得高平均绩点的关注。研究开始时心理健康状况较差的学生,人格特质在很大程度上可以预测他们能否达到完全心理健康状态。具体来说,神经质水平较低的学生能够达到完全心理健康状态的概率是神经质水平较高的同龄人的十倍,随和性水平较高的学生能够达到完全心理健康状态的概率则是随和性水平较低的同龄人的两倍。

人格因素也可以预测哪些学生的心理健康状况更差。神经质水平较高的学生易受心理疾病困扰的概率是神经质水平较低的学生的八倍,而外向性水平较高的学生易受心理疾病困扰的概率是外向性水平较低的学生的一半。除了作为保护因素的外向性，自尊水平较高的学生比自尊水平较低的学生更不容易受心理疾病困扰。人格（特别是低外向性、高神经质）是学生长期受心理疾病困扰的最大决定因素。如第三章所述，对其他青少年样本的研究支持人格对主观幸福感个体差异的关键影响（Suldo，Minch et al.，2015）。

有趣的是，第一个时间点报告的压力生活事件并没有预测心理健康的变化或稳定性，这表明不利的生活环境存在与否并不会对青少年产生持久的影响。为什么经常经历负性（压力）生活事件不能预测学生在两个时间点都易受心理疾病困扰？在第一个时间点，学生报告他们在过去的六个月里经历的压力生活事件的数量。一年的间隔时间可能足以适应这些情况，在第二个时间点报告他们的心理健康状况之前，学生有相当长的时间（12～18 个月）来适应他们经历的压力事件。

家庭成员的幸福感

对于心理健康状况特别稳定的学生，为了更好地了解其幸福感的决定因素，我们对前面提到的主观幸福感四个组别中每组 6～10 名学生进行个体访谈（Suldo，Frank et al.，2014）。访谈问题包括家庭成员的幸福感水平。提问学生：“你的直系亲属（比如父母或兄弟姐妹）有多幸福？在 1～5 分的范围内，你如何评估每个家庭成员的幸福感（总体幸福感、生活满意度）？”其中，1＝一点也不幸福；3＝中等程度幸福；5＝非常幸福。由于这一系列项目的分析结果尚未公布，因此下面详细介绍这些结果。

在这 30 名学生中，有 21 名与亲生父母双方生活在一起（在 3 个案例中，父母不在一起，但孩子在两个家庭中都有住处）。学生的评分表明，父亲更幸福的学生，他们的母亲也往往更幸福（$r=0.44$，$p<0.05$）。因此，对亲生父母进行评分的学生，父母幸福感平均水平结合了对父母双方的评分。对于其他学生，只考察了居住在家中的亲生父母一方的评分（3 名母亲，4 名父亲；2 名学生没有与父母双方生活在一起，从接下来的分析中剔除）。

作为孩子心理健康状况的函数，父母的幸福感水平差异显著，$F(3,34)=7.78$，$p<0.001$。在主观幸福感水平中等/高的学生中，父母的幸福感水平相当高（在完全心理健康的学生组中：$M=4.63$，$SD=0.35$；在有症状但自我满足的学生组中：$M=4.33$，$SD=0.75$）。相比之下，主观幸福感水平较低的两组学生，更有可能对父母作出“中等程度幸福”的评价（疾患学生组中：$M=2.95$，$SD=0.84$；易感学生组中：$M=3.28$，$SD=0.94$）。如图 4－1 所示，父母的总体幸福感水平（正如孩子所感知的）与孩子的生活满意度相对应。孩子的生活满意度分数反映了他们在两个时间点（今年的前几个月，以及在这之前的一年）的学生生活满意度量表平均分数。我们还考察了孩子在两个时间点上的学生生活满意度量表和积极—消极情感量表（生活满意度＋积极情感－消极情感）综合得分的平均值，并称之为平均主观幸福感。

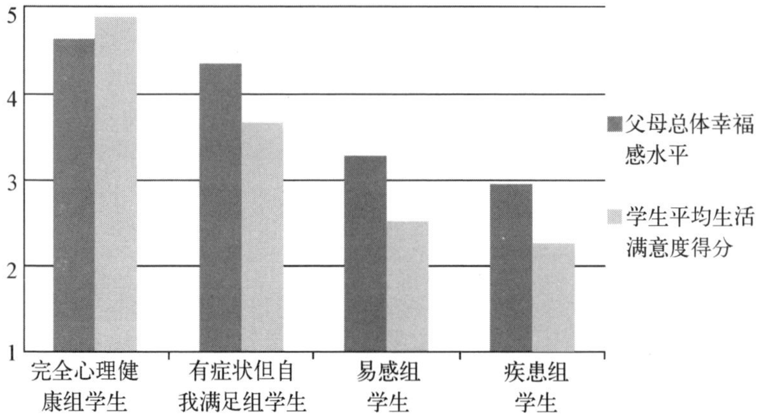

图 4-1　在心理健康状况稳定的学生中父母与孩子幸福感水平的对应关系

回归分析表明，孩子对亲生父母的幸福感评分解释了他们自己平均主观幸福感得分 57%的变异，$F(1,26)=34.84$，$p<0.001$，$R^2=57.26$。当预测生活满意度得分时，父母的主观幸福感解释了孩子平均生活满意度得分 42%的变异，$F(1,26)=18.81$，$p<0.001$，$R^2=41.98$。有趣的是，在随后的回归模型中添加兄弟姐妹主观幸福感的平均评分，并不能解释学生的主观幸福感或生活满意度得分在统计上显著的额外差异量，这表明是父母的幸福感使家庭成员的幸福感对孩子的幸福感产生影响。尽管基于少量样本，但这些初步分析支持这样一种观点：即使在高中生中，父母的幸福感水平也会表现在孩子的幸福感水平上。

当双方评定各自的生活满意度时，父母和孩子的幸福感也存在显著相关。在 148 名四至五年级学生及其亲生父母(137 名母亲，109名父亲)的样本中，统计上显著的相关性说明，更幸福的孩子来自更幸福的母亲($r=0.26$，$p<0.01$)和父亲($r=0.29$，$p<0.01$)(Hoy，Suldo，& Raffaele Mendez，2013)。与前面以高中生的感知来评判父母的幸福感相似，在该研究中，霍伊及其同事匹配了父母独立报告的主观幸福感之后，发现父亲和母亲的生活满意度存在显著相关($r=0.38$，$p<0.001$)。这些发现与其他研究结果一致，表明：(1) 成年人倾向于与拥有相同主观幸福感水平的伴侣配对，而且幸福感随着伴侣而改变(Bookwala & Schulz，1996；Hoppmann，Gerstorf，Willis，& Schaie，2011)；(2) 出生在父母更为幸福的家庭的孩子可能会继承类似的性格，倾向于拥有高水平的主观幸福感，部分原因是家庭建立了共同的价值观和行为选择(Headey，Muffels，& Wagner，2014)。那么，主观幸福感水平低的父母，他们的孩子只是运气不好吗？

对幸福感改变持乐观态度的证据

越来越多的研究支持，在参加旨在增加积极情绪的活动后，个体的幸福感会在一段时间内提升。最初，这些活动为成年人创建，并以成年人为测试对象。这些活动并不复杂，相反，它们是简短的、脚本化的，经常是自我管理活动，即模仿幸福的人的想法和行为(Layous & Lyubomirsky，2014)。有研究者招募成年人被试，要求他们参加简单活动，并将他们的幸福感变化与随机分配到控制条件下的成年人进行比较。结果发现，成年人的行为改变包括表现出更多善意（Lyubomirsky et al., 2005）、感恩思维（Emmons & McCullough, 2003）、希望思维（Layous, Nelson, & Lyubomirsky, 2013；Sheldon & Lyubomirsky, 2006b）、确定并以新的方式使用自己的性格优势（Seligman et al., 2005），以及品味为他们带来主观幸福感的各方面积极体验（Kurtz, 2008；Schueller, 2010）。这样的行为改变经常是生活满意度、积极情绪和幸福感的指标。

积极心理干预

关于幸福感可能发生积极变化的证据激发了公众对积极心理学的兴趣，部分原因是为了提高人们的幸福感。除了上述有目的地提高幸福感的实验性尝试，还存在对构念非常丰富的历史研究，它们早于积极心理学出现，但由于与幸福感有实证联系，现已被认为属于积极心理学框架。主观幸福感作为一种重要结果，人们越来越重视它。传统临床干预的其他研究旨在纠正问题的病因性基础，而现在可能会以这些干预对幸福感或生活质量指标的影响来评估它们。因此，人们可能想知道哪些策略属于积极心理干预，在活动名称或结果评估中是否带有"积极"这个词。帕克斯和比斯瓦斯-迪纳（Parks & Biswas-Diener, 2013）认为，一项可以被定义为积极心理干预的活动符合以下标准：

- 内容。干预关注积极主题，即人的生活的积极方面，如环境资源和个人优势，而不是问题（压力源、个人缺陷）。
- 目标变量。干预的主要目标是建立一个积极变量，如主观幸福感(享乐主义幸福感)或意义(自我实现幸福感),无论是作为结果变量还是作为进一步积极变化的目标、中介或机制。

- 研究。干预措施得到科学评估,研究结果提供实证支持,即干预措施影响了积极变量,反过来为预期人群带来积极结果。
- 人口。干预旨在促进没有痛苦的人的健康。在临床人群中,寻找理论上适当的积极变量以改善病理症状很重要,而专注于弥补弱点或寻找理论上并不适当的积极变量则不然。

在越来越多的研究中,积极心理干预也通过学校服务在儿童青少年样本中进行了测试。在对学生进行干预研究时,最常研究的目标和活动如下:

- 感恩。包括"细数幸福"、在日记中记录积极事件,以及感恩致谢(撰写并发送感恩信)。
- 善良。通过在特定的某天作出三到五个善意行为来增强。
- 确定个人优势。经常通过"你最棒的一面"写作来确定,回忆自己在某一时刻表现出来的个人优势,写下这个卓越时刻。
- 以新的方式使用性格优势[即在行动价值(Values in Action)分类系统中确定的跨文化的24个积极特征]。
- 希望和目标导向的思维。包括设想期望的未来(目标)、创造路径以实现愿景(追求的步骤)等活动。
- 乐观思考。以对过去生活事件的解释为基础,对未来的积极事件持有长久、个人和普遍的看法。
- 平静。经常通过正念冥想来培养,以训练对当下的意识。

一些首次发表的研究支持对中学生实施的简单积极心理干预，特别是针对希望（Marques et al.，2011）和感恩（Froh，Sefick，& Emmons，2008）的干预措施。其他研究人员已经通过校本课程着重培养青少年的优势。在英国，普罗克特（Carmel Proctor）、伊兹（Jennifer Fox Eades）及其同事开发的这类项目包括为优势喝彩（Fox Eades，2008）、优势健身房（Proctor et al.，2011）。在新西兰，由昆兰（Denise Quinlan）、斯温（Nicola Swain）、韦拉-布罗德里克（Dianne Vella-Brodrick）和奥塔哥大学（University of Otago）的同事开发的“了不起的我们”项目是一个相对简单的班级干预，教导五至六年级的学生如何发现和使用性格优势（Quinlan，Swain et al.，2015）。在美国，宾夕法尼亚大学的塞利格曼、吉勒姆（Jane Gillham）、雷维奇（Karen Reivich）及其同事为高中生制定了积极心理学课程（积极心理学青少年项目），强调探索和使用标志性优势（Gillham et al.，2013；Seligman，Ernst，Gillham，Reivich，& Linkins，2009）。除了聚焦优势的项目，世界各国还出现了其他具有积极心理学理论基础的普遍干预措施。例如，在澳大利亚，诺布尔（Toni Noble）和麦格拉思（Helen McGrath）开发了“重新振作”项目，这是一个全校性的项目，教导学生（幼儿园到八年级）如何有效应对压力，将积极心理学原理（如培养积极情绪、乐观思考、积极关系）融入学校英语语言艺术课程（McGrath & Noble，2011）。在加拿大，朔纳特-赖希尔及其同事（Schonert-Reichl & Lawlor，2010；Schonert-Reichl et al.，2015）研究了思维提升（MindUP），这是一种普遍的社会与情绪学习项目，利用课堂教学和日常呼吸活动来教中小学生如何通过感恩、乐观和善良来达到正念并增加积极情绪。在以色列，绍沙尼和斯坦梅茨（Shoshani & Steinmetz, 2014）率先在全校范围内应用积极心理学（例如，感恩、目标实现、性格优势和积极关系），以一种通用的方式促进中学所有学生的幸福。

我与南佛罗里达大学众多有才华的研究生合作，开发了一项校本干预措施，将积极心理学文献中的许多活动纳入全面、多目标的干预。我们在与青少年及其家庭的对话中将此干预称为幸福感提升项目。如第五章所述，该干预措施最初是为中学生群体制定的。在有实证研究支持干预对学生生活满意度的积极影响后（Suldo, Savage et al., 2014），我们将应用范围扩展到父母（Roth, Suldo, & Ferron, 2016）、教师和同学（Suldo, Hearon, Bander et al., 2015）。第六章、第七章和第八章分别介绍了为低年级和高年级学生制定的项目修改、课堂应用和父母参与。

积极心理干预对提高青少年主观幸福感的效果

任何教育干预措施的开发过程一般都从基础研究开始，为理论驱动的干预措施的设计和开发提供依据。先严格设计效力试验，再评估已完全开发的干预措施或策略对预期结果的影响（Institute of Education Sciences & the National Science Foundation, 2013）。表 4 - 2 说明从基础知识的发展到干预措施的制定和评估的每一个阶段，如何与旨在提升青少年幸福感的干预措施的评估过程相关。

表 4－2　学校干预发展和评估的研究类型

类型	目　的	研究问题范例
基础性的	为特定现象或预期结果的理论和方法问题提供信息，如最佳心理健康。	• 幸福的关键要素是什么？ • 如何以可靠和有效的方式测量青少年的幸福？
早期或探索性的	确定期望结果的相关因素，特别是与结果相关的潜在可塑性因素。	• 幸福可能发生变化吗？ • 哪些内部因素和环境因素与青少年幸福感相关？
设计和开发	应用观察性研究的结果，创造干预措施，以实现目标；对干预进行初步的小规模试验，由预期终端用户来确定干预在预期环境中的可行性，并承诺干预可能达到预期的效果。	• 提高青少年幸福感的干预措施针对的关键因素有哪些？ • 哪些干预措施似乎有效，因为参与这些干预措施后，孩子们会感到更幸福？ • 这些干预措施是否可以由教师和学校心理健康服务者在课堂实施？
影响研究：充分开发的干预措施达到预期效果的程度如何？		
功效	确定理想条件下干预措施的影响，例如干预措施的开发者经常为干预措施的实施提供特别支持。	• 相对于没有接受干预的同龄人，接受干预的青少年的心理健康是否有所改善？ • 如果是，哪些心理健康指标（主观幸福感或心理病理学方面）显示出效果？ • 干预结束后，功效是否持续？
有效性	确定干预在常规实践中的影响，例如没有干预措施开发者支持的学校情境。	• 作为学校多层次心理健康支持体系的一部分，由学校心理学家对幸福感存在提高空间的学生（第二层次）进行有针对性的积极心理干预，其效果如何？

续　表

类 型	目　　的	研究问题范例
推广	确定干预在常规实践和跨环境、跨人群中的影响，以检验积极影响在多样化群体中的推广性。	● 作为区域普及性心理健康服务计划的一部分，由保健教师对所有高中新生（第一层次）开展全班性的积极心理学课程，其效果如何？

10 年前，我不能向有兴趣的从业者指明提高青少年主观幸福感的任何循证的策略，因为这样的研究根本不存在。幸运的是，在过去的 10 年里，青少年主观幸福感的基础测量知识和相关因素研究快速发展，使人们能够从探索性研究中有所发现，特别是在积极心理学领域内对与儿童主观幸福感有关的内部因素和环境因素的研究。此外，研究者将这些发现应用于提升主观幸福感的干预措施的设计和开发。日益增多的研究展示了对青少年样本进行积极心理干预的结果，表 4－3 总结了这些研究的设计特点和发现。大部分研究本质上是试验性的。虽然这类研究经常以相对较小的学生样本进行测试，但提供了必要的信息，以确定在学校心理健康工作中融入特定的积极心理干预是否可行、值得。表 4－3 列出的研究通过将学生随机分配到干预组或控制组，检验了充分发展的理论驱动对干预措施的影响。考虑到干预研发人员参与这些研究，评估学校积极心理干预影响的下一个合乎逻辑的步骤是试图独立复制这些积极效应。在缺乏有效性和更大规模研究的情况下，学校积极心理干预的知识基础尚处于初级阶段，但前途无量。

表 4-3　青少年样本积极心理干预的实证评估

作　者	积极心理干预描述	测　量	样　本	持续时间	关键发现
目标：感恩					
Froh, Sefick, & Emmons (2008)	细数幸福——每天列举从昨天起让人开心的事，最多五件。	简版多维度学生生活满意度量表、儿童积极—消极情感量表、感恩形容词核查表、总体生活满意度的一项指标。	来自 11 个班级的 221 名中学生（六年级和七年级），分为感恩组（$n=76$）、烦恼组（每天记录前一天令人感到烦恼的事，$n=80$）和控制组（$n=65$）。	每日记录，持续两周。	相对于烦恼组，干预后及 3 周随访时在感恩和消极情绪上发现显著效应（$p<0.05$）。相对于两个比较组，干预后和 3 周随访时感恩组学校满意度显著提高。相对于烦恼组，干预后（而不是随访时）感恩组生活满意度略微提高（$p<0.10$）。积极情绪没有变化。
Froh, Kashdan, Ozimkowski, & Miller (2009)	感恩致谢——写信给你感恩的一个人。然后干预者与个体单独访谈，关注对此次感恩致谢的分享和反思。	儿童积极—消极情感量表、感恩形容词核查表。	89 名青少年（三年级、八年级和十二年级），随机分配到感恩组（$n=44$）或控制组（$n=45$，要求学生记录日常事件）。	超过两周，5～15 分钟的写作环节（感恩信或日常活动记录），感恩组也在第二周结束前寄出信件。	与控制组相比，仅积极情绪初始水平较低的学生干预后感恩水平和积极情绪显著提升（$p<0.05$）。在两个月后的随访中，积极情绪和感恩水平的提升仍旧得到维持（$p<0.10$），消极情绪无显著差异。

续 表

作者	积极心理干预描述	测量	样本	持续时间	关键发现
McCabe, Bray, Kehle, Theodore, & Gelbar (2011); McCabe-Fitch (2009)	三件好事——每晚列出当天经历的三件积极事情。 感恩信——定义"感恩"后，指导学生独立地写一封感恩信并交给自己感恩的人，感谢对方曾经对自己表现出善意行为，但自己从未表达感谢（最好亲手交给对方，通过邮件或寄出也可以）。	主观幸福感量表、儿童积极—消极情感量表、学生生活满意度量表。	将50名中学生（七年级和八年级）随机分配至感恩组（$n = 26$，感恩信＋感恩日志）或控制组（$n = 24$，每日记录生活事件）。	在一次会面中，要求学生在一周内每晚写日志。同时，要求感恩组（在同一次会面中）在这周结束前写感恩信并交给自己感恩的人。	相对于控制组条件的学生，两个月后随访时，积极情绪对幸福感的效应变得明显。在干预后和两个月后随访时，积极情绪的积极效应量较小（由于积极情绪的基线差异对实验组有利，因此该现象必须谨慎解释）。对生活满意度或消极情绪没有影响。

续 表

作者	积极心理干预描述	测量	样本	持续时间	关键发现
Froh et al.(2014)	感恩思维——班级课程旨在教会学生接受他人恩惠的过程中涉及的社会认知评价(理解施惠者的意图、施惠成本、得到的好处)。	感恩形容词核查表，感恩思维(利益评估环节)；研究1：感恩行为(写感恩信)；研究2：儿童积极—消极情感量表、简版多维度学生生活满意度量表。	两个小学生样本。研究1：来自六个班级(全部为四年级)共122人，随机分配到干预组($n=62$)或注意控制组(一般社会活动的讨论，$n=60$)。研究2：来自四个班级(四年级和五年级)共82人，随机分配到干预组($n=44$)或注意控制组($n=38$)。	5节时长为30分钟的班级课程(利益评估课程或控制课程)，要么每天一节课程，为期一周(研究1)；要么每周一节课程，为期五周(研究2)。	研究1：与控制组相比，干预后的感恩思维、感恩行为和感恩情绪显著增加($p<0.05$)。没有追踪数据报告。研究2：与控制组相比，7周和15周后随访时，感恩思维、感恩情绪和积极情绪显著增加($p<0.05$)，组间差异显著。干预对消极情绪或生活满意度没有显著影响。

续　表

作　者	积极心理干预描述	测　量	样　本	持续时间	关键发现
Owens & Patterson (2013)	为当天感恩的事画一幅画。	儿童积极—消极情感量表、简版多维度学生生活满意度量表、儿童感知能力量表整体自尊分量表。	将62名小学生(5～11岁)分配到以下条件：感恩组($n=22$)、最佳可能自我组($n=23$)或活动控制组(描绘当天所做的任何事,$n=17$)。	每周一次，持续4～6周。	相对于其他两种条件，实验条件对情绪、生活满意度或自尊没有显著影响。没有追踪数据报告。
目标：善良					
Layous, Nelson, Oberle, Schonert-Reichl, & Lyubomirsky (2012)	善意行为——指导学生在一周内表现出三次善意行为，并通过班级调查报告这些行为。	儿童积极—消极情感量表、生活满意度量表、主观幸福感量表、同伴接纳度的社会测量评分。	将来自19个班级的415名小学生(9～11岁)随机分配到善意行为组($n=211$)或活动控制组($n=204$;参观三个地方，意在使学生略感愉悦)。	每周一次，持续4周。	在这两种条件下，学生的积极情绪明显增加($p<0.05$)，而生活满意度和幸福感水平略微提升($p<0.10$)；干预条件对这些结果没有优势。在这两组学生中，同伴接纳度显著增加，但善意行为组的同伴接纳度的增加显著高于控制组。

续 表

作　者	积极心理干预描述	测　量	样　本	持续时间	关键发现
目标：你最棒的一面——研究中没有学龄青少年					
目标：性格优势					
Proctor et al. (2011)	优势健身房项目——由教师在全班开展，课程对应 24 个行动价值优势，旨在培养学生的个人优势并认可他人的优势。	学生生活满意度量表、积极—消极情感量表、罗森伯格自尊量表。	将 319 名中学生（年龄 12～14 岁）分配到优势健身房组（n=218）或无干预控制组（n=101）。	6 个月以上，每周班级课程聚焦某个具体的优势。教师完成 3～12 节课程（M =5.6）。	与无干预控制组相比，优势健身房组生活满意度水平显著提升（$p<0.05$），积极情绪略微增加（$p<0.10$）。消极情绪或自尊变化不显著。没有追踪数据报告。
Rashid et al. (2013)	通过行动价值分类系统培训教师，帮助他们学习在学校增强优势的方法，并将优势和课程联系起来。学生在问题解决和自我提高项目中识别和	积极心理治疗量表—儿童版、学生生活满意度量表、社会技能提升系统。	59 名中学生（六年级），分布于两所学校，其中一所学校安排进行优势教育（n=33），另外一所学校进行无干预控制（n=26）。	在整个学年，教师每周将优势融入班级课程教学，并在寒假与父母讨论优势。	在干预条件下，教师评估的社会技能和父母报告的问题行为（内化问题、外化问题、多动症状）都得到改善。与控制组相比，通过积极心理治疗量表—儿童版（积极情绪、投入、意义）评估，生活满意度或

续 表

作者	积极心理干预描述	测量	样本	持续时间	关键发现
	利用自己的标志性优势，在课程中识别性格优势。同时，父母心理教育课程也聚焦孩子的标志性优势。				幸福感没有显著变化。没有追踪数据报告。
Quinlan, Swain, Cameron, & Vella-Brodrick (2015)	在问题解决、目标追求和关系建立中，学生识别和利用优势；认识自我优势（例如，通过反思“处于最佳状态的你”活动中表现的优势）和他人（同学）优势（例如，优势发现）。课堂教师共同促进课程。	学生生活满意度量表、国际积极—消极情感量表—简版、对学习的投入与不满量表、我的课堂问卷、儿童内在需求满意度量表、优势利用量表。	196名小学生，年龄为9～10岁，共9个班级，学生被分配到优势条件组（$n=140$，6个班级）或无干预控制组（$n=56$，3个班级）。	每周90分钟小组课程，持续6周；一个月之后有一次回顾。	与控制条件相比，积极情绪、课堂情绪和行为投入、课堂情绪氛围（凝聚力、摩擦减少、自主性和关联性的内在需求得到满足）显著改善，三个月后的随访显示优势利用明显。干预对消极情绪或生活满意度无显著影响。

续 表

作者	积极心理干预描述	测量	样本	持续时间	关键发现
目标：通过正念获得积极情绪（如平静）					
Schonert-Reichl & Lawlor (2010)	正念教育项目（改编自 Kehoe & Fischer，2002）由教师在全班实施，课程目标为自我意识、集中注意力、积极情绪、自我管理、消极情绪和消极思维管理、目标设置。此外，每日肯定和可视化的正念注意力练习。	积极—消极情感量表、心理韧性量表、自我描述问卷、社会竞争力教师评定量表。	12 所学校的 246 名学生（四至七年级）；6 个干预组班级（$n=139$）和 6 个对照组班级（$n=107$）。	4 个月以上，每周一次 40～50 分钟的班级课程，共 10 次。另外，学生每天完成 3 次正念练习，每次练习 3 分钟，至少 9 周。	与对照组相比，干预组乐观主义、教师对注意力集中的评分、社会与情绪能力显著提升，外化行为问题显著减少（$p<0.05$）。 积极情绪的增加达到边缘显著（$p<0.10$）；对青少年早期来说（四至五年级），自我概念显著增强；对六至七年级的学生来说，消极情绪或自我概念没有显著变化。没有追踪数据报告。
Schonert-Reichl et al. (2015)	思维提升项目（Hawn Foundation，2008）由教师在全班开展课程，	人际反应指数、心理韧性量表、自我描述问卷、	4 所学校的 99 名学生；2 个干预组班级（$n=48$）和 2 个一切	超过 4 个月，每周一节 40～50 分钟的班级课程，共 12 节	与控制组相比，执行功能（任务速度）、乐观主义、正念、学校自我概念，以及社会与情绪能

续 表

作者	积极心理干预描述	测量	样本	持续时间	关键发现
	课程目标为自我调节、亲社会行为、积极情绪(例如,通过感恩和乐观思考)和关爱的课堂环境(例如,通过友好行为)。此外,每日进行正念练习(深呼吸、注意倾听)。	社会目标问卷、儿童正念注意知觉量表、西雅图儿童人格问卷;执行功能任务;同伴接纳、亲社会行为和攻击行为的社会测量评分;数学成绩。	照常的控制组班级(例如,一个社会责任项目;$n=51$)。	课。另外,学生每天完成3次正念练习(每次练习3分钟),为期12周。	力(观点采择、共情、同伴提名的亲社会行为和接纳度)显著提升($p<0.05$),同时抑郁症状和攻击行为减少;年末数学成绩提高,达到边缘显著($p<0.10$)。两组被试中,社会责任显著增加。没有追踪数据报告。
目标:通过品味产生积极情绪——研究中没有学龄青少年					
目标:希望					
Marques, Lopez, & Pais-Ribeiro (2011)	为未来计划树立希望——教导学生设立明确的目标,确定实现目	学生生活满意度量表、儿童希望量表、儿童自我认	62名中学生(六年级);干预组($n=31$)与对照组($n=31$)。	每周一次1小时的小组课程,共5周;1小时与父母和教师	与对照组相比,希望、生活满意度和自我价值显著提升($p<0.05$)。效果在6个月和18个月

续 表

作 者	积极心理干预描述	测 量	样 本	持续时间	关 键 发 现
	标的途径，利用心理能量追求目标，将障碍重新定义为需要克服的挑战。此外，还有针对父母和教师希望的心理教育课程。	知概念自我价值分量表、五项目心理健康调查表。		的小组课程。	后的随访中依然存在。心理健康问题或学业成绩没有显著变化。
Owens & Patterson (2013)	最佳可能自我——描绘一个让你快乐并感兴趣的未来自我。	儿童积极—消极情感量表、简版多维度学生生活满意度量表、儿童感知能力量表总体满意度分量表。	62 名小学生（年龄为 5～11 岁）被安排到最佳可能自我组（$n = 23$）和替代的积极心理干预感恩组（$n = 22$）或主动/积极控制组（$n = 17$）。	每周 1 次，持续 4～6 周。	相比于其他两组，最佳可能自我组自尊显著提升。对情绪或生活满意度没有显著影响。没有后续追踪数据报告。

续　表

作　者	积极心理干预描述	测　量	样　本	持续时间	关键发现
Green, Grant, & Rynsaardt (2007)	由受过培训的教师担任生活教练，课程侧重于制定目标、确定实现目标的资源、开发行动步骤和解决方案以及评估进展。	特质希望量表，认知坚韧性量表，抑郁、焦虑和压力量表。	56 名女高中生（年龄为 16～17 岁）被随机分配到生活教练组（$n=28$）或者候选控制组（$n=28$）。	两个学期的 10 次 45 分钟的个人辅导。	与控制组相比，希望（总体；能量和实现目标的路径）和认知坚韧性显著提升，抑郁减轻。压力或焦虑没有变化。没有后续追踪数据报告。
目标：乐观					
Brunwasser, Gillham, & Kim (2009); Gillham, Hamilton, Freres, Patton, & Gallop (2006)	宾夕法尼亚心理韧性项目——抑郁预防课程，通过形成现实、乐观的解释风格，聚焦于帮助儿童应对日常压力（例如，通过考虑其他解释和检验证据来挑战悲观的信念），学习社会技能和问题解决技能。	儿童归因风格问卷、儿童抑郁量表。	结合 2 498 名 8～18 岁的儿童青少年样本，对 17 项与控制组相关的宾夕法尼亚心理韧性项目评估作元分析。	每周 1 次 90 分钟的小组课程，共 12 周。	元分析发现，干预条件下的学生抑郁症状有了即时减轻，6 个月和 12 个月后的随访中，该效应较小但依然显著。一些研究（例如，Gillham et al., 2006）报告了干预条件对积极事件的乐观解释风格的积极效应，持续时间长达 2 年。

续　表

作　者	积极心理干预描述	测　量	样　本	持续时间	关键发现
Rooney, Hassan, Kane, Roberts, & Nesa (2013); Johnstone, Rooney, Hassan, & Kane (2014)	澳大利亚乐观项目——积极思维技能项目。由教师在全班开展教学，旨在通过与塞利格曼乐观理论一致的认知行为策略来提升乐观思维，预防儿童抑郁和焦虑。	儿童归因风格问卷、儿童抑郁量表、斯彭斯儿童焦虑量表。	来自22所学校的910名学生被随机分配到干预组（$n=467$）和控制组（$n=443$，定期的健康教育课程）。	每周1小时的教师领导的课程，共10次。	在两种条件下，干预后、6个月和18个月后的随访中，儿童的乐观水平显著提升，焦虑症状显著减少（$p<0.05$）；干预条件对乐观或焦虑没有明显优势。干预条件对抑郁症状的即时缓解效果显著。在42个月和54个月后的随访中，抑郁症状的积极干预效应不明显；两组被试的症状都以相似的速度减弱。
多目标					
Rashid & Anjum (2008); Rashid et al. (2013)	含多种积极心理干预的积极心理治疗：你最棒的一面、感恩日志、在自我完	学生生活满意度量表、积极心理治疗量表儿童版、社会技能评	22名中学生（六年级）被随机分配到干预组（$n=11$）或控制组（$n=11$）。	每周90分钟的小组课程，共8次。	与控制组相比，幸福感和父母评定的社会技能显著提升。在6个月后的随访中，幸福感（而不是社会技能）的

续　表

作　者	积极心理干预描述	测　量	样　本	持续时间	关键发现
	善项目中识别并使用标志性优势、识别家庭成员的标志性优势、品味。邀请父母参加最后一次课程（学生汇报标志性优势项目）。	估系统、儿童抑郁量表。			提升得到保持。在2个月后的随访中，积极情绪的增益继续保持。生活满意度、抑郁症状或教师评定的社会技能没有变化。
Suldo, Savage, & Mercer (2014)	多种积极心理干预：你最棒的一面、感恩日志、感恩致谢、善意行为、识别并使用标志性优势、品味、乐观思维、希望（未来最佳可能自我）。	学生生活满意度量表、儿童积极—消极情感量表、阿肯巴克实证评估系统青少年自我报告版本。	55名中学生（六年级）被随机分配到干预组（$n=28$）或控制组（$n=27$）。	每周1小时的小组课程，共10次。	与控制组相比，生活满意度显著提升（$p<0.05$），在6个月后的随访中，生活满意度的增益依然存在（尽管控制组在随访中赶上了）。对情绪或心理病理水平没有显著影响。

续 表

作 者	积极心理干预描述	测 量	样 本	持续时间	关键发现
Roth, Suldo, & Ferron (2016)	和上述苏尔多等人（Suldo et al., 2014）的研究一样，再加上两次后续课程（回顾积极心理干预）。此外，还有一次父母心理教育课程和每周父母笔记。	学生生活满意度量表、儿童积极—消极情感量表、简版青少年问题监测。	42 名中学生（七年级）被随机分配到干预组（$n=21$）或控制组（$n=21$）。	每周一次 50 分钟的小组课程，共 12 次；一次 1 小时的父母小组课程。	与控制组相比，干预组生活满意度和积极情绪显著提升（$p<0.05$），消极情绪减少。积极情绪的增益在 2 个月后的随访中依然存在。干预后，内化和外化心理病理水平的下降边缘显著（$p<0.10$），内化心理病理水平的下降在随访中依然存在。
Suldo, Hearon, Bander et al. (2015)	多种积极心理干预：你最棒的一面、感恩日志、感恩致谢、善意行为、识别并以新的方式使用标志性优势、培养师生和同学关	多维度学生生活满意度量表、学生生活满意度量表、儿童积极—消极情感量表。	12 名小学生（四年级），无控制组。	每周一次 50 分钟的班级课程，共 10 次；一次 50 分钟的教师课程。	积极情绪和自我满意度显著提升（$p<0.05$）。总体生活满意度以及对朋友和生活环境的满意度的提升边缘显著（$p<0.10$）。在 2 个月后的随访中，所有增益均继续存在。学生

续　表

作　者	积极心理干预描述	测　量	样　本	持续时间	关键发现
	系。此外，还有一次教师心理教育课程和教师联合促进的课程。				出勤情况或纪律转介没有变化。
Gillham et al.（2013）；Seligman，Ernst，Gillham，Reivich，& Linkins（2009）	教师在班级积极心理学课程中进行积极心理干预。主要关注识别并以新的方式使用标志性优势，还通过感恩日志、感恩致谢、品味、乐观、谈论生活意义（例如，社会关系、与组织和价值观的联系）来聚焦积极情绪、目标和心理韧性。	社会技能评估系统，其他未指明。	347 名高中生（九年级）被随机分配到含积极心理学的语言艺术课程或普通语言艺术课程（每组未指明人数）。	整个学年包含 20～25 次 80 分钟的小组或全班课程，后续会布置家庭作业以应用技能，并通过日志的形式来反思这些经历。	初步调查结果（持续追踪学生到十一年级）表明，社会技能（教师和父母评定）、教师评定的学习优势，以及学生评定的学校喜欢度和参与度有显著提升。对抑郁症状、焦虑症状、总体成就、课外活动参与度没有影响。语言艺术成绩提高（只适用于普通班级而不是荣誉班级的学生）。

续　表

作　者	积极心理干预描述	测　量	样　本	持续时间	关键发现
Shoshani & Steinmetz (2014)	由受过大量培训的教师在全校范围内开展积极心理学课程，进行多项积极心理干预。主要针对积极情绪、感恩（例如，感恩日志、感恩致谢）、目标实现、乐观、性格优势、良好的家庭关系和学校关系（以及积极的学校氛围）。	生活满意度量表、简要症状分量表、罗森伯格自尊量表、一般自我效能量表、生活导向测试—修订版。	在以色列，1 038 名中学生（七至九年级）分布于两所学校：干预学校（537 名学生和 80 名教师）和一所包含常规社会科学的候选对照学校（$n=501$）。	持续整个学年，共 15 节全班课程，每节课都包含理论、体验活动和多媒体素材。面向校内所有教育工作者平行开展 2 小时研讨会，共 15 次研讨会。	与对照组相比，从基线到 1 年后的随访，自尊、自我效能和乐观水平显著提升，焦虑和抑郁显著减少（$p<0.05$）。干预条件对生活满意度没有显著影响。

回顾表 4－3 中的关键发现，越来越多的研究表明，参与以主观幸福感相关因素为目标的限时学校干预措施的青少年，主观幸福感至少在某些方面会发生积极改变。需要进一步的研究来确定，干预效果是否随学生的年龄或其他特征（如学业技能水平或行为挑战）而变化。此外，将这些积极心理干预措施在更大、更多样的青少年样本中应用和评估，最初的结果表明，许多学校积极心理干预措施与主观幸福感多个指标的持续增益有关，特别是积极情绪。初步研究结果对教育干预措施在青少年幸福感方面带来可持续积极变化的潜力持相当乐观的态度。

积极心理干预如何提升主观幸福感

弗雷德里克森（Fredrickson，2001）的扩展构建理论（broaden-and-build theory）或许是对积极心理干预产生的积极情绪如何推动主观幸福感持续提升的最符合逻辑的、循证的、最普遍的解释。感恩思考，表现出善意行为，并设想一个最佳可能自我，将个体的关注点分别引向过去、现在和未来的积极情绪。简而言之，这种积极情绪会螺旋上升，其特征是认知能力和行为灵活性的增强，随着时间的推移，个体能够构建自身的社会、心理和物质资源。下面的内容阐释了扩展构建理论的关键点，以及大量支持该理论的实证证据。

积极情绪

特定时刻的“良好感觉”以不同形式出现，由不同活动引发，是不同个体的独特体验。表 4－4 列出了常见的积极情绪。

表 4-4　常见的积极情绪

积极情绪	同义词和关键特征	结　　果
快乐	感受到极大的快乐、喜悦和幸福；热情洋溢	有活力并投入
感恩	感激生活中出现的一些积极事件或礼物；认识人性中的善	促使回报或给予
平静	对安全的环境感到满足和感恩；这种平和往往伴随着其他积极情绪，如快乐	更加频繁地品味环境和思考如何构建我们的生活
兴趣	感到着迷，被进一步的探索吸引；感到自己充满活力，并乐于进一步探索新观点	获取新知识和技能
希望	感觉糟糕的情况可能会好转，存在改善的可能性	坚持、创新，为更美好的未来作计划
自豪	对自己的成就感到满意；认识到自己的价值；自信	勇气，追求更多的成功机会
娱乐	在一些社交场合中，对一些意想不到的幽默的事情发笑	与他人分享欢笑，建立联系
灵感	见证人类卓越的品质或才能；注意他人的优秀品质	追求个人进步、争取卓越
敬畏	见证伟大善行；感到被伟大折服，充满惊奇，并暂时陷入惊讶	认识到与更大的事物的联系
爱	积极情绪出现在一段安全、亲密的关系中；与他人分享积极情绪时的瞬间状态	产生增强亲密关系的激素

注：摘录自弗雷德里克森的研究（Fredrickson，2009）。

扩展

积极情绪开阔我们的视野，拓宽注意力的范围，为额外的（积极）体验创造新的机会。这种拓宽的思维和视野为增强创造力，提高问题解决的速度和效率铺平了道路。弗雷德里克森（Fredrickson，2009）对积极情绪功能的科学研究令人印象深刻："（积极情绪能）开阔你的视野，给你带来更多可能性。有了积极情绪，你的思想和行动反应会更及时，能更好地预见未来的前景和双赢的解决方案。"（p.61）

思维灵活性的提升有助于完成日常任务和分配精力，当重大压力引发应对反应时，它的帮助可能更加明显。积极情绪较多的人倾向于更好地处理压力，有优越而深思熟虑的问题解决策略。面对逆境，他们有更多解决办法。消极情绪会促使人们缩小应对范围，往往冲动选择无效的行为反应，积极情绪则能使思维更开放。

构建

积极情绪的增加伴随四个领域的资源的增加。第一，精神资源：更良好的思维习惯，如对周围的环境更加警觉，品味愉快事件，并创造更多方法来达到目标。第二，心理资源：更多的自我接纳和增强的性格优势，如生活目标和乐观。第三，社会资源：对他人更具吸引力，建立更多信任和满意的人际关系，加强与他人的联系，并从亲近的人那里获得更多支持。第四，物质资源：更健康，部分通过减少压力相关的激素，增加负责情感联结和成长的激素；

免疫系统增强，睡眠更好。

这些领域的获益称为资源。当未来遇到压力源时，不管这些压力源是积极的（例如机会）还是消极的（例如挫折），你都可以利用上述资源更成功地应对压力源。

实证支持

研究表明，随着时间的推移，积极情绪与消极情绪的比例大约为3∶1，这是良好心理健康的可能临界点（Fredrickson, 2013）。注意，目标不是一个不切实际的3∶0甚至1∶0，消极情绪如愤怒、内疚、恐惧和厌恶在生活中被认为不可避免，努力消除消极情绪是徒劳的。努力把积极情绪增加到三倍，似乎足以克服消极情绪的力量。实验研究证实，积极情绪可以被诱导并对幸福感产生有利影响，例如通过仁爱冥想，这包括训练对自己和他人的温暖和关爱的感觉（见 Garland et al., 2010）或表4-3列出的许多活动。

增加积极情绪

基于增加积极情绪的策略的大量实证研究，弗雷德里克森（Fredrickson, 2009）提出一个包含十几种策略的“工具包”，人们可以从中选择策略，以试图将积极情绪和消极情绪的比例调整到接近3∶1。第五章到第八章详细描述了青少年对大多数策略的适应情况，并以感恩、善良、识别和使用性格优势、对抗消极思维（通过培养乐观的解释风格）、品味积极情绪、想象积极的未来，以及建立牢固的社会关系为目标。本书没有包含其他一些可行的策略，包括发展分心能力，当个体沉思或感到消极时，分心可以转移个体的注意力，以及增加在大自然中的时间。弗雷德里克森还强调正念在日常活动(培养对当前经历的好奇心和接受能力)和冥想过程(是否有仁爱的思想)中的价值。我们欢迎有兴趣进一步学习青少年正念培养的从业者浏览基于正念的青少年减压法(Biegel，Brown，Shapiro，& Schubert，2009)或表 4 - 3 介绍的思维提升项目。

第五章

幸福感提升项目：对青少年的选择性干预[①]

本章提出一种全面的、多目标的积极心理干预措施，以提升青少年的主观幸福感。幸福感提升项目（Well-Being Promotion Program）最初的设计是，每周一次课程（约45分钟，共10次），在青少年小组中实施。课程按照计划执行，这些干预将会促进提升六年级学生的生活满意度（Suldo，Savage，& Mercer，2014）。本章首先阐述塞利格曼（Seligman，2002）的理论框架，该框架指导聚焦感恩、善良、性格优势、乐观思考和希望的干预目标及具体活动的发展。然后描述干预的特点，这与积极心理干预最佳实践的当前思路一致。接下来概述10次干预课程的目标和活动。有意向领导小组干预的从业者可见附录中的完整手册，手册详细介绍了每项活动的程序，并具有实证研究基础，总结了干预的设计和开发过程，包括在正常上课时间内，按预期对青少年小组进行多目标

① 本章与杰茜卡·萨维奇（Jessica Savage）一起撰写。杰茜卡·萨维奇，博士，美国希尔斯伯勒县公立学校的学校心理学家，2011年毕业于南佛罗里达大学学校心理学专业。

积极心理干预的现有的实证支持。最后提供一个近期实施的幸福感提升项目的详细案例，它可以帮助我们具体说明本章和附录描述的干预项目如何在中学生群体中奏效。

干预的理论基础

在积极心理学发展早期，塞利格曼(Seligman, 2002)断言，人们有能力通过意向性活动将幸福感水平提升到基因设定点的上限。他还提出提升幸福感的多维视角，包括关注情感生活的过去、现在和未来。在他提出的真实幸福理论中，一个人若想真正对过去感到满意，就要强化自己对积极事件的感恩和对消极事件的宽恕。目前看来，塞利格曼认为，幸福感水平既取决于愉悦——一种即时出现并逐渐消失的感觉，也取决于完全专注于某件事的满足感。当前的积极情绪包括通过品味和正念强化短暂的愉悦，以新的、有意义的方式利用自己的天赋和性格优势来增强满足感。从理论上说，有关未来的积极情绪根源于乐观的、充满希望的思维。乐观的解释风格使人更有能力应对创伤，并产生积极情绪(Seligman, 1990)。

根据塞利格曼(Seligman, 2002)有关提升幸福感的理论框架，以及在整个生命周期改善最佳幸福感的建议，我们提出幸福感提升项目。该项目以学生为中心，作出适当的心理调整，包括感恩干预和行动价值分类系统性格优势的应用。已有其他研究人员的积极心理干预措施提升了成年人的幸福感，我们以此为依据选取具体活动，并以善良、品味、目标导向思维(希望)为目标，对这些活动作出调整，使之更加适用于中学生。除了导入课和结束课，每节课都可分为三个阶段，分别聚焦于情绪幸福感的过去、现在和将来。具体来说，第二至第九次课程旨在通过以下活动将个体幸福感水平提升到基因设定点的上限：(1) 表达对过去事件的感恩；(2) 通过以新的方式利用性格优势来获得满足感；(3) 通过发展乐观的解释风格和怀有希望的目标导向思维来获得未来取向的积极情绪。这些活动最终包含在10次核心课程中，与积极心理干预的理论和实证研究一致，其中许多内容为弗雷德里克森(Fredrickson, 2009)的实证策略"工具包"奠定了基础，被推荐用于增加积极情绪。

幸福感提升项目概述

我们打算采用附录中手册化的干预措施，为寻求在校本实践中实施积极心理干预的从业者提供指导。研究者仍然需要提供个人经验的例子，并根据学生的需要进行必要的修改，除了熟悉本书前面章节提供的背景信息，研究者在开始干预之前应仔细阅读所有课程计划。通过熟悉整体干预措施，研究者能够认清每个阶段的本质，以及课程中反复出现的核心观点。

从附录中可以看出，每次课程计划一开始都会概述成功课程所需的目标、程序和材料。课程还会详细描述干预活动，有时会以简要原理来解释活动与课程主题的关系。这些简要原理概述了本书正文各章节更深层次的信息。项目列表中列出了对从业者完成课程活动的指导。在特定活动中，指导语的措辞和概念的解释要非常清晰。因此，建议从业者（即小组领导者）用斜体来标注并与学生逐字分享指导语。表 5-1 概述了每节课的目标和主要活动。所有课程都包含在从业者推动下对幸福感相关概念的探讨，如何完成特定的积极心理干预的指导（也称练习、活动和策略），以及家庭作业（包括完成或练习小组课程教授的活动）。

表 5-1　青少年小组幸福感提升项目核心课程概述

课程	目　标	策　略
1	积极导入	你最棒的一面
对过去的积极情绪		
2	感恩	感恩日志
3	感恩	感恩致谢
对现在的积极情绪		
4	善良	善意行为
5	性格优势	优势介绍（行动价值分类系统）
6	性格优势	标志性性格优势的调查评估
7	性格优势；品味	以新的方式利用标志性性格优势；品味的方法
对未来的积极情绪		
8	乐观思考	乐观的解释风格
9	希望	未来最佳可能自我
10	总结	结课；回顾策略和计划，以备将来之用

积极导入——第一课

第一课包含对干预目的和整个课程逻辑的介绍，除此之外还有完成和讨论你最棒的一面活动。具体地说，让学生写下他们状态最佳的时刻，然后分享和反思故事中展示的个人优势。这一活动旨在提升学生的幸福感，吸引学生参与干预过程。在一个大型样本中，相比于服用安慰剂的成年人，自我管理干预活动的成年人立即提升了幸福感并减少了抑郁症状（Seligman et al., 2005）。然而，这些积极影响并没有在干预后的数据收集中持续下去。由于在1周或1～6个月后的随访评估中，两组成年人的差异并不显著，因此塞利格曼及其同事总结：

> 这项活动并不是有效干预，至少不是孤立的。我们增加了“孤立”一词，是因为在多活动项目（尚未接受随机对照试验）中，我们用这个练习来介绍标志性性格优势干预措施，并且以有关个体最大优势的故事开始，再进行标志性性格优势练习，可能会放大对个体幸福感和抑郁的益处。这看起来似乎很合理，考虑到其中三种干预措施在单独实施时是有效的，我们假设一整套积极干预措施（可能包括一些孤立、无效的干预措施）的有益效果可能会超过任何单一训练的效果。这样的一整套干预措施可能包含一些真正无效的举措，一些单独使用无效但在一整套干预中有效的举措，以及一些总是有效的举措。任何治疗方法都存在这样的情况。（pp. 419 - 420）

第一课还给学生介绍了柳博米尔斯基、谢尔登和施卡德(Lyubomirsky, Sheldon, & Schkade, 2005)的可持续幸福模型。这为小组成员专注于学习、演练，并有意识地表现出旨在增加对过去、现在、未来的积极情绪的思想和行为提供了理由。布置一项初步的家庭作业(重读并扩展你最棒的一面故事)，学生们了解到，根据家庭作业的完成情况，他们可以获得一些小奖励，比如糖果和学习用品。我们也按例在每次课程结束时提供相同的奖励，以加强学生参与小组讨论和活动。

第一阶段：关注过去的积极情绪——第二课和第三课

过去的积极情绪包括自豪、充实、满足和满意(Seligman, 2002)。过去的情绪效价由对历史事件、行为和关系的想法及解释驱动。当个体沉浸于自己作负面解释的过去事件时，消极情绪就会持续存在。相反，把注意力集中在对过去事件积极意义的解释上，可以使情绪处于个体设定点的上限。感恩会提高积极记忆的强度和频率。

感恩

感恩通常是指个体从其他人那里得到积极结果的一种情绪反应，这种结果不是个体应得的。人们可能会出于一些原因而体验到一种感恩的情绪，包括收到礼物、被喜爱、得到情感支持，或者得到帮助，如捐赠等(Bono, Froh, & Forrett, 2014)。研究支持感恩对青少年的长期心理健康有益，正如博诺及其同事(Bono et al.,

2014)所描述的，更高的或升高的感恩水平预示着更少的负面情绪和抑郁，以及更积极的情绪，更高的生活满意度和幸福感。

以感恩为目标的干预活动对青少年主观幸福感的一个或多个方面显示出积极影响。这些活动包括细数幸福(counting blessings)，有时称为感恩日志(Froh et al., 2008)，以及感恩致谢，即通过撰写并发送感恩信的方式向他人表示感激(Froh, Kashdan, Ozimkowski, & Miller, 2009)。在线上接受随机分配的自我干预的成年人中，完成感恩致谢的个体随即获得最高水平的幸福感，并持续1个月的时间。然而，幸福感的提升在3个月后就消失了(Seligman et al., 2005)。在同一项研究中，完成“三件好事”活动的个体(每天晚上记录三件进展顺利的事及其原因，连续记录1周)，在干预结束后1个月内幸福感有显著提升，6个月后的随访发现幸福感依然保持不变。大学生如果每天保持写感恩日志的习惯，10周之后会发现总体生活满意度有所提升，但积极或消极情绪没有发生变化(Emmons & McCullough, 2003)。其他一些对成年人的研究表明，每天记录三件好事并持续1周(Odou & Vella-Brodrick, 2013)或4周(Sheldon & Lyubomirsky, 2006b)，个体的消极情绪减少，但积极情绪无变化。

完成多个关于感恩主题的活动可能会引起情绪高涨。相比于不接受干预的控制条件组，被要求每晚细数幸福并进行感恩致谢的大学生和中学生的幸福感水平升高(Senf & Liau, 2013; McCabe, Bray, Kehle, Theodore, & Gelbar, 2011; McCabe-Fitch, 2009)。

第二课介绍感恩和感恩日志。感恩日志使学生将思维集中在他们感恩的物、人、事上。在感恩日志中，学生需要按照从小到大的程度写下他们感恩的五件事（事件、人物、才能等）。第一周，要求学生每天写感恩日志。研究结果与埃蒙斯和麦卡洛（Emmons & McCullough，2003）的研究结果相符，即强度越大，产生的幸福感水平越高。在以后的课程中，由于引入其他活动，因此每周只需要写一次感恩日志。

第三课讨论感恩日志的内容，介绍感恩致谢，在思想、情感、行为三者之间建立起联系。感恩致谢是通过书信表达感恩之情，然后亲自将信件送给感恩对象。从业者应该帮助学生列出生活中对他们特别友善的人员名单，然后从名单中选择一位可以当面致谢的人。除此之外，从业者还应该帮助学生写一页信，详细说明为什么要感恩对方，让学生在下一次课上报告感恩致谢的结果。

第二阶段：关注当前的积极情绪——第四课至第七课

当前的积极情绪包括快乐、热情、狂喜、平静和兴奋，而且大体上与心流状态（state of flow）相关（Seligman，2002）。这些往往是人们在讨论幸福时想到的情绪。当前的积极情绪有两种截然不同的类型：愉悦（原始的感官感受）和满足感（全身心投入活动，通过思考、解读和挖掘优势，享受活动的乐趣）。由于愉悦转瞬即逝，持续时间短，因此本项干预的重点是增加与长期幸福感高度相关的满足感。满足感的获得并不像愉悦那么容易，需要个体识别和发展性格优势，挑战这些优势，并完全投入与自我优势相关的活动。第四课到第七课促进学生参与使人愉快的活动，并通过发挥优势产生满足感。第四课首先关注善良的性格优势，因为先前研究表明它与主观幸福感相关。第五课到第七课告知学生他们的性格优势特征，以及如何以新的和独特的方式利用这些性格优势来获得更多满足感。在第七课，学生还将学习如何品味积极情绪，比如利用自己的优势而产生的积极情绪(Bryant & Veroff, 2007)。

善良

善意行为是以牺牲个人时间或精力为代价的一种有利于他人或让他人获得快乐的行为。每周作出五项善意行为的成年人(Lyubomirsky et al., 2005)和每周作出三项善意行为的儿童(Layous, Nelson, Oberle, Schonert-Reichl, & Lyubomirsky, 2012)，其主观幸福感水平有所提升。当成年人列举自己的善意行为时，对善意行为及相关积极情绪的简单回忆就能提高主观幸福感水平(Otake, Shimai, Tanaka-Matsumi, Otsui, & Fredrickson, 2006)。

第四课向学生介绍善良也是一种性格优势，并要求学生每周在一个指定的日子里作出五项善意行为。这样的设置(将善意行为集中于一天)是有目的的，因为之前的研究发现，比起在一周内分散作出善意行为，在一天内集中作出善意行为主观幸福感水平会提升(Lyubomirsky et al., 2005)。善意行为包括帮父母做家务(如遛狗、洗盘子)，帮兄弟姐妹或同学完成学校作业，帮教师打扫教室。在第五次课中，学生重新叙述并分享他们作出的一些善意行为。这种复述有助于学生积极品味这些经历。

性格优势

尽管在青少年时期塑造良好的性格一直是学校性格教育项目的目标，但积极心理学通过理论驱动的视角进一步推动了这一研究。彼得森和塞利格曼（Peterson & Seligman，2004）将性格优势概念化为 24 个积极特征（如创造力、毅力、勇气和领导力等），这些特征被归为六种美德，它们以道德原则为基础，并具有跨文化价值。每个人都拥有独特的标志性优势（例如最鲜明的五项性格特征），这些性格优势逐渐表现出来，受到个体的高度重视和赞扬（Peterson & Seligman，2004）。在一项有关成年人的简短的（1 周）干预研究中，通过完成一个在线调查来识别个体的标志性优势，然后在日常生活中以新的方式利用这些优势，这有助于提升个体的主观幸福感并减轻抑郁症状，6 个月后的随访发现，心理健康方面的这些改善得到维持（Seligman et al.，2005）。塞利格曼（Seligman，2011）重申了性格优势对幸福感的重要性："在幸福感理论中，这 24 种优势是五个要素的基础，而不仅仅是参与。发挥最大优势会带来更积极的情绪、更多意义、更大成就和更好的关系。"（p. 24）

帕克和彼得森（Park & Peterson，2006）通过一个冗长的自我报告工具——青少年优势行动价值问卷（Values in Action Inventory of Strengths for Youth，VIA-Youth），对最初针对成年

人的调查工具进行调整，使之适用于10～17岁的青少年。青少年对自我性格优势的排名与自我同一性行为相对应。青少年学校干预使用行动价值分类系统，以培养个体优势并鼓励青少年识别他人的优势，这项干预对中学生的生活满意度和小学生的积极情绪、课堂参与度都产生积极影响（Proctor et al.，2011；Quinlan，Swain et al.，2015）。

第五课以行动价值分类系统为框架介绍性格优势的概念，要求学生学习并识别24种性格优势，并再次回顾你最棒的一面活动，确认故事中自己展现出来的个人优势。基于学生对行动价值优势含义的初步理解，以及他们当前的自我认知和同伴评价，他们会猜测自己的优势可能是什么。

在第六课中，10～17岁的学生在线完成198个项目的青少年优势行动价值问卷。近期又发布了96个项目版本的青少年优势行动价值问卷，该版本保留了每种优势下负荷最大的4个项目。96个项目版本的青少年优势行动价值问卷心理测量学特性强，易于施测（反向计分项目较少）。当学生完成测量后，从业者会帮助每个学生查看计算机生成的个人性格优势清单，确定他们的标志性优势，选择其中一种标志性优势，并在接下来一周的每一天以新的方式利用该优势。由于一些优势具有复杂性，比如对美和艺术的欣赏、判断力、谨慎，因此对青少年来说针对这几种优势制定多项可行的活动很有挑战性。从业者帮助学生开展头脑风暴，想出尽可能独特的方式来利用特定的优势，并鼓励他们将一周内想到的新方式加入其中。

第七课向学生介绍在生活的所有关键领域使用性格优势的价值。对成年人来说，这些领域包括工作、爱情和育儿（Seligman，2002）。对于青少年，我们聚焦学校、友谊和家庭。学生选择另一种标志性优势，以新的方式在以上领域使用。要求学生在每次使用他们选择的优势后记录自己的感受，以加强思想、行为和幸福感之间的联系。除此之外，学生还学习品味积极情绪的方法，比如运用标志性优势时产生的积极情绪。

品味

品味是指通过分享、庆祝、感恩思考、专注、反思积极事件和相关情感，来关注、欣赏、强化和延续个体生活中的积极品质（Bryant & Veroff，2007）。通过品味策略回应积极事件，会大大增强积极情绪。对年轻成年人的研究表明，即使处在积极事件中间，一贯品味日常积极活动的人也更有可能保持愉快的心情（Jose，Lim，& Bryant，2012）。当生活中积极事件的频率相对较低时，品味积极事件可能特别有益。在较少经历日常积极事件的年轻成年人中，品味积极事件的人会更加快乐（Jose et al.，2012）。在把注意力转向未来之前，品味似乎提供了一种从当前获得最大可能性的方法。基于大量研究，谢尔登和柳博米尔斯基（Sheldon & Lyubomirsky，2001）提出，当前取向和未来取向的生活方式之间可能存在一种理想的平衡，如果达到这种平衡，就会产生最高水平的幸福感（p. 679）。

品味同样适用于青少年。某项研究对青少年（10～14 岁）进行为期四天的追踪，要求他们报告每天发生在自己身上的最好的事情，以及当事情第一次发生时，他们最初的情绪反应是什么，尤其是他们当时感到高兴、兴奋和自豪的程度（Gentzler, Morey, Palmer, & Yi, 2013）。之后，询问青少年在追踪期内发生的最好的事情时，他们报告了当前对该事情的积极情绪，以及在干预期内对该事情的行为反应。倾向于通过与他人分享、庆祝或者反思良好感觉来品味积极事件或者将积极事件最大化的青少年，最有可能保持高水平的积极情绪。相比之下，一些青少年通过不适当的归因方式贬低积极事件的重要性，认为积极事件不可能再次发生，或者认为积极情绪是短暂的，这些青少年会出现父母评定的心理健康问题内化或外化症状。

对大学生的研究发现，如果根据指示在短时间（2 周）内去品味，他们的幸福感水平会显著提升（Kurtz, 2008），消极情绪和抑郁症状明显减少（Hurley & Kwon, 2012）。对青少年的初步研究结果表明，情境和人物的某些特征可能会使某些学生更倾向于品味，而在其他情况下可能需要更多指导（Gentzler, Ramsey, Yi, Palmer, & Morey, 2014）。在中学生群体中，紧随积极事件而来的积极情绪（快乐、兴奋、自豪）越多，青少年更有可能品味该积极事件，并在之后的一周内都保持这种积极情绪。根茨勒及其同事（Gentzler et al., 2014）发现，有某些气质倾向的学生更倾向于品味，例如努力控制的品质（对自己的行为具有很强的控制力并能够维持注意力），这可能会产生更好的整体调节能力。

第七课介绍品味的基本原理，并提供两种品味的方法。第一种方法是与他人分享经验，类似于学生在小组中通过积极心理活动来庆祝自己的进步。第二种方法是通过关注积极事件及相关积极情绪以有目的地聚焦于积极体验。家庭作业则让学生记录他们习惯使用哪些方法来品味自己对标志性优势的利用。

第三阶段：关注未来的积极情绪——第八课和第九课

对未来的积极情绪包括信念、信任、信心、希望和乐观（Seligman，2002）。这一阶段的干预目标是：（1）乐观，即对当前事件持乐观的解释风格，以便对未来产生积极预期；（2）希望，即对目标实现动力的期待。第八课致力于乐观思考。我们关注个体解释风格的三个维度，即持久性、普遍性和个性化。学生练习一种与心理韧性有关的乐观解释风格，即消极事件被认为是暂时的、具体的、由外部因素造成的。相反，积极事件被认为与性格和能力有关，由此产生对持续成功的乐观态度。第九课基于斯奈德、兰德和西格蒙（Snyder，Rand，& Sigmon，2005）的希望理论，该理论的重点是“相信一个人可以找到实现期望目标的途径，并有动力使用这些途径”（p. 257）。学生通过设想未来最佳可能自我并规划实现目标的方法，使自己更有希望。

乐观思考

乐观主义被描述为：（1）与对未来的期望有关的一般倾向（Scheier & Carver，1985）；（2）一种认知解释风格，包括相信未来事件与个体对过去事件的解释紧密相关(Abramson，Seligman，& Teasdale，1978)。1990年，塞利格曼描述了一种训练乐观思考的方法，叫作习得性乐观。这是一种认知行为主义方法，用于改变个体对事件进行归因时所用的解释风格。习得性乐观教人们将积极生活事件视为持久的、普遍的、因个人的努力和自身特质而获得的；将消极生活事件解释为暂时的、仅限于当前事件，且由外力造成(Seligman，Reivich，Jaycox，& Gillham，1995)。一些以学校为基础的方案旨在促进乐观思考并在一定程度上预防抑郁症状，包括宾夕法尼亚心理韧性项目(Penn Resiliency Program)(Gillham et al.，1990)和澳大利亚乐观项目积极思考技能(Aussie Optimism Program—Positive Thinking Skills)(Rooney，Hassan，Kane，Roberts，& Nesa，2013)。前者包含12节课程，旨在帮助10～13岁儿童形成乐观的解释风格和积极的社会技能。后者是一个针对四年级和五年级学生的10个模块的项目，包括认知行为策略以培养学生的习得性乐观。在中学生中，宾夕法尼亚心理韧性项目对积极事件的乐观解释方式产生了积极影响，在高水平症状的学生中，临床障碍发生率降低(Gillham，Hamilton，Freres，Patton，& Gallop，2006)，而且三所学校中有两所学校的学生的抑郁症状有所减轻(Gillham et al.，2007)。参加澳大利亚乐观项目的儿童在乐观方面也经历了积极变化，而且焦虑和抑郁症状都有所减轻(Rooney et al.，2013)。

第八课介绍解释风格方面的乐观思考。习得性乐观的应用大多需要长时间的课程来充分教授和演练这种复杂的技能，例如宾夕法尼亚心理韧性项目和澳大利亚乐观项目。我们旨在把乐观思考作为综合积极心理干预的众多目标之一，因此开发了一个缩减版的习得性乐观量表，侧重于塞利格曼（Seligman，1990）提出的解释风格的关键维度。第八课帮助学生思考，为什么生活中会发生各种好事和坏事。乐观的解释风格包括，认为积极生活事件是持久的，取决于个人能力和特质，比如，“我达成目标，因为我在运动方面很有天赋”。相反，消极生活事件被认为是暂时的，学生会考虑导致消极生活事件的情绪、努力或情境特征，例如，“我没有付出足够的努力来获得 A，所以我不得不为下一次测试付出更大的努力”或“即使贝克汉姆也会失球，我会为达到下一个目标而努力”。乐观主义者认为，积极事件是普遍的、一般的或广泛的（例如，“我在课堂上表现很好，因为我检查了日程表，并且每天放学后做家庭作业”），消极事件是具体的（例如，“我的数学考试成绩不好，因为我没有理解在我生病的时候所教的知识点”）。解释风格的最后一点是个性化，乐观主义者将积极事件归功于自己，例如，“我赢得比赛是因为我的努力和在创意写作上的天赋”。乐观的人认为，消极事件是由外部因素导致的。例如，“我输掉了音乐视频挑战赛，这是因为我的手机质量不够高”。在干预期间，研究人员通过工作表来帮助学生对各种积极和消极事件作出归因。家庭作业要求学生在一周内每天至少一次以乐观思考来应对积极或消极事件。通过完成家庭作业，学生能够进一步练习重塑自己的思考方式，使之变得更加乐观。

希望

斯奈德及其同事(Snyder et al., 1991)提出希望的概念：设定个人目标，确定达到目标的途径，并激励自己通过主动性思维来实施计划以达到目标的感知能力。研究表明，7岁的儿童已经表现出希望思维(Snyder, 2005)，在整个发展过程中，随着个体认知水平的提高，学生对未来的抽象思考能力也会增强，并制定出达到目标的合理策略。

希望水平较高的学生更容易达到目标，后续能够体验到更积极的情绪，生活满意度也会提高(Merkas & Brajsa-Zganec, 2011)。中学生参加了一个旨在帮助他们制定目标、创造途径、重构障碍的项目，该项目包含5节课。参与该项目的中学生在希望、生活满意度以及自我价值感方面获得持久增益(Marques et al., 2011)。鉴于我们希望在干预中处理多个目标，因此我们选择了一种促进目标导向思维的简化方法。具体而言，金(King, 2001)发现，通过未来最佳可能自我练习形式写下人生目标的大学生会有更高的生活满意度、更多积极情绪和乐观精神。因此，第九课学生将想象和描述他们未来有可能实现的最佳自我，以及他们达到特定目标的方式。关注主动性思维和个人价值目标有望增加对未来的积极思考和情绪，增强希望和乐观的感受，而这又会带来更高的主观幸福感。由于想象的未来自我概念是积极的，因此有助于提升个体的自尊。

先前的研究发现，当想象的未来状态与个体的社会认同一致（包括达到预期目标的行为策略以及预期的障碍）时，未来最佳可能自我活动能够最有效地利用自我调节行为达到预期目标（Oyserman，Bybee，& Terry，2006）。一个综合性项目（包含13次课程）着重发展学业上的未来最佳可能自我，该项目对中学生在学校的行为参与（出勤率、家庭作业时间和更少的行为问题）以及学业成绩产生了持续两年的积极影响。因此，未来最佳可能自我是一个较简单的心理干预的例子，它不是通过学业技能的干预直接提高学生的学业成绩，而是通过改善学生在校的主观体验，在这种情况下，他们希望为达到学业目标而明晰教育志向，制定自我导向活动（Yeager & Walton，2011）。尽管心理健康的概念仅限于心理病理学，但干预组2年后表现出较少的抑郁症状，其积极效果非常明显（Oyserman et al.，2006）。欧文斯和帕特森（Owens & Patterson，2013）以小学生为样本实施这项干预活动，并要求他们只专注于积极的未来（而不是讨论消极或恐惧的未来自我）。这项研究首次测试了未来最佳可能自我活动对青少年在自我调节行为、学业成功或心理健康问题之外的结果的影响。被试被分配到未来最佳可能自我组或两个比较组（感恩组和积极控制组）。为了减轻学生的写作负担，要求他们画出感恩的事物，并描绘他们的最佳可能自我。与画出当天发生的事情，或者当天特别感恩某件事情的被试相比，描绘出最佳可能自我的被试的自尊心得到显著提升，但主观幸福感水平没有发生变化。这与大学生的实验结果形成对比：每周写一篇有关最佳可能自我文章的大学生（持续四周），无论他们是在线完成活动还是线下参加干预，积极情绪都显著增加（Layous，Nelson et al.，2013）。

第九课介绍斯奈德及其同事（Snyder et al.，2005）关于希望的定义。小组领导者通过讨论，希望如何在生活的许多领域产生积极影响并提升主观幸福感来引导学生。学生通过未来最佳可能自我活动，来习得目标导向思维的具体方法。在这个练习中，要求学生设想未来的积极自我，以反映他们个人目标的实现。要求学生花 5 分钟写出他们想要的生活，并描述他们将如何达到指定目标。家庭作业是要求学生重新审视他们的未来最佳可能自我，并在一周内的每天晚上增加新想法，鼓励他们思考实现目标（如拥有一所大房子、成为医生/律师/体育明星、出国旅游，以及拥有配偶和子女）的具体方法。实现目标的具体方法包括努力学习、读大学和体育锻炼。第十课学生分享他们扩展的未来最佳可能自我故事。

回顾和结课——第十课

通过回顾上一节课的家庭作业，学生已经得知本节课是干预课程的最后一课。具体来说，从业者庆祝学生成功地独立实践各种积极心理干预。接下来研究者回顾了整个干预项目涵盖的概念、相关理论（例如，幸福的决定因素），以及促进情感幸福的过去、现在和未来方面的一些具体活动。

在准备这节课时，从业者应该记住享乐适应现象（参见第四章）。为了避免学生的幸福感降低到基因设定点的最低水平，学生必须继续有意识应用他们在整个干预项目中学到的积极活动。当责任（例如，定期安排会面）从小组领导者转移到学生身上时，人与活动的拟合变得至关重要（Lyubomirsky & Layous，2013）。与其鼓励学生继续实践所有活动，不如只保留引起学生共鸣的活动。在整个干预过程中，小组领导者鼓励学生在应用各种练习时思考个人幸福感的变化。在最后的课程中，研究者希望引导学生思考，哪些策略在增加积极情绪和促进人际关系方面效果最好。为了利用内部动机，学生应该继续开展让他们觉得自然、愉快并与他们的价值观一致的活动。相比之下，那些不得不完成的活动（例如，为获得奖励而完成家庭作业，或者为了取悦小组领导者而服从）可能会退居其次。因此，在本次课程中，从业者询问学生哪些活动会给他们带来最大快乐，并确保这些与活动相关的线索能够驱动学生选择独立的策略。学生必须明白，如果一个特定的幸福感提升策略对他们来说很自然，而且他们真的有动力去追求它，那么这样的策略会更好地在个体生活中发挥积极作用。

在计划未来应用偏好的活动时，多样性是防止享乐适应的关键。改变个体开展某项积极心理活动的方式，似乎是活动能否继续提高幸福感的关键决定性因素（Sheldon et al.，2013）。在这种情况下，除了通过有意识的努力来转换已完成的活动，学生还必须使选择的活动不那么单调。例如，研究人员应该鼓励学生改变其善意行为的目的、时间和性质（当然，在强化学生最初计划中明显的努力和意图之后)，而不是将“周二作出善意行为”作为一种虽令人钦佩但像例行公事的程序(如送兄弟姐妹步行到公共汽车站，赞美班主任，捎带同学的午餐托盘，放学后辅导他人学习，帮爸爸洗碗)。学生讨论意图是一个好迹象，表明他/她理解应该继续将这些思想和活动融入日常生活。

为此，学生会收到一份讲义，归纳总结现在他们掌握的具体的积极心理学练习方法。在阅读讲义后，从业者指导学生进行头脑风暴，讨论在特定情况下特别适合开展哪项活动。在引导学生反思他们的干预经历后，学生将收到祝贺他们结业的证书。干预后收集的数据应包括定性数据和定量数据，为从业者之后实施干预提供参考，并告知从业者学生对干预的反应。描绘学生在整个干预期改善效果的图表应与主要利益相关者分享，比如父母、教师和学校领导。向掌握权力的教育者展示心理健康干预的有效性，是确保继续开展这种活动的有效途径，特别是当学生心理健康的收益与学业成就的提升相结合时，这可以反映在技能、行为和态度指标上(Suldo, Gormley et al., 2014)。

后续联系和其他考虑因素

这 10 次课程是幸福感提升项目的核心，最初是为青少年制定的。在实施干预的这几年里，越来越多的研究表明，主观幸福感的提升和维持与较长的干预周期、多策略的灵活使用、动机的维持、努力实践积极活动，以及感知到的社会支持，例如鼓励行为改变的小组氛围等因素有关(Layous & Lyubomirsky，2014)。研究人员得出结论，如果人们继续努力练习积极活动，那么通过积极心理干预获得的幸福感提升是能够维持的。柯里(Curry，2014)建议，接受抑郁症治疗的青少年要与临床医生保持联系，通过后续课程来维持治疗效果。

与上述研究结果一致，我们发现，与学生开展后续小组课程，引导他们回顾最后一节干预课程所讲的关键概念，赞赏独立应用策略的学生并鼓励他们继续练习各种策略，这些方法都非常有用。为此，附录包含我们近期成功实施的两次中学生强化课程(Roth et al.，2016)。每次后续课程都会回顾概念，随后学生讨论他们自干预终止以后使用的策略，重点讨论策略如何影响他们的幸福感。每次后续课程的后半部分都着重练习具体策略。第一次强化课程的目标是感恩日志，第二次强化课程则是以新的方式使用标志性性格优势和乐观思考。参与主持两次强化课程的从业者可以将第二次强化课程拆分为两个部分(一部分侧重于性格优势，另一部分侧重于乐观思考)，并且/或者以相似的更新—庆祝—回顾程序开始创建额外的强化课程，之后调整课程的后半部分，以练习额外目标，例如善良、品味、希望等。我们评估附录提供的两次强化课程的效用，并提供有力证据说明，终止干预后 2 个月内的后续课程可以帮助学生保持通过核心项目获得的积极情绪。

鉴于这一新兴研究，从业者应该考虑在干预结束后对学生开展为期 2～3 个月，每月一次的后续课程，并且/或者鼓励学生两人一组，为继续练习能提升幸福感的有意识的想法和行为提供社会支持。请记住，感知到的支持可能比实际支持更有影响力（Layous & Lyubomirsky，2014），简单地提醒学生，当他们未来需要指导或者有了使用积极活动的新的相关经历时，欢迎联系我们，这有助于维持学生在幸福感提升项目中获得的增益。

干预开发：理论、资金和实证支持

2007 年，我们与一所具有卓越学术历史并相对富裕的郊区中学合作，研发了本章所述的 10 节课程，并首次测试。学校领导者发现，相当一部分学生心理健康状况非常脆弱，表现为主观幸福感较低，心理病理水平较低。与具有完全心理健康（主观幸福感高，心理病理水平低）的同龄人相比，易感学生的学业表现在技能和与学校相关的态度指标上较差。鉴于这些数据清楚说明了提升主观幸福感的益处，学校领导者要求对学校辅导员可用的合适的积极策略作指导。在提升青少年主观幸福感的心理干预评估文献还未发表的情况下，我们寻求并获得南佛罗里达大学儿童、家庭与社区合作组织（University of South Florida Collaborative for Children, Families, and Communities）的资助，从而开展设计和研究。

苏尔多、萨维奇和默瑟（Suldo, Savage, & Mercer, 2014）使用年级水平标准快速调查和筛选了 333 名六年级学生，发现有 132 名学生的生活满意度低于最佳水平（在 7 点计分量表上，简版多维度学生生活满意度量表平均得分等于或低于 6 分）。得分处于最高水平的学生被排除在外（简版多维度学生生活满意度量表平均得分大于6分)，这符合“感到幸福的人不需要有意识地执行提升幸福感的策略，研究表明，这些人已经在实践积极(心理)干预旨在唤起的思维和行为模式”(Layous & Lyubomirsky, 2014, p. 490)。这132名在简版多维度学生生活满意度量表上得分为1～6分的学生被邀请参加学校提供的免费课程。其中，67名学生同意参加并获得父母同意。他们被随机分配到立即参与干预组($n=35$)和延迟干预对照组($n=32$)。共有55名学生(干预组28人，对照组27人)参与该项目的随访。样本是多种族的，具体来讲，欧裔占36%，西班牙裔占24%，非裔占9%，亚裔占13%，9%的参与者属于多种族，9%的参与者认同另一种身份。大约有一半(53%)的参与者是女性，且46%的学生能享受该地区免费或减价的学校餐食计划。

随机分配到立即参与干预组的六年级学生在9月至11月参加了为期超过10周的每周课程。学生以7人为一组，在选修课期间(即代替艺术课、体育课等)完成干预课程，小组由苏尔多和杰茜卡领导，心理学专业的毕业生协助作为共同领导者。分别在基线、干预结束后和干预结束后6个月这三个时间点收集学生主观幸福感和心理病理学的数据。对基线生活满意度得分相等的学生的倾向得分匹配样本进行重复测量分析，结果发现，干预组学生的总体生活满意度显著提高，而对照组在同一时期内则呈下降趋势。在随访中，两组学生的生活满意度得分均高于基线水平。我们认为，在小升初阶段提高学生的生活满意度非常重要，因为这个敏感发展阶段伴随明显的生理和教育变化，个体常出现适应困难(Suldo, Savage, & Mercer, 2014)。

随机分配到延迟干预对照组的学生在下一学年参加该项目(干预发生在七年级的 3 月至 5 月)，当时他们大约已经年长 1.5 岁。在项目实施过程中，每周开展 2 次课程，小组规模较小(每组 3～5 名学生)，小组领导者是学校心理学博士生，在每周课程期间，我们都在校外指导他们。为了克服与领导者可用性相关的障碍，小组领导者由两人担任，每人负责一周中的一天/一次课程。七年级学生在干预期间数据完整，对这些数据进行重复测量分析，结果表明，从干预前到干预后，学生的生活满意度显著提高，$t(14)=-2.90$，$p=0.01$，$d=0.44$。在六年级，对照组学生的生活满意度得分的稳定性证明了这一增益的临床意义，三个时间点的平均得分为 4.59(4.47、4.35 和 4.95，分别对应 8 月、12 月和次年 5 月)。在 3 月份干预开始之前，七年级学生生活满意度仍在此范围内(学生生活满意度量表平均得分为 4.59)。干预结束时，该组的平均得分增至 5.15。对干预前和干预后简版多维度学生生活满意度量表得分的分析表明，在自我和家庭两个生活领域出现显著增益，均为中等效应量，分别为 $t(14)=-2.78$，$p=0.01$，$d=0.55$ 和 $t(14)=-3.21$，$p=0.01$，$d=0.49$。其他生活领域出现的变化也是积极的，但相对较小，在统计学上并不显著，具体为，朋友：$t(14)=-1.58$，$p=0.14$，$d=0.40$；学校：$t(14)=-1.23$，$p=0.24$，$d=0.32$；生活环境：$t(14)=-2.09$，$p=0.06$，$d=0.21$。

在延迟干预对照组直接为学生服务的小组领导者，在上一学年曾担任共同领导者。有趣的是，小组领导者对干预形式（一周一次或一周两次），以及七年级学生的认知参与度（相比于上一学年参加活动的同龄人）持相当积极的态度（Friedrich，Thalji，Suldo，Chappel，& Fefer，2010）。从课程活动的参与质量和家庭作业完成的准确性可以看出，七年级学生似乎容易理解干预课程涵盖的主题，可能因为两次课程间隔时间短，学生似乎能够更好地回忆上一次课程的内容，定期参加课程并完成指定的家庭作业。学生对课程内容的吸收能力提高，这体现在课堂上只需要更少的时间就能回顾上一节课的目标，这给我们讨论新的内容留出了更加宽裕的时间。总之，对延迟干预对照组的学生的随访表明，在七年级参加 5 周小组课程的学生，生活满意度显著提高，并且该阶段的干预可能更适合学生的认知水平，从而可以更好地理解课程中讨论的主题。

有关幸福感提升项目前景的总结性评价

上述合作项目以增加对过去、现在和未来的积极情绪为理论基础，包含许多提升幸福感的实证策略。其衍生的手册化干预可见附录。核心干预措施以及修订版本（教师、同伴、父母和以学生为中心的强化课程，参见第六到第八章）已经证明，该项目有望提升学生的主观幸福感。我们相信，从业者有能力使用本书为学生提供积极心理干预。对易感学生的特别关注，可能会使学校所有学生都获得情绪上的最大裨益和学业上的最大成功。感恩思维、利用性格优势获得满足感、作出善意行为、设想更加美好的未来，能够帮助我们产生指向个体的过去、现在和未来的积极情绪。这种积极情绪创造了一个向上的螺旋，其特点是提高认知能力和行为灵活性，两者通过增强社会关系和提升幸福感对生活产生积极影响。

自从我们首次提出干预措施，积极心理干预研究的焦点已经从这些干预措施是否起作用（表 4－3 中的研究已证明）转移到策略的工作方式上。拉尤斯和柳博米尔斯基（Layous & Lyubomirsky, 2014）总结了一些关键的考虑因素，即如何开展实证的积极活动以获得并维持最高水平的主观幸福感，我们确信，2007 年制定的核心项目的特点与最近的一些研究成果一致，包括：

- 从积极情绪诱发开始。幸福感提升项目从你最棒的一面活动开始，这使青少年处于积极情绪状态以接受随后的指导，从而完成积极心理干预。
- 多样性。通过设计，该项目的多目标性质为学生提供了许多不同的方法来培养积极情绪。在积极活动过程中，学生被引导以防止活动成为例行公事。比如，标志性性格优势应用课程强调在生活的多个领域以新颖的、不同的方式利用多种优势。
- 时机和强度。尽管最初感恩日志被安排成每日任务以使强度最大化，但还是建议每周安排一次感恩日志和善意行为，因为在许多文化习惯中，做家务（洗衣买菜）、做礼拜，甚至观看最爱的电视节目通常是按周进行的。

- 偏好和选择。随着课程的推进，学生逐渐能够自己选择家庭作业（例如，写感恩日志或表现出善意行为），并被鼓励继续使用他们最喜欢的策略。除此之外，学生还有机会创造具有个人意义的方式来利用标志性优势。最终干预课程强调个人选择，关注人与活动最佳拟合策略的持续使用。
- 练习。课程的互动性、活动性以及家庭作业，通常需要学生继续使用课程中学到的策略，这提供了自然方法来练习，直到个体熟练掌握，足以在积极干预期结束后继续成功使用学到的策略。
- 社会支持。该项目的小组性质将青少年从更大的教育背景中抽离，能够在他们之间建立联系。例如，我们最初看到一些中学生将小组中的其他成员选作感恩致谢的对象，这让我们又惊又喜。这些学生与同龄人分享个人幸福感提升目标，与他人建立友谊，并对这份友好情谊心存感激。在干预结束后，小组模式具有一定程度的同伴责任制，这有助于策略练习。

选择性干预案例：某中学案例研究

伯奇（Jamie Burch）是一位学校心理学家，他每周在郊区一所较大的中学工作 2.5 天。该学校学术历史悠久，吸引了一批来自富裕地区以及较贫困地区的学生。学校校长经常表示致力于促进学校学生的学业、社会和情绪幸福。作为年度需求评估的一部分，在学年的第二个月，伯奇博士在教师中作了一项简短调查，就全校最需要针对性心理服务的领域收集教师的观点和看法。这项调查要求教师通过核对表指出他们想要了解的主题(例如,注意缺陷多动障碍、抑郁/难过、课堂管理、悲伤/失落),以及学校学生感知到的最大需求(例如,家庭压力、自我伤害、友谊困难)。在提供的12个选项中,教师表示希望更多地了解以下四个主题:两个有关促进学生健康的主题(积极心理学、提高心理韧性)和两个有关管理学生问题的主题(焦虑、注意缺陷多动障碍)。我们感知到学生的需求与上述一致,其中积极心理学/感觉幸福、发展心理韧性、焦虑/忧虑、注意缺陷多动障碍和友谊困难获得最多认可。

伯奇博士与学校心理健康团队的其他成员分享了这些结果,包括两位全职指导顾问(雅茨女士和斯通布鲁克女士)、一位流动的社会工作者(斯威夫特女士),以及一位在周二协助伯奇博士的兼职心理学实习生瑞贝卡。通过教师提名程序,学校心理健康团队通常每年为学生设置社会技能和焦虑管理小组。除此之外,学校心理健康团队还决定进一步评估学生的幸福感,并得到指示为幸福感还有提升空间的学生提供幸福感提升项目。学校心理健康团队考虑了心理评估和干预的父母同意和通知问题,并参考了全国学校心理学家协会2010年职业道德准则的相关标准。在筛选过程中,尽管标准特别提及心理健康问题(而不是积极指标,如生活满意度)的普遍评估,但无论哪种指标类型(如焦虑、抑郁、生活满意度),学校心理健康团队对心理健康问题筛查的管理都是相同的。因此,父母会收到校内幸福感筛查的书面通知,他们可以直接联系伯奇博士将孩子从筛查名单上移除。

在开学前的一次教职工会议上，伯奇博士简要解释了幸福感提升项目的目的，并要求教师在当天上午对班级学生施测简版多维度学生生活满意度量表。每位教师都分到一包空白的简版多维度学生生活满意度量表，一封要求学生独立完成这项“对你总体和各领域的生活作一个简单调查”的说明信，以及一个大号信封，要求教师将填好的量表装回并立即交给伯奇博士。伯奇博士私下告知教师哪个学生的父母要求不参与，该学生不需要完成简版多维度学生生活满意度量表。

随后，我们将学生的回答录入 Excel 文件，伯奇博士计算出学生在六个项目上的平均分数，并将整合的平均分数按年级水平绘制成图表。图 5-1 呈现了七年级学生的数据。

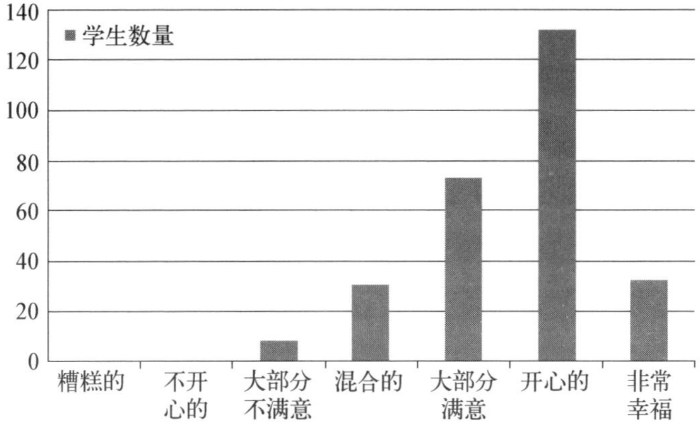

图 5-1　来自学校管理部门的简版多维度学生生活满意度量表数据：七年级学生的平均生活满意度

为了帮助教师将数值情境化，我们将简版多维度学生生活满意度量表的回答项置于X轴，并对学生的平均分数四舍五入。图5-1显示，近60%的七年级学生表示，他们对自己的生活感到满意，甚至感到非常幸福（在1～7分的反映指标上平均得分在6分以上）。只有25%的学生表示大部分满意（得分在5分左右）。幸运的是，没有学生对自己的生活持极端的否定态度，即在多个生活领域总是感觉很糟糕或者很不开心。大多数学生倾向于拥有高水平的生活满意度，这与积极的学校氛围息息相关。在这样的学校氛围里，教师和管理部门对学生关怀有加，尽心尽力，父母参与度高，学生的总体行为表现符合全校对良好行为的明确期望。尽管如此，还是有一些学生表示对自己的生活不太满意，大约10%的学生持中性或混合态度。为了帮助这些学生学习提升幸福感的思想和行为方式，学校心理健康团队决定为每一个生活满意度得分刚好处于或低于愉快水平（平均得分为6分）的七年级到八年级学生提供幸福感提升项目。六年级的学生被排除在外，因为很少有人低于这个分数。在上述分数范围内的学生被叫到指导室，他们将会接受幸福感提升项目。传达给学生的要点包括：

- 比较快乐且无情绪困扰的学生往往表现得更好。他们成绩更好，与人相处得更好，对学校的态度也更好。
- 人们可以学习使他们感到更快乐的思维和行为方式。我们打算给该学校提供幸福感提升项目，以教给学生提升幸福感的思维和行为方式。课程将按照教师许可的时间表，每周工作日与学生小组会面一次（例如，每周的小组课程可以在第一节课、第二节课、第三节课轮流举行，以便 3 周内不会错过某堂课超过一次）。在小组课程中，我们教给学生与幸福感有关的思维和行为方式。例如，我们练习感恩思维，与人为善，并了解自己的个人优势。

- 我们认为，你可能对幸福感提升项目感兴趣，因为最近开展的一项调查表明，你的生活满意度有一定提升空间。并不是你一个人如此，许多青少年都会觉得生活的一个或多个领域会变得更好。这就是为什么我们要教导学生积极的思维和行为方式，让他们在家庭、朋友、学校和自我方面感到更幸福。我们的目标是，让所有学生都对自己的生活感到非常幸福。
- 如果你有兴趣参加幸福感提升项目，请携带这封说明信，信里解释了这个项目的程序，并把我的联系方式告诉你的父母。只有父母签署同意书，学生才可以参加这一项目。

在接下来的一个星期，针对与指导者交谈过的对幸福感提升项目有意向并上交父母同意书的学生，七年级和八年级的班主任每日会发布简要的班级提醒。伯奇博士最终获得 40 名七年级学生和 35 名八年级学生的父母同意书，这大约占受邀参加人数的 40%。学校心理健康团队决定在秋季设置 6 个七年级小组，在春季设置 5 个八年级小组。表 5－2 是针对七年级学生的幸福感提升项目的秋季时间表。所有小组活动都在周二开展，当天学校心理健康团队拥有两个会议室的使用权限，且人手充足。

表 5－2　针对七年级学生的幸福感提升项目的秋季时间表

班级课时	周数									
	1	2	3	4	5	6	7	8	9	10
1	A/D				C/F	B/E	A/D			
2	B/E	A/D				C/F	B/E	A/D		
3	C/F	B/E	A/D				C/F	B/E	A/D	
5		C/F	B/E	A/D				C/F	B/E	A/D
6			C/F	B/E	A/D				C/F	B/E
7				C/F	B/E	A/D				C/F

伯奇博士和瑞贝卡在一个会议室里对 A－C 三个小组进行实验，而雅茨女士和斯通布鲁克女士在另一个会议室对 D－F 三个小组进行实验。学校心理健康团队不是每周从同一个班级抽调学生，而是按照表 5－2 所示执行轮班计划。为了避开学校的午餐时间，不占用第四节课，因为有些学生在第四节课开始时吃午饭，有些学生则在第四节课期间或结束时才吃午饭。

随后，40 名七年级学生被随机分配到 A－F 组中的某个特定小组，以使每个小组的学生都具有异质性，在基线生活满意度水平、人口学特征和课程安排这几方面都各不相同。表 5－3 具体列出了 A 组学生的特征。

表 5-3 A 组学生的特征

姓名	人口学特征						简版多维度学生生活满意度量表得分（平均和项目水平）						
	追踪	性别	特别学生教育状况	免费或减价学校餐	种族	父母婚姻状况	均分	家庭	朋友	学校	自我	生活环境	总体
勒妮(Renee)	4	女	无	否	欧裔	结婚	5.2	5	4	6	5	6	5
凯蒂(Katie)	4	女	有天赋	否	欧裔	结婚	5.5	6	4	4	7	7	5
乔尔(Joel)	4	男	无	否	欧裔	离异	6.0	6	6	6	6	6	6
贾马尔(Jamal)	1	男	无	是	非裔	未婚	5.8	7	6	5	7	5	5
阿里安娜(Ariana)	2	女	无	是	西班牙裔	离异	5.8	5	6	6	6	6	6
丹妮尔(Danielle)	4	女	学习障碍	否	欧裔	结婚	5.8	5	6	6	6	6	6
克里斯(Chris)	4	男	无	否	欧裔	结婚	5.8	7	7	2	6	7	6

伯奇博士向七年级教师分发两份文件：(1) 分配到每个小组的学生的姓名；(2) 总时间表，包括每组在哪个时间段会面的具体日期(该表格除了用“日期”代替“周数”，以及指定哪个会议室指导A－C组与D－F组的学生，其余与表5－2相同)。小组课程时间表(不包括参与学生名单)也会张贴在指导室。

为了评估学生对幸福感提升项目的反应，学校心理健康团队选择学生生活满意度量表作为主要工具来考察总体生活满意度。每组实施者讨论，如何协调领导者和共同领导者的职责，以便双方每周都作好准备(即在周二前阅读并练习课程方案)，同时限制冗余(只有一人影印学生讲义等相关资料，必要时确保有一个计算机实验室，并带来强化材料，以满足家庭作业的要求)。领导者负责创建日程，包括希望每个程序占用的时间(例如，复习家庭作业为5～7分钟)，而且领导者通常在会议室前排为活动提供帮助。共同领导者通常坐在学生中间，这种近距离有助于在需要时将学生的注意力重新引向领导者，并为坐在附近的学生提供更多个人帮助。共同领导者还负责通过完成相应的干预完整性检查表，来确保领导者忠实地遵守干预方案。本书的线上补充内容包含这些表格，表格会提供一份清单，列入特定课程的主要内容(例如讨论、活动)。共同领导者对已开展的课程内容填写“是”。如果领导者无意中跳过某项预设内容，那么共同领导者会在自然过渡时间谨慎地将领导者重新引向该活动。如果某项内容被完全省略(即由于时间不足，领导者故意省略该活动)，则共同领导者将该内容的执行情况记录为“否”。

指导顾问选择轮流负责领导某一周的课程，雅茨女士在奇数周（例如周一、周三、周五的课程）领导所有小组，而斯通布鲁克女士则在偶数周领导所有小组。相比之下，伯奇博士每周都担任前两组的领导者，而瑞贝卡则在第三组扮演更积极的角色。每组定期（即每周二上学前）计划，如何以附录列出的详细方式来核实实施本周课程方案的责任。在这些课程上，共同领导者审查领导者制定的课程内容，并确保他们拥有必需的课程资料。

在下一次课程之前，共同领导者通过电子邮件沟通下一次课程的相关想法和问题，比如：谁有可能在周五早上给一个周二缺课的学生补课？一般来说，这样的补课很少，因为：(1) 全校出勤率普遍较高；(2) 总时间矩阵分布表和参与学生的名单可以确保教师知道哪些学生每周会缺课；(3) 学生在每次课程结束时都会被告知下周二哪个时间段应该来会议室报到；(4) 在指定时间无法前往会议室的学生（例如因为一场不可避免的班级考试），被允许在当天加入不同小组。

为期 10 周的干预课程结束时，参与学生再次完成学生生活满意度量表。将评分输入 Excel 后，伯奇博士比较了干预前后学生生活满意度量表的平均得分。如图 5－2 所示，A 组的 7 名学生中有 6 名在干预过程中生活满意度提升。1～3 分表示对生活不满意，4～6 分表示在正常范围内，4 分是对生活感到满意的最低门槛。因此，在评估 A 组学生得分的临床意义时，伯奇博士很高兴在干预结束时，所有学生都报告积极的生活满意度。相比之下，在干预之前，将近一半的学生报告生活满意度处于消极或中等水平范围。伯奇博士注意到，A组学生持续收获积极结果的同时，干预实施极度忠于原计划。瑞贝卡完成的干预完整性检查表显示，平均每周每堂课98%的任务在课程期间最终得到实施。幸福感提升项目干预措施的忠实执行，反映伯奇博士和瑞贝卡实施课程之前以及期间在规划和协调方面所作的努力。

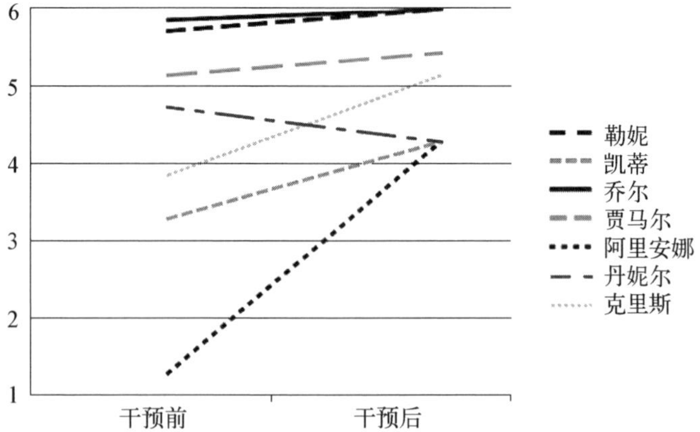

图5-2　使用学生生活满意度量表的重复测量数据

注：A组学生基线(第1周)和干预后(第10周)的生活满意度状况。

为了确保学生的幸福感得到维持，学校心理健康团队安排了额外的小组课程(大约在项目完成后的1～2个月)，以提供符合附录方案的两次随访课程。第二次随访课程结束时，学生再一次完成学生生活满意度量表。回顾A组的随访数据，7名学生中有5

名学生的生活满意度仍然很高（平均得分为 4.7～6.0），这令伯奇博士很满意。然而，阿里安娜（得分为 3.1）和丹妮尔（得分为 3.6）的生活满意度得分轻微下降（尽管没有低于干预前的水平）。在小组课程的各种讨论中，这两位学生的解释表明亲子关系存在一些问题，包括父母提供的情感支持相当少。在课程期间，阿里安娜也比同龄人表现出更多的内化症状，包括情感匮乏和嗜睡。回顾阿里安娜和丹妮尔的学校记录发现，在过去的两个月，其出勤率显著下降，尤其是阿里安娜。尽管丹妮尔没有收到任何办公室纪律转介（office discipline referrals，ODRs），但阿里安娜是参加幸福感提升项目的 40 名七年级学生中，唯一一名在当年秋季受到处分的学生。伯奇博士建议阿里安娜可以考虑额外的心理健康评估和干预服务，并安排在下一次研究小组会议上讨论这一点。学校心理健康团队同意监测丹妮尔的学业数据，并安排她在大约 1 个月后与伯奇博士单独会面。

第六章

提升青少年幸福感的选择性和指征性干预[①]

第五章介绍的包含 10 次课程的幸福感提升项目，对在校期间参加小组课程的中学生样本进行了最严格的评估。该项目还通过不同年龄组和形式进行试验，例如小学三年级的学生，以及学校和临床环境中的高中生。本章将讨论如何调整多目标积极心理干预，使其适用于年幼儿童，接下来总结对青少年进行干预时要考虑的因素。

就形式而言，针对目标学生的心理健康需求，积极心理干预可以调整为指定的、个性化的形式（本章对此有所讨论），或者普遍通用的形式（第七章有所讨论，强调全班范围内以教师为中心的应用）。通过将一些（而不是全部）课程纳入案例概念化后的综合治疗计划，第五章和附录中介绍的干预方案可以在个体咨询关系内灵活修改和应用。同样，当学生不能参加 10 次课程时，从业者可以选择应用部分而不是全部干预方案。在这种情况下，从业者可以选择他们认为与学生需求最相关的活动，或者他们现有服务模

① 本章与布里塔尼·赫龙（Brittany Hearon）一起撰写。布里塔尼·赫龙，硕士，美国南佛罗里达大学学校心理学专业在读博士。

式包含的最可行的策略。

想帮助特定学生提升主观幸福感的从业者有多种选择，表现在理论框架、临床接触（从最少到广泛）、干预人员（从教师到心理健康专业人员）等方面。作为学校心理健康专业人员实施多目标积极心理干预的替代方案（第五章），本章指导从业者采用文献中已提出的相关方法。这些替代干预措施存在关联性，因为它们明确关注提升主观幸福感，或在理论上与积极心理学兼容。特别是，我们描述了自我管理的积极心理学策略，基于优势策略的简要临床干预，以及更长时间的干预（使用积极心理学原理进行指导、积极心理治疗）。最后我们详细描述了自己的工作，即以更传统的咨询能力对个体学生应用幸福感提升项目。

与积极心理学观点一致，本章讨论的目标干预人群并不局限于问题学生。较低强度的干预，如动机访谈和自我管理的积极心理学，可能适用于没有心理病理症状或症状水平低于阈值，但主观幸福感有提升空间的易感学生。积极心理治疗这样的高强度方法可能与有心理疾病的学生更匹配。这个观点合乎逻辑，但在青少年中尚未检验过。然而，对成年人的研究支持在临床人群中开展积极心理干预的可行性。例如，对近 40 名参加小组积极心理治疗的精神病成年人（患精神分裂症、双相情感障碍和精神病性抑郁症）进行定性研究，结果表明，他们对许多活动感到满意，比如品味、感恩和个人优势练习（Brownell，Schrank，Jakaite，Larkin，& Slade，2015）。正如布劳内尔及其同事（Brownell et al.，2015）所总结的：

“几乎所有参与者都报告，干预帮助他们专注于生活中的积极事件，而不是消极事件，帮助他们变得更有自信，发挥自己的优势，增加生活乐趣。”(p. 87)精神疾病患者的这种感受证实，积极心理干预与指征性服务存在关联。

实施幸福感提升项目的发展性考量

小学

我们与一所郊区小学合作，调整幸福感提升项目以供三年级至五年级的学生使用(Suldo，Hearon，Dickinson et al.，2015)。调整的策略对这些学生注意范围狭窄、具象思维、词汇量和教育背景有限(经常与一名小学教师接触，而不是整天与多名教育工作者接触)非常灵敏。此外，一部分(而不是全部)学生在小组课程中的各种教学方法上面临挑战，包括写作、大声朗读、分享个人经验，以及在两次小组课程之间完成活动。总体而言，我们发现比起中学生，小学生更有可能忘记完成家庭作业或者将已完成的家庭作业带回课堂。本书的目标并不包括学习和组织技能方面的直接指导，相反，我们采用一些策略(见表 6－1)，这些策略在提高对家庭作业的遵从性方面取得一定的成功，使学生能够在两次课程之间完成必要的练习。上课时，我们有时会遇到学生参与度、注意力、小组讨论参与度的挑战，行为管理和积极的教学策略有助于提高学生的参与度。在侧重性格优势分类系统的课程中，词汇量和抽象思维方面的挑战尤其明显，学生很难理解许多性格优势(例如，真实、热情、谨慎)的定义,并以新的和可行的方式利用他们确定的性格优势。学生先前的知识储备不足也阻碍了他们对幸福感主要决定因素的理解,因为他们还没有学会如何阅读饼图(饼图经常用于对比遗传因素、生活环境、有目的的思考和行为所能解释的幸福感变异量),而且难以理解基因设定点理论。为了解决这些问题,表 6-1 提供了一些修正后的干预策略,以供服务小学生的从业者使用。

表 6-1　修正后适用于小学生的干预策略

目　标	策　略　示　例
提高学生参与度	● 灵活使用课程方案。内化主要观点并传授给学生,而不是一字不漏地遵守脚本示例。制定议程,用项目符号来表示待完成项,在整个课程中,围绕材料进行自然对话,涵盖要点。 ● 在回顾上节课布置的家庭作业时,按例要求所有学生(包括没有完成家庭作业的学生)分享他们的相关经验。 ● 结合结构化的行为管理系统。在每节课开始时制定、发布和回顾课程中的期望行为。 ● 加强参与或维持注意的外部动机。在遵守课堂规则的情况下,提供鼓励、表扬和有形的强化物,包括参与(例如大声朗读、分享故事)和完成任务的行为。 ● 在组成小组时,要保持较小的规模,并包含彼此熟悉的学生,就像在同一个班级。 ● 如果学生不愿意在同学面前分享经验,则开展小组建设活动。 ● 如果偏离任务的行为更频繁地出现在大组讨论中,就将学生分成更小的组或要求学生轮流(大声朗读、回答问题),以分配参与机会。例如,在行动价值优势介绍中,学生可以轮流大声朗读定义或者提供相关人物和情境的示例。 ● 在基于故事的练习中提供书面交流的替代方案。例如,允许学生向从业者口述你最棒的一面故事或感恩信,并/或对合适的提示作出反应(例如,感恩日志、你最棒的一面、未来最佳可能自我)。

续　表

目　标	策　略　示　例
确保讨论的适当发展	● 用简单的词汇解释感恩（例如，“感谢”）并使用图片管理器，将“感谢”写在中间，在周围写上感谢的理由。 ● 描述基因设定这一观点，提供一个更简单的解释，比如“你的幸福感大约有一半是天生的。一些人生来就有能力比其他人感到更幸福”。 ● 省去需要抽象思维的复杂认知性方案，特别是指向乐观思考、品味和希望的方案[a]。
提高识别和使用标志性性格优势活动的保真度	● 创建一个儿童友好型词汇表以恰当解释行动价值性格优势，并根据需要提供额外的同义词。在接下来的课程中，（用更多同义词和例子）来回顾对学生而言有挑战性的定义，持续提高他们对谨慎、热情和真实等性格优势的理解。 ● 将典型的性格优势评估课程一分为二。在第一次课程中，集中精力完成青少年优势行动价值问卷（作为家庭作业，学生可以持续做友善的事）。在第二次课程中，将自己的预期优势与问卷确定的优势对比，并计划如何以新的方式来利用自己的第一个标志性性格优势。 ● 当学生列出利用性格优势的新方法时，提供集中指导（接近一对一的帮助）。在小组课程之间，汇总儿童可能发挥特定优势的方法，包括咨询曾帮助个体确定方法以利用优势的从业者，从网上获取他们的资源。 ● 使用我的标志性性格优势新用途（儿童）家庭作业表（见附录）。这个版本为从业者提供 1～3 种具体方法以利用优势，并捕捉小组成员开发的可行的新方式。

a　关于小学生希望策略的适用性，调查结果各不相同。麦克德莫特和黑斯廷斯（McDermott & Hastings, 2000）认为，需要漫长的干预期（即超过 8 次课程）才能给小学生带来高水平的希望。相比之下，通过为期 4～6 周的未来最佳可能自我每周绘画活动，小学生的自尊心得到提升（Owens & Patterson, 2013）。儿童将未来自我设想并画成快乐且有趣的，这对自身有积极影响，以上研究为此提供了支持。

续 表

目 标	策 略 示 例
增加课程之间的练习	● 作为行为管理系统的一部分,根据家庭作业的完成情况提供有形的强化物(例如糖果、贴纸、学习用品)。 ● 在随后的课程中,将家庭作业的重点集中于以新的方式发挥标志性性格优势,从而忽略让学生完成第二项作业的提示。 ● 提高教师的课堂参与度,在项目开始前先概述干预计划并预期课程内容。 ● 如有可能,可以将教师纳入本次课程作为共同领导者。如果时间安排妨碍了课程参与,请提供课程内容的书面总结,以及指导如何将小组讨论的主题整合到课堂讨论和后续家庭作业中(见第七章)。 ● 向教师寻求帮助,例如通过电子邮件要求教师提醒学生在上课前完成家庭作业,并将材料(如笔记本、上一节课的讲义和家庭作业)带到课堂上。

高中

作为一个机构综合性心理健康服务体系的一部分,我们在学校和临床环境中向个体学生以及 14～19 岁的青少年团体提供幸福感提升项目。通过各种识别机制,比如教育工作者、医生、父母转介或学生自我转介,所有青少年都接受了旨在改善心理健康的指征性干预。多目标干预最初针对中学阶段的青少年而开发,但其材料或内容并没有让稍年长的青少年觉得过于幼稚。相反,我们观察到高中生对这些活动的反响很好。近期一项研究对 7 名九年级至十二年级的郊区高中生进行团体施测(由于年终测试造成的时间限制,因而课程缩短至六个课时)。学生对简版多维度学生生活满意度量表的评分反映，除了家庭领域（该项目基线水平得分最高）外，干预前后学生在生活各个领域的评分都有所增长。此外，总体生活满意度指标平均提高 1.0，具体而言，该团体的平均得分在基线时为 2.75（大部分不满意），干预后为 3.75（混合的），这表明在仅仅六次课程后学生就明显趋向远离低分范围。增长最明显的领域是对朋友的满意度（从 2.75 增长为 5.0），干预后所有领域的平均满意度都在 4.0 以上，对学校的满意度最高（平均得分为 5.5）。

虽然没有必要调整这些青少年的干预内容或程序，但需要考虑他们较强的认知能力。例如，一些高中生表达了对某些特定行为背后动机的担忧。有目的而不是随机表现善意行为，尤其会使一些学生感到不真实。尽管如此，学生反馈虽然他们有目的地帮助他人，但仍能体验到更高水平的幸福感。为了解决学生的疑虑，我们讨论了人与活动的拟合。学生能够识别出至少一项对个人有意义的干预活动，同时也认识到每一项活动都有益于团体中的某个成员。另外，一些男性青少年报告，他们在完成情感表达活动时感到不舒服，比如向感恩对象朗读他们的感恩信。在这种情况下，我们要求学生不朗读感恩信而是直接交付感恩信。对九年级至十二年级的学生来说，与课程规划有关的后勤问题也非常具有挑战性。我们压缩合并了一些课程方案，减少课程数量以使学生适应。

对高中生的干预措施也产生了有益的影响。具体来说，这些年龄较大的学生对自己完成干预练习的经历有更详细的自我反思，并表现出对乐观等深层次主题的更深入的理解。由于青少年倾向于更快地理解和完成课内活动，因此我们的同事在课程期间利用剩下的时间引导学生练习呼吸冥想，这与弗雷德里克森（Fredrickson，2009）建议的促进积极情绪的策略相符。此外，高中生的认知能力较高，使他们能够成功完成对成年人标志性性格优势的简要评估，比如简要优势测试。青少年也特别赞赏干预的重点是优势，而不是他们已经习惯与成年人谈论的众多问题。

用其他积极心理学方法支持目标学生

自我管理项目

近年来，随着可及性、成本效益和治疗保真度等方面的提高和巨大发展潜力，人们对自助式积极心理干预（包括在线提供的积极心理干预）的兴趣有所增长，这些活动通过网络编程实现，从而消除干预者之间的差异（Layous，Nelson et al.，2013）。研究表明，自我管理的积极心理干预对于减少成年人的心理病理症状和提高幸福感，具有轻微到中等程度的影响。此外，有研究发现自我管理的积极心理干预对青少年也有相同效果（Seligman et al.，2005；Shapira & Mongrain，2010；Manicavasagar et al.，2014）。对青少年而言，几乎没有循证的自我管理的积极心理干预适用于他们。澳大利亚黑狗研究所（Black Dog Institute in Australia）近期研发了一项前景较好的多目标线上项目——Bite Back，它是一个为青少年设置的网站，提供自我引导互动练习以及与 9 项积极心理学目标（例如感恩、正念和性格优势）相关的信息。使用者习得幸福感的好处，积极练习每一项目标，并与其他青少年使用者开展虚拟讨论。在一项随机对照试验中，235 名澳大利亚青少年（12～18岁）被指示连续 6 周每周访问 Bite Back（干预组）或其他娱乐网站（对照组）至少 1 小时（Manicavasagar et al., 2014）。参与度较高（网站访问时间每周大于 30 分钟）且访问网站更频繁（每周三次或更多次）的青少年，报告抑郁、焦虑、压力等症状显著减轻，幸福感显著提升（使用简版华威—爱丁堡心理健康量表评估）（Stewart-Brown et al., 2009）。研究结果表明，在线积极心理干预有望成为提升青少年幸福感和减少心理病理症状的替代或补充方法。然而，相当多的青少年退出活动，或者并没有按照指示每周一次访问网站。因此，可能需要解决干预依从性问题，以确保青少年体验到最佳结果。

总的来说，相对于个体积极心理干预和团体积极心理干预，自我管理项目的效率较低（Mitchell, Vella-Brodrick, & Klein, 2010; Sin & Lyubomirsky, 2009）。面对面的模式可以提供接触和反馈。在自我管理的积极心理干预研究中可以发现，缺乏社会支持可能会导致较高的被试流失率和较低的效率。此外，自我管理项目会出现逻辑挑战（用户首先要具备基本的计算机能力和识字能力）和道德挑战（线上信息的保密性），这在面对面实施过程中并不明显（Mitchell et al., 2010）。因此，自我管理的方法可能被定位为对传统面对面方式的补充，或者在心理健康服务的多层框架下作为第一层次的干预，最终被证明是有用的。

基于优势的简单咨询干预

符合积极心理学目标的限时咨询方法包括焦点解决短期治疗和动机访谈。这些方法先于21世纪初提出的积极心理干预，都是基于个人优势且以来访者为中心的练习，有助于识别和利用个人优势、资源，以实现改善个人生活质量的心理治疗目标。20世纪80年代，在密尔沃基短期家庭治疗中心（Milwaukee Brief Family Therapy Center），史蒂夫・德・沙泽（Steve de Shazer）、英索・金・伯格（Insoo Kim Berg）及其同事提出焦点解决治疗（solution-focused therapy）。顾名思义，该方法旨在构建解决方案，而不是改善问题（Bavelas et al.，2013）。通过许多特定的技术（例如，确定问题什么时候不会发生、称赞、测量），焦点解决治疗师可以帮助人们设想事情如何变得更好，并采取后续行动来实现这一设想。治疗师认为，人们正在努力作出积极改变，并已经有相应行动（Bavelas et al.，2013）。由于焦点解决短期治疗的短期性（例如，六次或更少的会面）和灵活性，它是一种流行的干预方法，可以帮助学生处理各种学习和行为问题。然而，并没有设计良好且有成效的研究，这使研究者（Kim & Franklin，2009）认为，进一步确定焦点解决治疗在教育背景中的效果非常有必要。现有研究提供的证据表明，焦点解决治疗方法有望帮助学生解决各种内化问题和外化问题，尤其是有轻度到中度水平症状的学生（Bond，Woods，Humphrey，Symes，& Green，2013）。

动机访谈是一种应用广泛的实证方法，在一定程度上通过思考个人价值观和行为的差异，来解决对变化的矛盾心理，从而帮助个体应对生活中发生的积极改变（Miller & Rollnick, 2013）。这种方法的核心是，个人更有可能完成他们想要做的事情，而不是被告知要做的事情。动机访谈包含四个有先后顺序且有一定交叉的过程：(1) 吸引来访者参与治疗过程；(2) 将对话聚焦于缩小的目标；(3) 唤起有关变化的谈话，为变化作好准备；(4) 计划使用来访者发展步骤以实现目标（Miller & Rollnick, 2013）。动机访谈在教育环境中的应用已经表明，它对学生的学业和心理健康产生了积极影响，包括通过与教育工作者和父母的咨询互动，以及短期个人辅导干预（Herman, Reinke, Frey, & Shepard, 2014）。关于后者，在使用干预或控制条件的随机分配的效果研究中，参加 45 分钟动机访谈的中学生表现出更高的课堂参与度、良好的学业行为和数学成绩（Strait et al., 2012; Terry, Strait, McQuillin, & Smith, 2014）。近期，对访谈次数效应的研究表明，与单次访谈相比，参加两次动机访谈可能会对学习成绩（数学、科学和历史成绩）产生更大和更广泛的影响（Terry et al., 2014）。总之，越来越多的证据支持动机访谈是提高学生成绩的前景广阔的短期方法。当前，动机访谈的临床应用包括将这种方法与积极心理干预相结合。正如奇利克（Csillik, 2015）所述，这两个理论框架是相辅相成的。例如，动机访谈可能有助于培养学生的意图和效能，以练习第五章介绍的积极心理学措施。

高强度的积极心理干预

该类别的长期干预措施需要定期在辅导或心理治疗关系中与从业者接触八次或以上。虽然高强度的积极心理干预有时会发生在非临床个体寻求个人目标或提高幸福感上，但它可能特别适用于心理病理水平较高的个体。生活质量治疗和辅导（Quality of Life Therapy and Coaching，QOLTC）（Frisch，2013）是积极心理学视角下首批综合咨询应用之一，它为亚临床成年人提供工具，以提高 16 个特定生活领域之一的满意度（例如，与家人和朋友的关系、目标和价值观、健康状况），从而提高整体生活质量。辅导是一门心理学分支学科，从业者主要通过培养个体的洞察力和技能，在目标导向的活动中利用个人资源，以支持个体创造并遵循通往成功的道路。与积极心理学目标一致，辅导需要一种系统的方法来促进非临床人群在生活中的积极变化以提升幸福感（Green，Oades，& Grant，2006）。近 10 年新兴的实证证据表明，辅导对高中生和成年职业人员样本都有效。尽管只有较少的随机对照试验探究了辅导的效果，但现有的研究结果（主要来自成年人研究）支持它用于改善认知耐力、希望、目标奋斗、主观幸福感、自我效能和心理韧性（Franklin & Doran，2009；Green，Grant，& Rynsaardt，2007；Green et al.，2006）。这些发现值得我们更深入探究，在学校教育系统中应用积极心理干预系统性辅导的潜在益处。

正如第五章所讨论的，格林及其同事（Green et al.，2007）提出与希望理论一致的校本辅导干预。他们开展了一项随机对照试验，以考察 10 节由教师领导的人生辅导项目。样本包括澳大利亚 56 名非临床女高中生（平均年龄 16 岁）。10 名教师参加了由学校辅导员举办的两个为期半天的辅导讲习班，这项焦点解决的认知行为辅导项目包含两个学期的 10 节面对面个人辅导课程。学生的两项问题有待改善，即学校问题和个人问题。教师辅导学生确定个人优势以达到目标，制定自我解决方案和具体行动步骤，监督和评估进展，学生通过系统解决问题的过程来不断达到新的目标。相比于对照组的同龄人，接受辅导的学生希望和认知耐力显著提升，抑郁情绪显著减少。近期，辅导干预措施明确地将学生的性格优势用于目标达成。马登、格林和格兰特（Madden，Green，& Grant，2011）在澳大利亚一所私立小学对 38 名五年级男生开展优势辅导项目试点研究。选择这些学生参加是因为，他们在一项筛查测量中自我报告的心理病理症状较多。辅导者是一名小学教师，他在辅导方面接受过大量培训，拥有相关资质并在辅导儿童和成年人方面有丰富的实践经验。该项目包含 8 次 45 分钟的辅导课程，历时两个学期（共计六个月）。与辅导者的讨论是个体化的，但发生在小组环境中。该项目由三个阶段组成：(1) 使用行动价值框架增强自我意识并确定优势；(2) 指导个体识别和使用个人资源，以达到与性格优势应用相联系的目标；(3) 制定个性化的行动计划，然后监测和评估进展情况。学生还完成一项写作活动，类似于未来最佳可能自我。在干预前后，学生的希望水平和参与度提升，且数据结果在统计学上有显著意义。这样的结果提供了证据，即由教师在学校为儿童青少年提供辅导能够提升儿童青少年的幸福感，这一方法有广阔前景。

基于彼得森等人（Peterson & Seligman，2004）对性格优势的开创性工作，积极心理治疗是一种识别和强化个人优势以消除心理困扰的方法（Rashid，2015），积极心理治疗将塞利格曼提出的幸福感概念化为针对个体积极情绪、投入、关系、意义和成就的活动。治疗的三个阶段包括：(1) 探索优势和发展个性化的有意义的目标；(2) 培养积极情绪并处理好消极记忆；(3) 培养积极的关系、意义和目的（Rashid，2015）。在整个治疗过程中，个体参与幸福感提升项目包含的各种积极心理干预方案，包括你最棒的一面、确定和培养标志性性格优势、感恩日志和品味。在额外的练习中，个体学会如何以更积极的心态来应对消极体验，并将其重构为更具适应性的体验，比如原谅违规者并提高满足感（而不是把问题扩大化）。因此，积极心理治疗并不否认消极情绪和体验，但强调利用个人优势克服挑战（Rashid，2015）。在一些试点研究中，积极心理学已通过个体或团体形式，对不同样本进行不同课时数的施测。总的来说，与对照组或干预前的分数相比，这些研究能够证明干预后抑郁症状减轻和主观幸福感提升，而且在成年人样本中，效应量为中等以上（Rashid，2015）。与其他实证治疗方法（如认知行为治疗或辩证行为治疗）相比，积极心理治疗在幸福感测量上表现相同甚至更好（例如，Asgharipoor，Farid，Arshadi，& Sahebi，2010）。

尽管很少有研究探讨在校青少年积极心理治疗的效用，拉希德及其同事(Rashid et al.，2008，2013)的研究结果表明，这种基于优势的治疗在教育环境中或许是可行的。例如，随机分配六年级学生接受每周90分钟(共8周)的积极心理治疗，相比于对照组，这些学生的幸福感会持续提高(Rashid et al.，2013)。相比之下，对另一个来自市中心学校的六年级学生样本的学业和行为挑战进行干预，给他们提供每周60分钟(共8周)的积极心理治疗课程(已作出调整，增加了对学生消极偏见的练习)。结果发现，干预并没有效果。拉希德和同事推测，结果不显著可能是因为干预太简单、教师参与有限、父母卷入程度不够。据此，他们后续又对小学生进行干预，并在其中添加父母成分(即研讨性格优势以及如何提升孩子的幸福感，参加培养孩子优势的练习)和教师成分(即把优势融入课程)。这种积极心理治疗的多成分版本与改善学习成绩、提高社交技能以及减少问题行为相关，但学生的幸福感没有变化(Rashid et al.，2013)。尽管对结果的影响不一致，但在整个样本中，这些发现为积极心理治疗可能提高学生的社交技能、学业成绩和幸福感提供了支持。需要后续研究来确定，这些结果在包含不同教育背景的青少年的更大样本中能否复制。未来的研究方向也涉及面向临床应用的研究，这些研究应确定积极心理干预措施是否可以治疗特定形式的心理病理学疾病，如青少年抑郁症(Curry，2014)，或具体目标对临床人群是否特别有益，如感恩(Emmons & Stern，2013)、正念冥想(Shonin，Gordon，Compare，Zangeneh，& Griffiths，2015)。

目标学生幸福感提升项目的个性化应用

自从为小部分青少年群体(第五章)选择性地实施幸福感提升项目,我们已经将其调整为以更传统的咨询能力应用于个体学生。具体实施的首个问题是可行性问题,即学生的发展层次,与小学生接触时或者面对有认知缺陷的年龄较大的学生时,我们不能将抽象目标看作一般经验法则。其次,考虑到学生心理健康的复杂性,选择的目标要与学生的需求水平和种类相匹配,类似于多层次支持系统中的第二层次(选择性干预)或第三层次(指征性干预)服务。

选择性干预

为通过主观幸福感筛查(如简版多维度学生生活满意度量表)识别出的学生提供幸福感提升项目时,我们将该项目概念化为选择性干预。当我们拥有足够的专业资源(由经验丰富的临床医生监督的咨询人员)对这些学生进行个别或联合辅导,而不是将他们组成 6~8 人小组进行辅导,我们通常会在幸福感提升项目中有序实施所有适当的方案。这种模式与第五章描述的模式存在相同之处,不同的是,这里的模式以两节个性化课程开始,后文会描述该课程。以这种统一的方式应用全套积极心理学核心干预方案,符合这些学生被选中接受心理健康服务的初衷——特别是他们的生活满意度下降。幸福感提升项目中的所有活动都针对生活满意度的不同相关因素,与转介的问题和相应的干预目标相匹配,即提高学生的主观幸福感。

附录包含两个补充课程的方案,旨在为从业者和学生提供一个更好地了解对方的机会，以建立和加强咨询关系。在第一次个人会谈中，从业者解释咨询师的角色和会谈目标，帮助学生更好地认识自己，使自己变得更幸福，或者保持幸福状态。从业者要明确学生如何入选该项目，我们发现参考筛选过程中使用的量表的空白副本对唤起学生的记忆有帮助。在了解学生的总体兴趣后，从业者开始探索学生的主观幸福感水平，以及可能提高或降低它的因素。在与年幼或沉默寡言的青少年（特别是小学生）接触时，让他们参与简单的纸牌或棋牌游戏以使关系融洽，这对过渡到私人谈话可能有所帮助。通过完成学生生活满意度量表和多维度学生生活满意度量表（第二章有所描述），可以引导学生思考他们的生活质量，并提供总体及多领域生活满意度的干预前水平。在探索学生独有的幸福感决定因素时，从业者要考虑得相当全面，并询问学生回答这个问题时在想什么。当与可以解决抽象问题的学生接触时，从业者还可以询问学生在生活中需要改变什么才能提高幸福感分数，考察特定的环境或人际影响。第二次个人会谈的目标是，更好地了解可能影响学生生活满意度的独特行为和环境。在接下来的半结构化访谈中，学生描述：(1) 自己的个性特征；(2) 感知到的其他家庭成员的幸福感水平；(3) 可能影响幸福感的其他人和事；(4) 如何调节情绪以及应对挑战。从业者可以参考个人会谈中得到的这些信息，根据学生的具体情况调整主观幸福感提升项目核心课程的讨论环节。

我们以这种方式接触许多学生，开始时他们的幸福感水平较低或中等，随后在整个干预过程中不断提升。然而，学生往往在咨询早期会表现出心理健康问题，以及/或者讨论周围环境压力。和其他学校的心理健康干预一样，我们提供危机干预，并在必要时转介其他服务。作为一种普遍的实践，我们继续按计划实施幸福感提升项目，而不是改用替代干预来治疗（疑似）抑郁、焦虑、注意缺陷多动障碍等。在持续实施的过程中，我们将共情与负面情境结合起来，吸引学生的注意力。例如，一位接受正规教育的中学生在课程开始时提到她祖母去世。在为她提供情感支持的同时，我们认为这可能是一个很好的机会，可以利用她的幽默特质来帮助其他家庭成员，并为自己打气。她将这些想法融入我的标志性性格优势新用途活动。在另一个例子中，一名可能患有心境障碍的高中生与其他学生发生争吵，对方因她妹妹的性取向而给她妹妹起了带有歧视性的名字，我们指出她利用公平和勇敢的优势为妹妹挺身而出，但也讨论了如何以更亲社会的方式利用这些优势（以马丁·路德·金及和平抗议为例）。干预结束时考察每个学生的进步和幸福感，继续报告生活满意度低或被诊断有心理健康问题的学生转介到学校心理健康团队以接受额外服务。相比之下，大多数学生会结束治疗或减少治疗次数，例如以定期随访的形式回顾促进幸福的策略。

指征性干预

为有严重心理健康问题而接受心理服务的学生提供幸福感提升项目时，我们将项目概念化为指征性干预。这包括在学校或家中出现情绪症状而被转介接受心理治疗的学生，还有先前已经被认定患情绪/行为障碍的学生。鉴于我们学校的心理学背景，这些情况并不奇怪，我们对这类学生有丰富的经验。一些有明显心理健康需求的学生接受了个性化教育方案（individualized education plans，IEPs）咨询服务。当为这些学生制定治疗方案时，我们越来越多地合并与案例概念化一致的各种实证的积极心理干预。上述补充课程通常不适用，因为前面提到的案例概念化来自更传统的初步评估，该评估使用全面的数据收集程序，包括心理健康的定量指标（例如，生活满意度和心理病理自我报告调查），以及揭示主观幸福感相关因素的观察和访谈。

指征性干预案例：某高中案例研究

第五章描述的各种干预方案为从业者提供了许多合理方法，以解决学生的大量问题，比如对自我的消极看法、与学校的联系不紧密，以及与家人和朋友的关系不好。举例来说，我们总结了吉尔（化名）的案例，她是一名因情绪/行为障碍而接受特殊教育服务的女高中生。当吉尔十年级时，我们与她初次见面，开始根据她的个性化教育方案提供咨询服务。当时，她在普通教育课程中多次因破坏行为和攻击行为而接受办公室纪律转介，并服用精神药物以治疗注意缺陷多动障碍和双相障碍。调查记录显示，她在童年期遭受过许多创伤性事件，包括受到虐待导致临时搬家。初步评估显示，她有明显的优势，包括有较强的学习动机和教育愿望，喜欢参与学校和社区的课外活动，以及有许多展现她天赋的业余爱好，如声乐、运动。对于改善心理健康,她还有强烈的自我意识和动机。初步评估显示,吉尔的三个主要问题为:家庭不和谐、烦躁不安和攻击行为、低自尊。对于前两个方面,干预目标是改善家庭沟通,加强愤怒管理和冲突解决策略,这需要采取传统的认知行为治疗和行为咨询,以发展社交和沟通技巧。吉尔的低自尊反映为,她经常将自己描述为缺乏吸引力的、无关紧要的,无法认识到自己的积极品质并担心人际排斥。这一方面的大致咨询目标是增强吉尔的自信,通过帮助她识别自己的积极品质、增加自我接纳的表述、与认可自己积极品质的人增进联系、消除自我贬低言论来实现。为了实现这一目标,治疗计划包括认知行为策略,识别、评估、修正自动化的负面思维并代之以积极的自我对话。作为补充,以上治疗计划会以幸福感提升项目中的许多积极心理干预作为开端。我们选择了一些方案,旨在将吉尔的注意力集中在自己的积极品质(即性格优势)和良好或潜力可观的生活环境上。为了提高吉尔对自己积极品质的认识,为吉尔提供的课程包括你最棒的一面、识别并利用性格优势等活动。为了帮助吉尔识别她所处环境的积极方面,以及其他人表现的善意,我们修改了课程 2 的方案(感恩日志)以供个体学生使用。为了促进她与生活中重要人物的积极互动并培养积极的人际关系,我们将课程 3(感恩致谢)和课程 4(善意行为)的方案充当课程指南。为了检测这些干预措施的效果,我们定期用多维度学生生活满意度量表施测并评估相关领域的分数,以衡量学生的改善状况,这些学生在基线水平得分较低,例如在初步评估中多维度学生生活满意度量表的平均自我评分为 3.6 分。

上述治疗计划最终包含涉及认知行为、动机、人本主义和积极心理学的混合策略，吉尔很容易接受，并为后续课程内容和重点提供思路。鉴于吉尔复杂的家庭情况和精神病史，我们预期她在会谈和学校中的进展可能不会很顺利。例如，完成你最棒的一面活动受到她无法分辨情况的阻碍。为了克服这个问题，我们鼓励吉尔思考自己参加学校俱乐部的情况，该俱乐部促进了智力障碍学生与非智力障碍学生之间的友谊，这是在入学过程中讨论和观察的活动。在学校，排斥打架后果不利于学习愤怒管理策略。咨询会谈的重点可能很容易转为她停学的经历、拘留以及后来对酒精成瘾父母的持续挑战。幸运的是，治疗计划中的积极心理学策略提供了一个基础，可以在治疗过程中相对均衡地持续关注优势和希望。学年结束时，吉尔在多维度学生生活满意度量表上的平均自我评分已提高到 4.0 分，恰好达到该领域轻度满意的阈值。吉尔的总体生活满意度相比于基线水平有所提升，除学校以外的其他生活领域的满意度也有所提升（这并不奇怪，因为持续的冲突报告显示，她与班级教师和同学有矛盾，她班上有额外的助手来支持患有情绪/行为障碍的学生）。另外，值得注意的是，开始时吉尔的心理病理内化症状和外化症状水平（通过阿肯巴克实证评估系统的青少年自我报告表测量；Achenbach & Rescorla，2001）处于临床范围，学年结束时，只有外化症状水平仍然在临床上偏高。

第三部分

提升青少年幸福感的生态策略

第七章

提升学生幸福感的通用策略[①]

班级情绪氛围对学生的学业成就和心理健康的影响不可忽视。如第一章和第三章所述，人际关系的好坏是青少年主观幸福感的重要预测因素和结果。拥有完全心理健康的学生感受到更多来自父母、同学和教师的社会支持（Antaramian et al.，2010；Suldo & Shaffer，2008）。与家庭成员和教师的支持性关系也是维持以高主观幸福感为特点的心理健康蓬勃发展状态的关键因素（Kelly，Hills，Huebner，& McQuillin，2012）。因此，应该加强青少年与家庭和学校的关系，以提高他们的主观幸福感。

本章重点介绍：(1) 针对能在学校对特定学生产生积极或消极影响的关键成年人的干预措施；(2) 以课堂为基础的针对学生人际关系或主观幸福感的策略。首先，我们讨论教师幸福感对课堂氛围和学生成就的影响，总结用于提高教师幸福感的积极心理干预的适

---

① 本章与莫莉·麦卡洛(Mollie McCullough)和丹尼斯·昆兰(Denise Quinlan)一起撰写。莫莉·麦卡洛，硕士，美国南佛罗里达大学学校心理学专业在读博士。丹尼斯·昆兰，博士，“教育中的幸福”独立顾问，美国奥塔哥大学高中大学成功衔接研究小组成员。

用性。然后讨论在全班范围内普遍实施积极心理干预的前景，主要根据积极心理干预对学生幸福感的影响进行评估。我们详细描述近期在小学实施的两个有前景的课堂积极心理干预项目。项目一侧重于教授学生识别活动优势以及自己和他人的性格优势，并利用性格优势来支持有意义的目标（Quinlan，Swain et al.，2015），鼓励教师和学生每天发现优势（例如，观察别人的优势）。项目二是对第五章提及的幸福感提升项目的修订版本，通过旨在加强课堂关系的活动，将目标设定在更大的课堂背景下；以学生为中心的核心课程保留了对感恩、善良和性格优势等目标的应用（Suldo，Hearon，Bander et al.，2015）。以上项目说明，教师在积极心理干预实施中扮演的角色，从合作参与者（例如，教室里另一个帮助指出学生表现出的所有性格优势的人），到共同干预者（例如，负责单独对青少年进行积极心理学教学，或者巩固学校心理健康服务者首次上课的内容），再到提供知情同意下的咨询（例如，跟进以学生为中心的干预策略）。

教师幸福感的重要性

将积极心理学应用于课堂可以对课堂氛围产生极大影响，而课堂氛围能够反映教师和学生的幸福感。教师在促进学生的社会幸福感中扮演至关重要的角色，经常作为课堂积极活动的把关人。遗憾的是，在考虑心理健康时，人们经常忽略幸福感对教师和学校其他专业人员的重要性（Fleming，Mackrain，& LeBuffe，2013；Miller，Nickerson，Chafouleas，& Osborne，2008）。考虑到教师严苛的工作要求和高强度的工作量，这种忽略他们幸福感的情况令人吃惊。为确保学生在年度选拔测试中阅读和数学的熟练度，教师承受的压力越来越大。为保证教师对学生的表现承担更多责任，教师面临严格的评估程序（Fleming et al.，2013）。这种问责制可能导致教师流失日益增多，例如，公立学校17.3%的新教师在5年内离职（Gray & Taie，2015）。教师承受的长期压力导致工作表现变差，动机下降以及身体症状增加，最终导致职业倦怠（Montgomery & Rupp，2005）。如果不直接关注教师的幸福感，提出促进青少年幸福感的策略可能是徒劳的，特别是当学校里与青少年接触最多的成年人感到筋疲力尽、工作过量时。因此，希尔斯和鲁宾逊（Hills & Robinson，2010）强调，在支持学生的社会与情绪健康之前，教师的幸福感首先要得到保障。

定义教师幸福感

几十年来，教师的主观幸福感主要通过压力和倦怠指标来检验。长期暴露于工作压力源（例如，行政工作要求、学生行为问题，以及与学生父母或同事的不良互动）（Montgomery & Rupp，2005），如果没有适应性应对机制，可能会造成教师对工作不满，最终导致职业倦怠。教师职业倦怠包括情绪衰竭、人格解体和个人成就感削弱（Maslach & Goldberg，1999）。关注教师压力和职业倦怠可以让人们了解问题的严重程度，但对于如何解决问题或支持教师的幸福感则没有结论。最近，研究人员重点关注教师幸福感的积极指标，以了解促进教师健康工作的因素。积极指标包括教师的自我效能、情商、学业乐观、工作满意度和勇气(Duckworth，Quinn，& Seligman，2009；Jennings & Greenberg，2009；Spilt，Koomen，& Thijs，2011；Beard，Hoy，& Hoy，2010；Tschannen-Moran & Hoy，2001)。詹宁斯和格林伯格(Jennings & Greenberg，2009)的亲社会课堂理论模型说明了，教师的社会与情绪能力以及幸福感对健康的师生关系、有效的课堂管理实践、高质量社会与情绪学习的作用。有研究者(Van Horn，Taris，Schaufeli，& Schreurs，2004)认为，教师职业幸福感包括五个维度：情感维度(情绪衰竭、工作满意度、组织承诺)、专业维度(自我效能、职业能力)、社会维度(人格解体、工作关系)、认知维度(认知疲劳、工作效能)和心身维度(心身不安和/或身体疾病)。对教师幸福感的这种多方面考虑与完全心理健康的概念一致，即无心理病理症状(如压力、倦怠、缺勤)且心理健康蓬勃发展(如工作满意度、积极情绪)。

教师幸福感对课堂氛围和学生结果的影响

越来越多的研究表明，教师通过个人特质、行为改变以及幸福感提升而显著影响学生结果。教师压力和职业倦怠(大多数研究考察的指标)与多种有害结果相关，包括教师对挑战性行为的容忍度下降，师生关系受损以及学生表现不佳(Fleming et al.，2013；Montgomery & Rupp，2005)。教师压力和职业倦怠显著预示教师在课堂管理中的效率下降(Long，Renshaw，Hamilton，Bolognino，& Lark，2015)，同时也导致教师人格解体并疏远学生(Lambert，McCarthy，

O'Donnell, & Wang, 2009)。教师压力也与高水平的学生不良行为相关联,导致教师情绪衰竭,对学生的纪律要求更加严格,进一步加剧职业倦怠,形成恶性循环(Clunies-Ross, Little, & Kienhuis, 2008; Reinke, Herman, & Stormont, 2013)。毫无疑问,考虑到人类对关系的基本需求,以及师生互动的显著性和频率,与学生的冲突关系会加剧教师压力(Spilt et al., 2011)。学生的不当行为需要引起重视,教师如不为学生提供情感支持,则会导致冲突(Hamre, Pianta, Downer, & Mashburn, 2008)。报告因学生不当行为而感到课堂压力较大的教师,同时报告了课堂管理自我效能的降低(Klassen & Chiu, 2010)。职业压力加剧了自我效能的消耗,削弱了有效的教学实践,从而对学生的学习成绩产生负面影响(Tschannen-Moran & Hoy, 2001)。詹宁斯和格林伯格(Jennings & Greenberg, 2009)认为,被繁重的工作要求困扰的教师也可能难以展现出适当的社会行为,从而与学生脱离,这进一步损害了学生的社会与情绪能力。

近期的研究聚焦于教师幸福感积极特征的有利之处。有关课堂管理和教学策略的自我效能感信念的提高,与职业满意度(Klassen & Chiu, 2010)以及学生成就的提高(Caprara, Barbaranelli, Steca, & Malone, 2006)紧密相关。拥有高水平学术乐观主义的教师,即拥有有效教导的信念,认为学生可以学习,并且与学生及其父母建立了信任关系,可以通过社会支持和建设性反馈来激励学生(Beard et al., 2010)。达克沃思及其同事(Duckworth et al.,

2009)发现，对低收入的新教师而言，高水平的勇气(即内在决心)和总体生活满意度是学生学业收效的强有力预测指标。进一步测查教师的勇气，结果表明，毅力和奉献评分较高的教师是更有效能的教师，而且在学年中期不太可能离开(Robertson-Kraft & Duckworth, 2014)。前面提到的教师总体生活满意度对学生学业成绩的积极影响与其他一些就业环境研究的结果一致，这些研究发现，更快乐的员工往往在工作中更高效、成功和满意(Boehm & Lyubomirsky, 2008)。

聚焦教师幸福感的积极心理干预

显然，支持教师的完全心理健康对确保学生获得理想的学业、行为以及社会与情绪结果至关重要。吉布斯和米勒(Gibbs & Miller, 2014)建议，针对教师幸福感的干预可能最好由积极心理学领域驱动。然而，支持教师幸福感的干预很少，其中大部分在除美国以外的国家探索。在相关研究中，经常测试的幸福感维度包括认知和心身指标(如身体健康、效能信念)，以及教师压力和职业倦怠的减少，而对幸福指标的关注最少。虽然对提高教师幸福感的积极心理干预效力的研究还处于早期阶段，但迄今为止的研究结果为下文所述目标的前景性提供了证据。

正念

近年来，旨在提高教师幸福感(即减少职业压力和职业倦怠)的主要方法集中于正念活动(Jennings, Frank, Snowberg, Coccia, &

Greenberg, 2013; Roeser et al., 2013)。以佛教冥想练习和其他东方宗教传统为基础,卡巴特-津恩(Jon Kabat-Zinn)提出有目的的活动,该活动在当前的正念干预中有所反映(Albrecht, Albrecht, & Cohen, 2012; Kabat-Zinn, 2003)。有目的的活动包括身体扫描(类似于渐进式肌肉放松)、冥想(例如仁爱冥想)和瑜伽。一些针对教师的项目已经得到评估,包括教育中的压力管理和放松技术(Benn, Akiva, Arel, & Roeser, 2012; Roeser et al., 2013)以及培养教育意识和韧性(Cultivating Awareness and Resilience in Education, CARE)(Jennings et al., 2013)。

上述项目已经被证明可以减少职业压力和职业倦怠,同时提高教师的效能(Benn et al., 2012; Jennings et al., 2013)。正念项目的可接受性通常很高,教师强调了这些项目的好处,包括有益于教学实践和易于实施。

感恩

提高教师幸福感的其他尝试已经将感恩作为目标。在一项研究中,教师每周列举三个令他们感激的具体事件并反思原因,这一过程持续 8 周。干预结束后,教师的生活满意度和积极情绪显著增加,职业倦怠显著减少,特别是干预开始时感恩水平较低(Chan, 2010)或者更倾向于寻求生活意义(Chan, 2011)的教师。一项混合研究结果显示,参与"三件好事"干预的英国教师在以下方面的效能信念得到提升,包括能够与同事有效合作、能够成为一个有效的领导者,以及能够在学校保持灵活性(Critchley & Gibbs, 2012)。

多目标干预

一个旨在防止职业倦怠和提高中国教师幸福感的心理教育项目包括，指导如何将积极心理学原理（幸福的好处、性格优势和希望）应用于工作场所（Siu，Cooper，& Phillips，2014）。这个压力管理项目是为期2.5天的专业发展训练。该项目的主要效果体现在教师工作之外的获得性体验上（例如，更多参与具有挑战性的活动），与对照组相比，干预组教师的积极情绪和职业倦怠没有改善。在这种教学训练之后，教师有机会将学到的策略付诸实践，可能会带来更大的好处。

性格优势

正如本书前面所述，对成年人社区样本的研究表明，利用性格优势是最有影响力的积极心理干预之一，能够持续提高幸福感（Seligman et al.，2005）。鉴于这种实践的前景性，近期我们对小学教师进行了试点研究。在该试点研究中，从业者指导教师在课堂上识别和利用性格优势，继而判定这项简单校本应用的效果。表7-1总结了从业者与教师四次单独会谈的主要活动。

表7-1　培养小学教师在课堂上利用性格优势的干预程序

会谈	活　　动
1	● 介绍行动价值分类系统中的24种性格优势。 ● 教师列出认为自己拥有的优势并讨论原因。 ● 描述性格优势如何与幸福感相关。 ● 教师在线完成优势行动价值观问卷，学习前5个标志性优势。

续　表

会谈	活　　动
2	● 回顾标志性优势，根据这些优势在主要生活领域(家庭、朋友、工作)中的兼容性和近期利用情况来评估它们。 ● 选择标志性优势，在五个工作日以新的和不同的方式利用这些优势。 ● 头脑风暴，思考在课堂和/或学校情境中利用已选择优势的方式。 ● 说明如何通过写日志来追踪以新的和不同的方式利用标志性优势。
3	● 讨论完成日常干预任务的进程(以新的和不同的方式在学校使用标志性优势)。 ● 根据需要解决优势应用中的任何障碍。 ● 反思经历，分享优势应用的成功。 ● 在干预的第二个星期制定一个计划，以新的和不同的方式使用第二个标志性优势。
4	● 讨论完成日常干预任务的进程(以新的和不同的方式在学校使用第二个标志性优势)。 ● 根据需要解决优势应用中的任何障碍。 ● 反思经历，分享优势应用的成功。 ● 描述幸福设定点和享乐适应的概念，以强调继续使用标志性优势的重要性。 ● 计划在工作中持续使用优势。 ● 获得完成干预的结业证书。 ● 完成干预可接受性和幸福感的测量。

在干预之前、期间和之后，教师被试通过完成生活满意度量表(Diener, Emmons, Larsen, & Griffin, 1985)以及积极—消极情感量表报告他们的主观幸福感(Watson, Clark, & Tellegan, 1988)。8 名教师被试教龄 2～27 年不等(平均 11.4 年)，而且代表

了小学大多数年级，即从学前班到五年级。通过以下三种方法处理收集到的数据：(1) 使用非参数统计检验干预中的变化，分析小样本中剧减的数据；(2) 使用单案例分析策略分析从多基线设计中获得的时间序列数据；(3) 检查有关干预可行性的定性反馈(McCullough，2015)。

在干预前后，教师生活满意度显著提升，消极情绪显著减少，而且主观幸福感的提升在1个月后的随访中仍然显著。积极情绪在干预过程中无显著变化，但在随访中显著增加。为了进一步分离干预对主观幸福感改变的影响，将单案例分析策略应用于时间序列数据，以评估主观幸福感干预实施的不同阶段(基线阶段、干预阶段、随访阶段)。就总体主观幸福感而言(生活满意度、积极情绪、消极情绪的标准化分数总分)，视觉分析(即阶段内和阶段间模式和数据重叠)、蒙面视觉分析和分层线性模型的结果都支持干预能够对主观幸福感产生积极影响这一结论。在组成总体主观幸福感的三个变量中，干预效果在生活满意度上尤其明显。个体干预效果因人而异，因为部分教师获益多于其他人，这与柳博米尔斯基和拉尤斯(Lyubomirsky & Layous，2013)描述的人与活动的拟合相符。

关于干预的可行性，8名教师被试都很好地接受了干预的可行性评估。在回答改编版教师干预评分档案(Intervention Rating Profile for Teachers)(Martens，Witt，Elliott，& Darveaux，1985)中的开放性问题时，教师一致报告干预是一种奖励，提高了他们在课堂和学校的幸福感，同时改善了他们与学生和同事的互动。当被问及干预中学到的最重要的东西时，教师被试的回答包括：

"我控制了自己的幸福感，而且我可以通过具体的干预来影响自己的幸福感。"

"我想起自己的个人特质，并学会如何利用这些自然优势来提高自己的幸福感和学生的参与度。"

"只花几分钟有目的地作出计划就可以改变我的一整天。"

"了解哪些标志性优势有助于提高我的个人幸福感。"

"消除学生和教师的压力，能够让教室成为更加幸福的场所。"

"没有意识到我的标志性优势……我将继续在课堂上突出它们。"

对"你最喜欢干预的哪一点"这个问题的回答包括：

"我喜欢它帮助我专注于自己的优势。例如，我是一个幽默和感恩的人，但我常常会忽略这一点。做一些活动能帮助我关注这些优势，这使我精神振奋。"

"我喜欢发掘自己的优势，并通过它们影响我的幸福感。"

"反思，它帮助我看到有多少幸福正在发生。"

"我喜欢与研究者分享我的试验和活动，并讨论/反思成功的部分。在线反思有帮助，这是一对一的支持，确实鼓励我拓展作为一名教师的极限，并探索我的教师身份。通过进一步反思，干预推动了我与学生和同事间的互动。想到我的一些学生获得成功，我因自身更加快乐而能够鼓励他们，我就感到幸福。”

“我的学生对我和其他人都表现出更多善意。”

鉴于教师幸福感对学生积极结果的重要性，从业者需要以实证方法来促进和监测教师的幸福感。我们未来的工作包括，完善以教师为中心的干预，例如针对性格优势的干预，这就必须在更大样本上对效能进行更严格的评估。我们对评估教师幸福感的新工具的开发感到兴奋，这些工具与积极心理学框架一致，如教师主观幸福感问卷（Teacher Subjective Wellbeing Questionnaire）（Renshaw, Long, & Cook, 2015），该问卷通过教师教学效能感信念以及与学校的关联性来反映教师教学时的感受，包括激动、兴趣和愉悦。

课堂关系对学生幸福感的重要性

与同伴和教师的积极关系创造了个体与学校的关联感。体验到积极社会关系的儿童青少年的生活满意度更高（Oberle, Schonert-Reichl, & Zumbo, 2011）。即使考虑父母支持和学生内在特点（例如乐观等）的强大影响后，积极同伴关系和学校关联感对学生生活满意度的影响也很显著。报告对学校不满意的学生将糟糕的师生关系和减弱的学校关联感作为他们与学校整体脱节的原因，而这又对学业结果产生不良影响（Baker，1999）。这些发现为将学校环境作为培养学生主观幸福感的逻辑环境提供了强有力的理论依据，可以直接使用源于积极心理学文献的教学策略，或者使用培养教师和学生高质量关系的课堂项目。本章对增强学生课堂关系的策略不作完整讨论。相反，我们向感兴趣的读者推荐《韧性课堂：为学习营造健康环境》一书（Doll，Brehm，& Zucker，2014），这是一本时新且影响力大的书，为从业者创建有效的师生关系、同伴关系、家校关系提供了切实指导，这些都是青少年幸福感的关键校本相关因素。

学校和课堂的积极心理干预

正如第四章所表明的，最新的青少年积极心理干预包括在全校范围内或在特定课堂上实施的普遍策略。全校范围的方法包括多目标项目（Shoshani & Steinmetz，2014），以及聚焦于特定目标的项目，如性格优势（White & Waters，2015）或善良（Lawson，Moore，Portman-Marsh，& Lynn，2013）。课堂范围的应用从高中新生的多目标项目（Gillham et al.，2013；Seligman et al.，2009）到小学生感恩思考的课堂课程（Froh et al.，2014），中学生的性格优势课程（Proctor et al.，2011；Rashid et al.，2013）以及小学和中学生的正念课程（Schonert-Reichl & Lawlor，2010；Schonert-Reichl et al.，2015）。接下来，我们讨论在新西兰和美国的小学中普遍应用的两个积极心理干预的例子。前者聚焦于性格优势目标（Quinlan，Swain et al.，2015），后者反映了多目标、多成分方法（Suldo，Hearon，Bander et al.，2015）。

基于优势的积极心理干预的课堂应用

昆兰、斯温和韦拉-布罗德里克等人开发了“了不起的我们”（Awesome Us）优势项目，以培养学生对自己和他人优势的认识，鼓励师生发现优势，支持学生的内在目标设定并确定特定的优势如何支持这些目标。该项目评估了中低社会经济地位学校的接近200名学生（9～12岁）（Quinlan，Swain et al.，2015）。在试验中，干预包括由辅导员丹尼斯领导的为期6周、90分钟/周的课程，班主任和校内另一位教育工作者会对辅导员给予支持。包括作为共同领导者的教师在内，我们意图发展他们的积极心理学知识和技能，以使他们在下一次干预中发挥更大作用。

干预活动概述

在前两节课程中，学生绘制并分享你最棒的一面照片拼贴画。我们鼓励每对学生识别他们在对方的拼贴画上看到的优势，并对这些优势进行分类。这些优势不受分类框架的限制，称为活动优势。学生的例子包括设计滑板技巧、为家人制作工艺礼品、耐心钓鱼，以及拥抱母亲。在福克斯（Fox，2008）改编的练习中，学生确定他们最爱的学科、运动或爱好的最棒之处，然后创建一个包含所有最棒之处的新活动。举例来说，新活动可以是和朋友一起设计并制作一辆姜饼小推车，推着它快速下坡，撞坏它，最后享用姜饼。

这项活动特别受学生欢迎。学生再次两人一组，确定他们在活动时观察到的对方的优势，并对优势进行分类。他们还探索了哪里能够使用这些优势，以及如何使用这些优势。在接下来的两节课，学生将了解行动价值分类系统详述的性格优势。他们认为，性格优势是有助于活动表现的因素，或是支持学生一起活动的因素，考虑“怎样才能……（例如，设计新的滑板技巧）”，确定使他们能够开展这些活动并为之提供支持的性格优势。然后，使用卡片分类法挑选出他们认为自己最常使用的优势。将优势排列在一个转盘上，而不是列在清单上，尽量避免把较弱的优势看作缺点或弱点。学生还将探索如何利用自己的优势应对当前的挑战，并将课堂上最常用的优势绘制成优势墙报（并以数学图表来展示）。在剩余的课程中，辅导员强调，拥有优势的目的就是去使用它们。学生依据自己最喜欢的优势创造一个优势超级英雄，考虑优势的日常能量和用途，然后决定超级英雄的超能力。学生学习内在目标的设定及其策略，以支持目标导向的行为。学生还讨论了友谊的好处和在友谊中面临的挑战。学生选择两个对个人而言重要的短期目标——一个总目标和一个友谊发展目标，确定优势和其他资源，例如可以帮助自己实现目标的人。最后，绘制优势海报或优势盾徽，展示自己最喜爱的优势，包括发挥这些优势的地点和方式。

发现优势

发现优势鼓励人们观察行为并注意行为展示的优势（Linley

et al.，2010）。这一优势项目开始时要求学生确定他们在最喜爱的活动中使用的优势。学生在具体活动中注意到自己和同伴的优势。这样的讨论提供了发现优势的练习，增强了对自身优势的拥有感，并强调每个人都有优势。通过每节课开头讨论时事（例如，“你需要什么优势来应对地震？”）以及每节课播放非常受欢迎的视频片段，我们再次讨论优势发现。视频片段的主题包括跳伞者、受伤的机器人、轮椅极限运动、幼狮等。与其他强调发挥最强优势的干预（例如，在完成青少年优势行动价值问卷后确定标志性优势）相比，本干预强调发现自己和他人身上的优势。这推动了如下观点，即我们所有人都多次展现了优势，即使这些优势并不是我们的最强优势（解释为我们发现的自己最常使用的优势）。这种方法鼓励教师和同伴关注学生所做的正确之事，并以灵活且开放的眼光看待学生可能表现出来的优势。儿童仍处于发展阶段，因此这种认为优势还存在发展空间的干预方法非常适合儿童。

课堂氛围

优势最初被假设为，通过提供掌控感和自我效能感来实现幸福感（Seligman，2002）。这种个人观点一直贯穿将目光聚焦于个人因素，包括投入和成就（Gillham，2011；Seligman et al.，2009）、学业自我效能感（Austin，2005）和幸福感（Proctor et al.，2011；Rust，Diessner，& Reade，2009）的优势研究。在开发“了不起的我们”项目时，我们假设教师、家人、朋友或同伴对个体优势的注意将增强关系需要，从而支持课堂投入和课堂氛围，并最终获得幸福感。较早的研究将关系需要和课堂投入、课堂氛围联系在一起(Furrer & Skinner, 2003),也将关系需要的满意度和主观幸福感联系在一起(Veronneau, Koestner, & Abela, 2005)。上述观点与这两项研究一致。因此,发现优势是一条独立的途径,通过这条途径,优势可以支持关系需要和幸福感,这也许与确定和发挥个体自身优势一样有效。

教师参与

根据干预对课堂关系和氛围的预期效应,我们期望教师能在制定优势注意准则时发挥关键作用。教师应该塑造并鼓励学生发现优势的行为。因此,在"了不起的我们"项目中,教师作为共同干预者参加项目并接受训练,在项目课程中或课程后使用给定的活动。在首次试验实施前的一学年(Quinlan, Swain et al., 2015),教师参加了为期一天的全体职工优势培训(包括管理人员、教师、教师助理和监管人员)以熟悉行动价值分类系统(Peterson & Seligman, 2004)。在整个"了不起的我们"课堂实施过程中,教师在更大的领域范围内增强了自己的优势,更加享受并有动机去发现优势。在课堂实施之前为教师提供优势训练会提高教师对项目的参与度,有助于提升教师的幸福感,增强干预效果。

对干预效力的初步支持

从干预前到随访(干预结束后 3 个月),与对照组同龄人相比,参加"了不起的我们"项目初始试验的小学生在积极情绪、课堂情绪和行为投入、对课堂情绪氛围(凝聚力和摩擦,对自主性和关联性的内在需要的满意度）的感知，以及对个人优势的发挥等方面都有显著提升（Quinlan, Swain et al., 2015）。教师完成优势发现量表（Strengthspotting Scale）（Linley et al., 2010），该量表评估了对能力、频率、动机、积极情绪和应用（即注意到的优势的领域范围）五个领域的优势的识别态度。结果发现，教师的优势发现分数在所有领域都有积极改变，这表明教师对优势发现的喜爱和动机随着技能和实践的提升而增强。教师在优势发现量表上的得分变化能够对学生的积极情绪，自主性、关联性和能力需要满意度，以及课堂投入起中介作用（Quinlan, Vella-Brodrick, Gray, & Swain, 2016）。相比之下，教师自身的主观幸福感水平和个人优势的使用频率并没有显著影响学生的学习成绩。尽管试验结果不理想（非随机研究中 9 名教师的样本），但数据趋势显示，比起教师个人幸福感或优势发挥，他们发现优势的倾向更能够影响学生的结果。以上研究结果表明，优势发现是一项教师可以通过练习来发展的技能。此外，为了使干预效果最大化，从业者应充分考虑如何支持教师的干预实施和个人优势成长。

定性研究结果

初步试验结束后，我们通过定性研究检验学生识别和使用优势的经历，并收集教师对干预可接受性的反馈。面谈时所有学生都能够定义优势，最常见的定义为“一个人所做的和喜欢做的或擅长的事情”（Quinlan, Vella-Brodrick, Caldwell, & Swain, 2016）。学生将优势视为有价值的个人资源，随时可供使用。当被问及“如果优势是一样东西，你会如何保管?"学生表示会把它们放在安全且可及的地方，以便随时可以使用它们。学生表现出对1～3个优势的强烈拥有感。发现自己的优势使许多学生更加看好自己："知道自己有优势，这真令人兴奋。我拥有的优势比我想象的多，这意味着我能做的比我想象的更多……我可以继续努力，继续尝试，不会放弃。"

有趣的是，几乎所有学生报告在使用优势时不会注意到它们。在使用前后，学生能够思考自己的优势，但在使用的那一刻，他们只是"着手去做吧"。事实上，许多学生指出，活动时有意使用优势（例如，明确在绘画时要努力发挥创造力），这实际上阻碍了活动的开展，这种阻碍可能是因为当下对使用优势的过度考量。当把注意力集中在优势上时，他们可能事倍功半，当他们没有注意到自己的优势时，通常会做得很好。这一发现表明，这个年龄组（9～12岁）的儿童可能会从建议中获益，而不是简单地"更常使用自己的优势"，就像之前对成年人的干预一样（Seligman et al., 2005）。正如所料，儿童计划或反思优势的能力差异很大。有些儿童报告事后才注意优势，例如，"当我正在吃晚饭或躺在床上回想这一天时"。其他儿童表示，他们不太可能考虑这一问题。对10岁的儿童来说，如果他们从来没有注意到自己使用优势或从来没有反思过这一点，那么他们很难相信自己拥有优势。

这些研究结果表明，教师和父母有机会帮助孩子发现自己可以如何使用优势（计划），注意自己何时使用这些优势（发现优势），并思考在某种情况下可能使用过的优势（反思）。在项目开展、评估和其他活动（例如越野跑或马拉松）前后，计划和反思课程已经在许多课堂上展开。计划课程的部分内容是鼓励学生确定对自己有帮助的优势，反思课程的部分内容则是鼓励学生思考自己已经表现出哪些优势。当儿童玩耍、交流互动、开展创造性活动或回答问题时，他们似乎需要依靠教师、父母或同伴注意他们的长处。对教师来说，这可以比作为学生举起一面镜子，以便他/她能够看到自己的优势，这实际上便成了学生的“优势镜子”。这些练习能够帮助学生认识到，自己是有能力展现各种优势的有价值的人。

在干预后的访谈中，教师报告学生似乎更愿意参与课堂，特别是在讨论优势时（Quinlan，Vella-Brodrick，Caldwell et al.，2015）。班级内的小团体减少了，学生对能力较差的同学表现出更加关心或保护的态度。教师认为，受益最多的学生是消极或不那么自信的学生。教师还提到，自己的教学方式发生变化，包括更多使用优势语言，更广泛地注意到学生的优势，并通过优势来表扬或纠正学生。另外，教师还指出，与课堂环境相关的优势（如人际优势）受到更多讨论，很少提到的优势包括灵性、谦虚、谨慎、智慧和感恩。教师认为，这种情况部分是因为学生难以理解上述优势的含义，并且/或者教师本身不具有上述优势，在讨论时感到不那么自在。

在课堂上，优势被注意的容易程度和频率是整个项目感兴趣的领域。在项目开始之前，要求教师根据自己认为的这些优势在课堂上的重要性对它们进行排序，即对它们的重视程度。这些排序用于创建两组学生：高匹配组（学生排序最前的优势与教师排序最前的优势相匹配）和低匹配组（学生排序最前的优势与教师排序最后的优势相匹配）。小组人数非常少（高匹配组 10 人，低匹配组 6 人），而且两组学生的结果差异在统计学上不显著。然而，数据表现出一些有趣的趋势。具体而言，在项目开始时，低匹配组学生在参与度、积极情绪、对课堂氛围的感知、关联性和优势利用等方面得分均较低，但在项目结束时，他们所有指标的得分几乎都提高了。三个月后，他们的积极情绪和参与度得分仍然高于基线水平。相比之下，高匹配组学生在所有指标上的得分都很高，但在项目开展过程中，他们的参与度、优势利用和对课堂氛围的感知三方面的水平实际上都下降了。一种可能的解释是，在课堂上优势没有被注意到的学生在项目过程中受到更多关注和认可。相反，历来优势都得到认可的学生在项目过程中可能受到相对较少的积极关注。除此之外，教师评语表明，在课堂上教师并非对所有优势都给予同等关注，这可能会影响项目对一部分学生的效果。尽管教师熟悉行动价值分类系统，但他们并没有受到明确鼓励去注意他们不重视的优势。从业者可能会考虑鼓励教师与一位具有互补优势的同事组成“优势伙伴”，以了解和欣赏其他优势。

多目标积极心理干预的课堂应用

我们（香农、莫莉和南佛罗里达大学的几位学校心理学方向的研究生）开发并试验了包含 11 节课程的课堂干预活动，该干预活动旨在加强小学生（三至五年级）的课堂关系，以及以新的方式使用他们的个人性格优势、感恩和善良(Suldo, Hearon, Bander et al., 2015)。第五章描述的小组多目标积极心理干预被修改,排除了针对乐观和希望思维的活动。考虑到面向未来的策略的认知复杂性和小学生的具体思维,根据第六章详述的发展适当的建议作出这些修改。以感恩为目标的活动、善意行为、识别和使用标志性优势被保留。开发了两个针对个体与同伴和教师之间积极关系的课程,这些补充课程的方案可参见附录。第一个补充课程的重点是师生关系,第二个补充课程的重点是生生(同学)关系,后续课程会重新讨论这两个目标,这照应了以学生为中心的方案。通过引导学生注意教师的积极行为,鼓励教师表达情感支持,并通过课堂活动强化以学生为中心的积极心理干预内容,从而加强师生关系。通过团队建设活动,有目的地关注同伴的优势和善意行为,培养个体与同伴的积极关系。表 7-2 总结了课堂干预每节课程的重点,并阐述了它们与核心项目课程的对应关系(见第五章)。

表 7-2　小学生班级幸福感提升项目概述

课程		目标	策略
课堂项目	核心项目		
1	N/A	积极关系：学生—教师	教师心理教育：向学生传达社会支持的策略
2	N/A	积极关系：学生—学生	团队建设

续 表

课 程		目 标	策 略
课堂项目	核心项目		
3	1	积极介绍；性格优势	你最棒的一面
4	2	感恩	感恩日志
5	3	感恩	感恩致谢
6	4	善良	善意行为
7	5	性格优势	性格优势介绍
8	6	性格优势	性格优势评估
9	6	性格优势	以新的方式使用第一个标志性性格优势
10	7	性格优势	以新的方式使用第二个标志性性格优势
11	10	结课	干预结束；回顾策略和计划以便将来使用

师生关系

本次课程的目标是与教师建立融洽关系，介绍积极心理学的关键概念，分享教师可以用来沟通社会支持的策略，以及解释积极心理干预课程和后续以学生为中心的课程的时间安排。这次课程安排在教师不需要监督学生的时间段内，因此可以集中注意力与干预实施的主要负责人讨论。

有关积极心理干预的目的和方法的一般介绍可以参见附录中

的“项目活动概述”。我们发现，将积极心理学关键术语（例如，幸福、性格优势）和师生关系对学生主观幸福感的具体作用制作成演示文稿来呈现，这种方法有用。该演示文稿中还可以呈现本书前几章所述的要点。从业者应确保基于实证研究来解释教师社会支持与学生主观幸福感之间的关系，并提出如先前研究所建议的支持策略（详见 Suldo et al.，2009），正如附录讲义中的总结——“建立牢固的师生关系”。

随后话题转向积极心理学在教师课堂上的应用。关于特定班级的心理健康状况，从业者通过干预前的调查得到学生平均生活满意度的基线水平，并有足够的具体信息来解释班级平均分数。例如，史密斯女士[参加苏尔多等人（Suldo，Hearon，Bander et al.，2015）试验的教师]概述了她所带的四年级学生在学生生活满意度量表和多维度学生生活满意度量表上报告的平均生活满意度。这些学生评出相对优势且关注的领域，并由史密斯女士对这些领域作出评论，其中包括学生对学校满意度的增长空间。

从业者强调，干预的目的是在每次课程期间，通过班级积极心理干预，在教师的协助下，提高课堂学生当前的幸福感水平。在相应课程前我们会给教师提供干预手册，以供他们检阅。此外，我们鼓励教师在课间与从业者交流，明确问题，并确认如何在共同领导者之间分配材料。教师的活动参与程度应该直接与他们的兴趣水平和先前全民健康计划的经验有关，例如社会与情绪学习课程。干预能够成功促进社会与情绪技能发展，特别是通过在课堂情境中整合这类练习来实现，教师历来都是成功的干预者（Durlak，Weissberg，Dymnicki，Taylor，& Schellinger，2011）。史密斯女士资历相对较浅，她请求从业者来担任班级讨论及活动规划和实施的主要责任人。史密斯女士计划通过以下途径帮助从业者，即她站在教室前面，靠近学生，实施行为管理策略（例如，按照约定时间间隔检查规则，根据学生参与度给予他们有形的强化物和口头表扬），推动从业者设立的小组活动，协助每个共同领导者监督一个小组。我们鼓励史密斯女士在课间有意地重新回顾积极心理学话题，用自然教学机会促进学生发挥特定优势以满足课堂需要，或者吸引学生注意她观察到的学生间的善意行为。

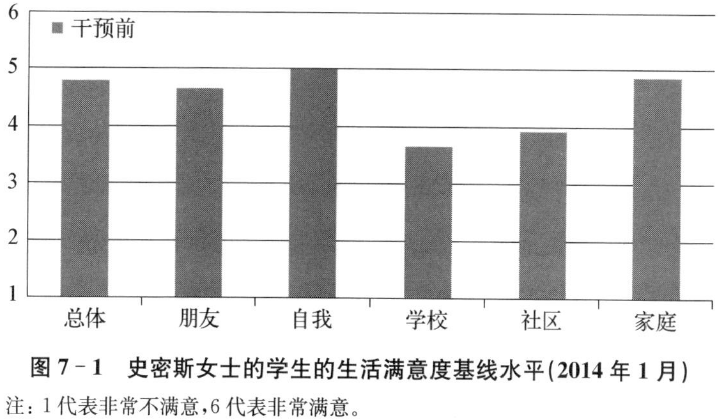

图 7－1　史密斯女士的学生的生活满意度基线水平（2014 年 1 月）

注：1 代表非常不满意，6 代表非常满意。

随后的课堂干预通过继续讨论教师支持来聚焦师生关系。在以学生为中心的课程间隙，从业者重新讨论了教师向学生展示支持和关怀的重要性，促进教师分享最近如何向学生传达支持，并促进他们反思这些行为如何影响课堂氛围和/或教师与特定学生的关系。此外，在大多数干预开始时，从业者要求学生分享教师向他们传达支持的实例或他们对教师友善的方式，指导学生反思这种友善行为对师生关系的影响。我们在每节课程开始时添加的额外目标和讨论如表 7－3 所示。

表 7－3　幸福感提升核心项目的课堂应用补充程序

<table>
<tr><td colspan="2">A. 小组讨论：加强课堂关系</td></tr>
<tr><td colspan="2">为了强化之前对积极社会关系与幸福感之间联系的讨论，重新讨论积极的师生关系和生生关系。</td></tr>
<tr><td>教师支持和关怀</td><td>● 课前向教师确认上周他们对学生提供支持的相关言语和行为。询问：
1. 你做了或者说了什么来表达对学生的支持和关怀？
2. 学生如何回应教师有目的的支持和关怀？
3. 哪些策略在表达支持和关怀方面显得有效？
4. 经过这种支持和关怀的沟通，你在课堂氛围或与特定学生的关系中发现了什么变化？</td></tr>
<tr><td>同学支持和关怀</td><td>● 在课程开始时引导学生注意同学和教师展示的积极品质和行动。
此前，我们讨论了协同合作和善待彼此如何使人们感到幸福。请告诉我们一些情况，自从上次会面以来，你已经看到同学对你或其他同学特别好，或者你曾经帮助或支持过同学。
● 加强学生间的分享。
史密斯女士，请思考在过去的一周里，你什么时候注意到学生相处得特别友好或者彼此合作？
● 请学生回忆他们当时的感受。
更加快乐？
更加享受学校作业？</td></tr>
</table>

续　表

同学支持和关怀	● 推动学生反思积极的师生关系和教师支持的实例。 *快乐的学生在学校感受到和成年人的亲近。你注意到教师说了或者做了什么友好或支持性的事?* *他人在学校表现出的其他好的行为或举动。*

生生关系

从业者和班级学生初次会面的目标包括营造支持性环境,设定明确的行为预期,确定学生的共同点,并培养团队合作意识。从业者作了自我介绍,重点向学生说明自己在学校的角色,以及能够为学生提供支持和帮助。例如,介绍自己是和史密斯女士一起工作的心理学家或实习生,可以在周五下午午餐后与学生一起活动,并提醒学生如何在校园里找到学校心理医生的办公室。

应该实施一种学生熟悉的行为管理系统(例如,与学校积极行为干预和支持一致),且该系统要与额外结构需求水平匹配,以确保学生能够关注干预者。史密斯女士所在学校的教育工作者通常会针对每项活动给出以下提示:会话水平?寻求帮助的方法?活动/任务?行动水平?参与方法?(Conversation level, Help-seeking method, Activity/assignment, Movement level, Participation method, CHAMPS)(Sprick, 2009)成功=遵守这五条准则。因此,学生很容易理解,当他们表现出每堂课开始前提及的预期行为时,就能够得到奖励(贴纸、糖果)。

一旦制定了这些基本规则,课程的重点就转向加强学生之间的联系。课程始于一项活动，该活动旨在鼓励学生识别并反思他们与同学的共同点和联系。在破冰活动中，学生被要求肩并肩站成一排，如果他们对某种情况回答“是”，就向前迈出一步。这些问题开始比较温和(例如，“至少有一个兄弟或姐妹?”)，逐渐发展到更敏感的问题，这些问题与学生可能感到孤独或意识不到压力源的共性有关(例如，“你曾经受到捉弄或嘲弄吗?”)。接下来，学生参与团队建设活动，例如，弄清楚如何协作完成一个艺术项目。在创意着色活动中(Jones，1998)，学生开始了解团队工作的挑战和好处，并最终在合作游戏中获得监督经验。小组学生被赋予一张图片，每个学生都会得到一支蜡笔，不允许共享或互换颜色。在学生合作为图片着色之后，从业者可以与小组或全班讨论，鼓励学生反思和同学一起着色并支持同学的经历。从业者试图让学生明白，和生活中的人建立联系这一优势与幸福感相关。这一讨论引出幸福感提升项目的目的。

之后的课程通过继续讨论同学支持和关怀来聚焦学生的同伴关系。课程开始时，从业者要求学生在有意支持同学的过程中大声分享同学或自己表现出的善意。教师还评论了近期在教室内观察到的善意行为和其他积极社会行为，并要求学生反思善意互动对他们的幸福感和人际关系的影响。

对干预效力的初步支持

史密斯女士的学生在干预结束后和2个月后的随访中重新完成学生生活满意度量表、多维度学生生活满意度量表以及儿童积极—消极情感量表。正如苏尔多、赫龙、班德尔及其同事(Suldo, Hearon, Bander et al., 2015)所报告的,这些学生的多项主观幸福感指标都有持续增长,特别是积极情绪和自我满意度,而且这种增长在统计学上显著,在临床上也有意义(干预结束后效应量分别为 $d=0.52$ 和 $d=0.40$)。干预结束后,学生总体生活满意度($d=0.40$)、居住环境满意度($d=0.52$)、朋友满意度($d=0.43$)等方面的提升也表现出中等效应量。在后续随访评估中,与干预结束后的评分相比,学生对学校满意度($d=0.68$)和家庭满意度($d=0.44$)的评分也表现出中等至较大的效应量。然而,学生的出勤率、办公室纪律转介频率等方面的学校行为并没有变化,这与上述主观幸福感水平的提高形成对比。该干预最初由一位学校心理学家和一位班主任共同实施,干预结果表明,小学生能够从以内部资源(感恩、善良和标志性优势)和环境资源(师生关系和同伴关系)为目标的一般积极心理干预中获益。通过图 7-2 所示的平均分对比,史密斯女士和她的学校管理部门分享了学生幸福感的提升。

减少教师直接参与的修订版本

学生主观幸福感的提升鼓励了合作学校,该学校选择在下一学年以不同的服务形式来实施这项多成分干预。学校并没有在上课期间对班级实施干预。在学年初,三至五年级学生的生活满意度(如学生在简版多维度学生生活满意度量表上的平均分≤6)存在增长空间,学校以小组参与度为干预目标,并将活动安排在学生

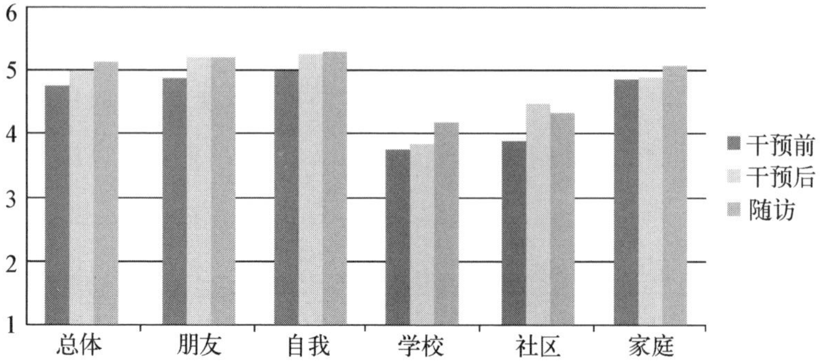

图 7－2　史密斯女士的学生在干预前后和随访中的生活满意度比较(2014 年 1 月、4 月和 6 月)

注：1 代表非常不满意，6 代表非常满意。

午饭期间(Suldo，Hearon，Dickinson et al.，2015)。29 名学生接受了与上述项目相同的多成分干预(该干预也可见 Suldo，Hearon，Bander et al.，2015)，但有两个主要改变：(1) 增加了两次课程以允许对特定学生的生活满意度水平和决定因素进行个性化多维度评估(如第六章所述)；(2) 教师参与期望发生改变，不再要求他们作为共同干预者参与整节课，而是作为小组课程前后与学校心理健康服务提供者沟通的知情顾问。参与的教师可以选择在双方便利的时间与从业者会面，或主要通过电子邮件接收学生在小组中完成的活动的书面摘要。教师排满的课程表限制了他们与从业者当面交流学生在小组中所学内容的机会，然而他们对简短的书面摘要感兴趣，该摘要分享了在特定课程期间讨论的内容，并提出教师可以推动实践、推广内容。

本书的线上补充资料包括单页讲义（“教师笔记”），可供分发给第五章和第六章参与幸福感提升项目的学生的教师，这些讲义可以促进教师与以学生为中心的积极心理干预的联系。附录还包括本章所述的师生关系和同伴关系强化部分的讲义。值得注意的是，本章描述的关于建立良好师生关系的课程最好通过与教师面对面会谈进行，允许就特定教师沟通社会支持所使用的最真实的策略开展对话，包括教师已经掌握的行为。伴随此次课程的讲义可以作为在课程期间翻阅的永久性资料，如果有需要，该讲义可以作为在教师无法亲自会面的情况下交流课程内容的替代资料。每周的讲义可以通过电子邮件提供给教师，当学生返回课堂时提供给教师，或放在教师的校内信箱中。可以让教师根据自己的时间和进度查看策略信息。

幸福感提升项目试验在由教师作为知情顾问的学生小组中实施后，取得的结果前景光明。通过让小学生完成两次学生生活满意度量表和多维度学生生活满意度量表，我们获得他们在干预前和干预后的生活满意度。对评分的重复测量分析表明，完成干预的29名小学生的总体生活满意度平均分的提高在统计学上具有显著意义（$p \leqslant 0.05$），在朋友和家庭满意度上的获益也很显著，学校满意度也呈增长趋势（$p=0.10$）。总体生活满意度（$d=0.51$）、朋友满意度（$d=0.52$）、家庭满意度（$d=0.42$）效应量呈中等，学校满意度（$d=0.24$）效应量较小。干预的直接效果在量级上与同一所学校的其他学生在班级实施版本中获得的效果相当。

本章小结

本章描述了从设计和开发研究中产生的多种干预项目，研究者运用相关理论和研究（青少年幸福感相关因素）来促进学生的主观幸福感。有证据表明，这些班级范围内的、小组的、以教师为中心的积极心理干预在校内实施是可行的，参与这些干预能够获得预期结果——主观幸福感的提升。评估这些干预措施效果的合乎逻辑的下一步是影响研究。

第八章

提升青少年幸福感的家庭中心策略①

对任何文化中的儿童青少年来说，家庭背景特征都是主观幸福感最强大的决定因素之一（例如，Schwarz et al.，2012）。如第三章和第四章所述，幸福的孩子与父母关系良好，能感知父母表达的温暖、关心和支持，而且他们的父母本身很幸福。因此，要将青少年幸福感提升至个体设定范围的上限，主要“力量”可能在于让他们接触相对便利的学校环境以外的人群。

本章着重关注：(1) 对父母幸福感的直接干预；(2) 干预中的父母中心成分（该干预通过减少儿童心理病理症状或提升主观幸福感以改善他们的心理健康）。我们还回顾了提升儿童幸福感的育儿实践，并为父母提供参考的心理教育材料，这些材料描述了如何增进权威的育儿实践和家庭沟通，这是牢固亲子关系的特征。鉴于父母与孩子的主观幸福感存在关联，我们详述了研究的创新之处和具有前景的方法，通过这些方法，我们应用积极心理学原则

---

① 本章与雷切尔·罗思（Rachel Roth）一起撰写。雷切尔·罗思，博士，美国波士顿儿童医院博士后研究人员，南佛罗里达大学学校心理学专业 2015 届毕业生。

以提高父母的幸福感。我们总结了父母参与青少年心理健康关怀的增益的有关文献，提出了一项可行方法，即要求父母参与以学生为中心的积极心理干预，特别是第五章的幸福感提升项目。在我们的方法中，父母参与成分仅限于让父母扮演知情顾问这一角色（Roth et al.，2016），特别是要让他们了解以学生为中心的干预策略，这与第七章中教师扮演的角色类似，目标是强化在校学习的积极心理学策略，并将其推广应用到家庭环境。我们积累的研究表明，父母在心理干预方面的广泛参与可以改善孩子的心理健康，例如减少焦虑和抑郁等内化问题，据此我们选择了一项强度最低的策略。父母广泛参与干预能够解决破坏性行为障碍，这一结论论据充足，但是比起与外化症状的联系，青少年幸福感与内化症状的联系往往更强（Bartels，Cacioppo，van Beijsterveldt，& Boomsma，2013）。

父母幸福感的重要性

“如果母亲不幸福，那谁也不会幸福。”事实证明，无论好坏，有关家庭成员间心理健康传递的大量研究支持了这句至理名言。然而，这种流行的说法应该同时关注父亲的幸福感。大规模研究表明，有心理健康问题（包括焦虑、抑郁、行为障碍和物质滥用）的父母，其后代更容易出现情绪障碍、焦虑、物质滥用和行为障碍（McLaughlin et al.，2012）。父母的情绪痛苦和压力也预示着青少年生活满意度的下降，而父亲情绪痛苦的决定作用尤其强烈（Powdthavee & Vignoles，2008）。正如第四章所总结的，较幸福的儿童拥有较幸福的父母，这一结论得到广泛支持。有研究表明，父母主观幸福感与儿童主观幸福感存在显著相关（例如，Hoy, Suldo, & Raffaele Mendez, 2013），母亲的生活满意度对成年后代的主观幸福感的决定作用尤为强烈（Headey et al., 2014）。父母与子女幸福感的关系和已知的决定幸福感的基因设定点一致。除了通常在共同人格特征中表现出的遗传相似性，父母设置的环境特征也会影响孩子的幸福感。具体而言，父母向孩子传递价值观（例如关于家庭、社区和物质成功的重要性）和行为选择（例如关于工作时间、社会参与和锻炼），都会对孩子的目的性行动产生影响，进而影响幸福感（Headey et al., 2014）。值得注意的是，我们观察到交互影响，即孩子的幸福感也会影响他们的家庭经历。例如，孩子拥有较高的生活满意度，一年后其父亲的情绪痛苦水平更低（Powdthavee & Vignoles, 2008），成年子女的生活满意度在他们离家后很长时间内仍然对父母的生活满意度产生显著影响（Headey et al., 2014）。事实上，萨哈等人（Saha, Huebner, Suldo, & Valois, 2010）发现，青少年的生活满意度可以预测一年后支持性的育儿实践，权威性的养育方式则能预测青少年生活满意度的提升。尽管如此，现代养育方式涉及一系列活动。从业者能否通过幸福感提升项目的积极心理干预措施来成功提升学生幸福感，部分取决于学生是否在课间练习这些干预措施。为了最大限度地发挥家庭的作用，并充分利用它对儿童心理健康的关键影响，考虑父母幸福感并将其纳入以学生为中心的干预措施很有意义。

聚焦父母幸福感的积极心理干预

促进父母幸福感对于确保学生获得最佳的家庭环境至关重要。如第四章所述(参见 Sin & Lyubomirsky，2009)，从业者可以通过指导父母接受积极心理干预来间接提高学生的幸福感，这些干预与持续改善成年人幸福感有关。如果成年人有较强的动机追求幸福感，并坚持参加提高幸福感的有目的的活动，那么他们倾向于在活动中受到更大影响(Layous & Lyubomirsky，2014)。让父母了解自己的幸福感如何与孩子的幸福感相联系，也许能增强父母参与积极心理干预的动机和积极性。

没有任何理由怀疑，父母对在成年人样本中证明有效的积极心理干预的接受程度低于无子女者。然而，积极心理学的最新进展涉及开发和测试专门针对支持父母的应用。虽然大多数为父母开发的心理干预都集中于指导父母如何有效管理儿童的行为，但积极心理干预仍有希望提升父母幸福感。干预措施的发展取得创新，包括：(1) 将旨在增加父母积极情绪的方法(最常见的是通过正念)与既定的行为管理方法相结合；(2) 为有特殊需求的儿童(残疾或有慢性疾病的儿童)的父母提供进一步干预，这些父母育儿压力大，体力需求高，可能特别需要心理健康支持。虽然应用积极心理学来提高父母幸福感的研究处于早期阶段，但迄今为止的研究结果为接下来描述的目标提供了有力证据。

正念

正念是为了帮助父母专注于当下并适应孩子的情绪，减少对孩子挑战性行为的过度负面反应，并帮助父母仔细选择更适合的方法与孩子交流。因此，正念教养可能会对亲子关系产生积极影响，从而强化青少年的积极成果。以正念为中心的干预产生积极结果的基本原理已经在普遍性水平上得到评估，并且可以对高压力父母进行针对性干预。作为一项针对中学生家庭的普遍性预防干预，科茨沃思及其同事(Coatsworth et al.，2015)旨在通过增加正念成分来提高父母培训实证项目的成果。在正念增强强化家庭项目(Mindfulness-Enhanced Strengthening Families Program，MSFP)中，核心项目(7 节 2 小时的小组课程)适用于教导正念教养原则(例如，在每次亲子沟通期间认真倾听，减少评判)和情感教育，练习深呼吸，在每节课前后简单关注自己当前的体验，并教授仁爱反思，以便在家中进一步练习。与阅读书籍的控制组相比，在干预后和 1 年后随访时，两个版本的父母行为训练项目(有正念成分和没有正念成分)均对母亲的各种正念教养和亲子关系质量指标产生积极影响。对父母而言，正念成分的附加收益在于更好地监测青少年的行为(有效行为管理的一个关键特征)。对父亲而言，正念增强强化家庭项目与正念教养方面的改善息息相关，包括同情心、积极倾听和青少年情绪意识。虽然正念成分对父母幸福感没有产生独特影响，但这项研究为以下结果提供了支持，即在接受正念增强强化家庭项目的直接指导后，父母尤其是父亲经历了更多正念人际互动，体验到更多与青少年的支持型关系，而且正念训练可能会增强父母对青少年的监督。

作为针对性的干预，正念练习已被概念化为支持父母的心理健康的一种有前景的方法，这些父母养育婴儿或残疾儿童，照料需求普遍更大。本及其同事(Benn et al.，2012)将接受特殊教育服务(孤独症、多动症/学习障碍、认知或健康缺陷)的儿童的父母随机分为实验组或控制组。实验组集中接受为期5周的小组正念干预，一周两节课程，每节课程2.5小时，附加两次全天干预，内容集中于正念练习的指导和实践；附加内容集中于宽容、善良和同情心。参与干预的父母在正念技能方面收获巨大，例如更关注当下，减少评判，这在即刻或不久后转化为幸福感和同情心的提升，以及压力和内化症状(焦虑、抑郁)的减少。尽管心理健康有所改善，但在父母自我效能感或亲子关系质量方面没有发现变化。该样本仅限于25位父母，采样较大时可能会得到不同的结果。在一项针对孤独症儿童的父母的为期8周的干预(每周2小时的小组课程)中，与接受另一成熟的父母行为小组训练的父母相比，接受正念小组训练的父母在压力和总体健康(躯体和情绪症状)上所受影响更大(Ferraioli & Harris，2013)。这项研究受到小样本量的限制(15位父母随机分配到任何一种情况)，但是研究结果的效应量较大，为通过培养正念技能来支持父母的心理健康这一方法提供了初步支撑。

针对养育婴儿的父母的正念干预(为期8周)也产生积极结果(Perez-Blasco，Viguer，& Rodrigo，2013)。与随机分配到无治疗对照组的母亲相比，接受正念干预的母亲的自我同情、正念技能和教养自我效能信念受到积极影响，而且心理病理外化症状显著减少。可能因为研究样本不足（$n=26$），生活满意度的增长趋势并不明显。在一个较大样本内（$n=86$，父母因自身或孩子的心理病理症状、亲子冲突等一系列问题而被转介接受心理健康保健），为期 8 周的正念教养项目（每周 3 小时的小组课程）对父母和孩子的心理健康都产生了积极影响（Bögels，Hellemans，van Deursen，Römer，& van der Meulen，2014）。父母接受干预，孩子的内化症状和外化症状都有减少。父母在心理病理症状方面也有所改善，压力减轻，养育方式得到改善。越来越多的文献支持，正念干预作为一种循证方法，能够提高父母幸福感以及青少年幸福感。

感恩

父母关系和谐对于青少年的幸福至关重要。例如，一项观察研究发现，家庭压力解释了 37%的青少年早期生活满意度差异，其中父母冲突这一长期压力源对此（负面）影响最大（Chappel et al.，2014）。有前景的父母关系改善策略包括增加积极情绪，而积极情绪能够建立并扩展社会关系。赖伊及其同事（Rye et al.，2012）对这种方法进行测试，他们为需要共同抚养孩子的离异父母制定了一些方法，以促进有关过去的积极情绪。研究者考察了 99 位平均在三年前离婚或分居的父母，由于前配偶对自己造成很多伤害，近一半的被试接受了专业帮助。在时长 6 个小时的研讨会上，父母了解愤怒和冲突对自己和孩子的负面影响，学习增加愉快情绪和共情的认知行为策略，认识宽恕对心理健康的积极影响，以及学习宽恕的策略。干预前，宽恕水平较高（作为一般特质，以及回忆前配偶积极特征的能力）的父母也报告了更良好的共同抚养（父母合作更多、沟通更多、冲突更少）和较少的抑郁症状，这表明宽恕可能会对和睦养育和父母幸福感产生积极影响。此外，一方的感恩水平越高，对前配偶的宽恕水平也越高，这表明感恩可能是一种促进个体对过去作出积极重释的方式，由此改善父母结果。在完成研讨后，与没有开展后续感恩练习而只是记录日常事件的父母相比，额外参加感恩日志训练（记录 10 周）的父母宽恕水平（包括对前配偶的宽恕，以及作为一般特质的宽恕）的提升更加显著。这一发现表明，通过感恩日志将注意力集中在生活的积极方面，有助于利用宽恕培养更积极的情绪。完成感恩日志的父母，亲子关系也呈现改善趋势。在感恩日志训练结束后，干预小组的父母的心理健康和共同抚养指标未发现差异。这表明，干预对幸福感的积极影响可能随后才会出现（考虑到改变监护安排和其他协作都存在挑战），或者在经历了例如离婚这样的巨大压力源后，对个体关系和幸福感的改善可能需要更多积极心理干预。

多目标干预

为了给脑瘫儿童的父母提供支持并提高他们的幸福感，有研究者（Fung et al., 2011）开发了一项小组干预，该干预包含四次课程（每周一次）和一节一个月后的强化课程，课程设置优先考虑可行性和对积极因素的关注。课程重点是确定父母及其子女的性格优势，然后制定计划以增加儿童在日常生活中对标志性性格优势的使用并解决家庭问题。课程期间，父母完成针对感恩的练习，包括细数幸福和感恩致谢。干预结束后和 1 个月后的随访表明，父母报告希望水平显著提高，压力显著减轻。干预期间，父母获得社会支持且抑郁症状减少，随访时这些效益较小。此外，父母对生活满意度的每周评分也呈上升趋势。虽然这项研究仅限于 12 位父母，但在一些有大量照料需求的父母群体中，心理健康的积极指标和消极指标得到改善，这表明短期强化项目可能是较长时间的压力管理项目的有效替代方案。

亲子关系对儿童幸福感的重要性

在儿童青少年的众多样本中，我们多年来的研究证实，幸福的孩子会感知到与父母之间亲密的支持性关系，他们认为父母是权威的。积极的亲子关系对青少年的主观幸福感起促进和保护作用。一项以 500 名高中生为对象的研究证明了亲密且支持性亲子关系的影响，研究发现报告父母经常提供情绪支持、实际帮助和积极反馈的青少年也报告了最高的主观幸福感（Hoy，Thalji，Frey，Kuzia，& Suldo，2012）。综合考虑来自父母、同学和教师的社会支持，到目前为止，父母支持对学生主观幸福感的影响最大，占学生主观幸福感差异的 17%（同学支持为 2%）。此外，高水平的父母支持保护了学生面对同伴侵害时的幸福感。相反，对于中等和低水平父母支持的学生，同伴侵害程度的增加伴随着幸福感的降低。如图 8－1 所示，这种缓冲效应表明，无论社会经验如何，重要主效应都存在，而且积极亲子关系对青少年主观幸福感的影响的重要性远超于此。

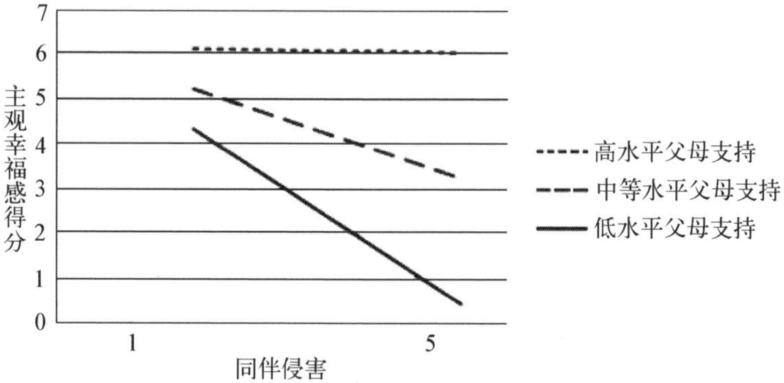

图 8－1　父母支持作为同伴侵害和青少年主观幸福感之间的保护因素

支持是权威型教养的一个重要特征，在这种教养中，高度表达的热情和回应与对青少年行为的要求和监管相结合，同时使青少年有机会作出与年龄相符的决定。鉴于家庭功能与青少年主观幸福感紧密相关，在培养青少年主观幸福感时有必要发挥父母的作用，要么通过实施循证的策略来改善亲子关系（最常见的是通过父母行为训练），要么通过将父母纳入积极心理学文献提出的青少年干预（下一部分讨论）。对于提高权威型教养实践的普遍且有针对性的行为策略，本书不作完整讨论，这部分内容可参见苏尔多等人的研究（Suldo & Fefer，2013）。父母可以通过从业者推荐的易读的图书自学了解。我们最喜欢的一些图书是《良好养育的十项基本原则》(Steinberg, 2004)和《一起生活的父母和青少年》。这些书籍由研究人员自己撰写,他们将数十年来针对教养方式的研究结果转化为实践指导,以提高权威型教养,增进家庭交流等青少年主观幸福感关键相关因素。

父母参与的心理干预

鉴于家庭功能和养育方式对青少年心理健康的重要性,将父母纳入以青少年为中心的干预比只考虑青少年的干预(如个体或团体咨询)会对目标(减少心理病理症状,提高主观幸福感)产生更大影响,这似乎是合乎逻辑的。迄今为止,还没有已发表的研究直接比较有和没有父母参与的青少年积极心理干预的影响。从有关预防和治疗青少年心理病理症状的文献中,我们可以了解到,有父母参与的心理干预都是有前景的。我们关注焦虑和抑郁的干预,因为尽管青少年的主观幸福感与心理病理内化和外化症状呈负相关,但与心理病理内化症状关联更强,这主要是由于共同的遗传影响(Bartels et al., 2013)。

雷诺兹等人(Reynolds, Wilson, Austin, & Hooper, 2012)对青少年焦虑心理干预的有效性进行元分析,选定了55项相关的随机对照试验。他们将父母参与分为四个水平:广泛(父母按例参与大部分或全部干预课程,或者仅父母参与的课程,这些课程与儿童课程同步开展),一些(父母并不参与所有课程,而是选择性地参与,或者仅父母参与的课程在数量上略少于儿童课程),最少(父母参与少数课程，例如只参与心理教育课程，或者参与小部分儿童课程，与治疗师分享信息），没有（父母没有提及参与课程）。心理治疗的效应量在每个水平上都是中等，这表明父母参与对儿童焦虑治疗很少起作用。虽然差异很小，但最大效应量（0.69）与最低水平的参与有关，没有父母参与的干预的效应量为0.57，一些参与的效应量为0.65，广泛参与的效应量为0.63。进一步的研究表明，参与过程中父母活动的性质可能会影响干预效果的维持（Manassis et al.，2014）。父母广泛参与的干预措施（如应急管理）与青少年焦虑的持续改善有关，而在一些较少关注儿童焦虑行为管理的干预中，无论父母参与程度如何，青少年的获益难以随时间维持。以此类推，在确认积极心理干预的有效成分后，在关键青少年活动中的父母广泛参与可能被证明是相当有效的。

一些用于治疗青少年情绪障碍的父母参与的干预产生了积极的结果。例如，在一项随机对照试验中，对儿童双相情感障碍进行限时治疗，以儿童和家庭为中心的认知行为治疗（child-and family-focused cognitive-behavioral therapy，CFF－CBT）的表现优于常规心理疗法（West et al.，2014）。在以儿童和家庭为中心的认知行为治疗中，父母参加了12次课程中的8次（包括2次没有孩子在场的课程），并学会如何指导他们的孩子使用在儿童课程中学到的认知技巧。与对照组相比，随机分配到以儿童和家庭为中心的认知行为治疗组的儿童在干预后和6个月后的随访中，躁狂和抑郁大幅减少。在讨论青少年研究的未来方向时，柯里

(Curry, 2014)想知道,父母更多参与成熟的治疗(如认知行为治疗、人际治疗)或更新的治疗是否会改善青少年的结果。他总结,早期对认知行为治疗的评估并没有显示出平行父母小组的优越性,而基于依恋的家庭疗法等其他有前景的方法尚未与主要针对个体的疗法进行比较。

事实上,吉勒姆及其同事(Gillham et al., 2012)在对宾夕法尼亚心理韧性项目的评估中,随机分配400多名中学生(许多人在基线时抑郁水平较高)到以下三个条件组:课后参加有父母参与的宾夕法尼亚心理韧性项目组,课后参加无父母参与的宾夕法尼亚心理韧性项目组,或者无治疗对照组。父母参与相对广泛,在7次课程中(每次课程90分钟)父母学习与孩子所学相同的认知重构和自信技巧,包括如何将这些技巧应用到自己的生活中,以及如何支持孩子使用这些技巧。分析干预后和6个月后随访中得到的数据,结果表明,父母参与没有任何增益。特别是在研究开始前绝望水平处于中等至很高的学生,他们无论参加哪个版本的宾夕法尼亚心理韧性项目,抑郁和焦虑症状都减少,且对适应性应对策略的使用增多。此外,研究者没有检测到剂量效应,这表明父母参与较多的课程,也无法维持青少年在干预中的获益(焦虑或抑郁症状减少)。总之,没有强有力的证据表明父母在预防和治疗抑郁症方面的作用。

对父母参与的提升幸福感的干预措施的效果研究更少。相对于无治疗控制条件下的同龄人,以希望为主且父母参与最少的积极心理干预(一节一小时的父母心理教育课程)，与中学生希望和生活满意度的显著和持久提高相关联(Marques et al.，2011)。相比之下，研究者开展了一个以优势为中心的班级课程试验项目，课程包含最少父母参与，而且属于心理教育性质。结果发现，该项目与主观幸福感的显著提高没有关联，尽管青少年在外化症状方面有所改善(Rashid et al.，2013)。接下来介绍我们最近对中学生多目标积极心理干预的父母参与所作的发展。父母参与的方式类似于马克斯及其同事(Marques et al.，2011)所设置的，学生在其中获得的结果非常具有前景性。

包含父母的多目标积极心理干预的应用

我们修改了第五章描述的核心幸福感项目，添加了一个最小的父母参与部分，主要侧重于分享积极心理学相关信息，以及每周以学生为中心的课程目标/练习(Roth et al.，2016)。总的来说，父母需要在以学生为中心的干预开始时接受1小时的心理教育课程，并定期书面通信，让父母了解他们的孩子在每次小组课程中学到的策略，以及如何在家中强化这些活动。现已开发一项新的父母心理教育课程，此补充课程的方案可见附录。我们还编写了简短的书面摘要，详细说明每个以学生为中心的课程讨论的内容，并提出父母可以在家促进内容实践的建议。本书的线上补充资料包括单页讲义(“父母须知”)，准备分发给参与核心项目的学生的父母。在对父母进行核心干预后的2个月内，我们还为学生提供每月的后续课程(见第五章)。

父母信息课程的目标是建立融洽的关系，介绍积极心理学的关键概念，展示积极心理干预的实例，并概述核心项目的课程重点。课程安排在父母不需要监管孩子的时间段，以便他们能够专注地与从业者讨论。对于夜间课程，可以考虑提供托儿服务。

关于积极心理干预的目的和方法的一般介绍可以参考讲义（见附录中的“父母讲义：项目活动和积极心理学概述”）。我们发现，用简短的演示文稿来呈现内容非常有效。内容包括一些积极心理学关键术语的分享，如何将孩子的幸福感构念化，孩子和父母高水平主观幸福感的益处，以及核心项目针对的具体构念（例如感恩、善良、希望、乐观、性格优势）。本章的所有要点都包含在该演示文稿中。为了说明积极心理干预，我们带领父母开展品味活动。从业者强调，学生干预的目的是提高学生当前的幸福感水平，并澄清对干预识别过程的任何误解，例如学生是因为有心理健康问题才被要求参加干预。父母了解到，他们将定期收到从业者提供的有关小组活动的最新消息。每份讲义均提供：(1) 本周幸福感提升课程所含内容的概述；(2) 根据课程内容，给孩子布置的家庭作业的描述说明；(3) 帮助父母将干预策略应用到日常生活或家庭中的建议。从业者敦促父母遵循这些简要汇总表上的建议，以便在家中强化孩子在学校学习的策略，并通过与孩子同步完成活动来提高自己的幸福感。理想情况下，课程同步讲义应该在该节课上课的当天分发到学生父母手中。讲义可以通过孩子交到父母手中（我们建议将讲义封装在寄给父母的信封中），或者直接发送给父母，例如从业者将讲义以电子邮件附件的形式发送。

对干预可行性的初步支持

正如罗思及其同事（Roth et al.，2016）所报告的，我们通过出勤率、每周监测学生与父母就课程内容的讨论情况（按照父母讲义中的建议）以及项目满意度，评估父母参与的可行性。邀请父母来学校参加信息课程有些困难。我们提供了白天至晚上不同的时间段，最终成功邀请到21名参与干预的学生的14名父母来参加这次60分钟的课程。所有父母都会在学生课程后收到电子邮件讲义。尽管我们没有要求“信息已读”回执，但没有电子邮件被退回来。在每次小组课程开始时，我们私下询问学生就上节课内容或练习与父母讨论的情况。我们把学生的报告编码为从“无”到“一些”再到“许多/详细”。在10次回答（在核心项目的前九节课程和第一次强化课程后）中，学生报告的父母对项目相关活动的平均参与度介于“一些”和“详细”。没有学生报告“无”超过五周，这表明父母按预期收到电子邮件讲义。

学生出勤率很高，所有人都参加100％的核心课程，无论是参加定期安排的课程或是参加本周晚些时候补上的课程。在核心项目的最后一次课程之后，学生参与者对干预措施表示满意。在完成开放式问题时，学生提到他们学习了如何改善对过去、现在和未来的看法，最喜欢的具体练习，比如感恩致谢，以及干预的群体性质提供的同伴支持等方面。在完成反馈表时，没有学生自发提及项目中父母参与或家庭应用的任何方面。对于自第一周起就没有与我们亲自沟通的父母，我们没有系统地收集他们在同步干预中的可接受性数据。然而，有几位父母在项目开展的不同时间节点与我们单独接触（主要通过回复电子邮件），他们报告孩子的幸福感得到明显改善，或者对于能够知晓学生课程活动而表示感恩。

对干预效力的初步支持

我们研究了这种多成分积极心理干预对主观幸福感各个方面（即积极情绪和消极情绪、生活满意度），以及心理病理内化和外化症状的影响。干预条件下的学生（$n=21$）和随机分配到候选对照组的同龄人（$n=21$）在四个时间点（基线、干预后、大约 1 个月后和 2 个月后）完成学生生活满意度量表、儿童积极—消极情感量表和阿肯巴克实证评估系统青少年版。正如罗思及其同事（Roth et al., 2016）所报告的，在完成父母参与的核心干预之后，相比于对照组，干预组学生在所有主观幸福感指标上都获得显著且具有临床意义的收益，而且心理病理内化和外化症状呈下降趋势。在整个随访阶段，积极情绪的增加维持了较大的效应量。总的来说，与以往不包含父母参与的干预（Suldo, Savage et al., 2014）相比，父母参与的幸福感提升项目对心理健康的影响更广泛、更深远。

本章所述的可行性和有效性研究结果为多成分、多目标的积极心理干预提供了支持，这是一种有前景的校本干预，与早期青少年积极情绪这一核心主观幸福感指标的长期改善有关。干预评估的下一个合理步骤应该涉及对更多青少年进行效力研究，将他们随机分配到有或没有父母参与的实验组。在等待足够多的研究来支持父母参与的附加效益之前，了解哪一个因素（父母信息课程出勤率、父母每周在学生家庭作业活动中的参与度、父母自身对积极心理干预的使用情况）对结果产生影响（最为重要的因素）很有帮助。

第四部分

对跨文化和系统提升幸福感的专业思考

第九章

跨文化和国际思考[①]

有兴趣根据第五至第八章所述的干预策略来提高青少年主观幸福感的从业者应该时刻牢记,这些研究来源于西方样本,主要用西方样本进行测试。在其他国家实施之前,或者应用于少数族裔文化群体中的青少年之前,从业者应考虑如何以适合目标人群的方式调整评估和干预程序。虽然需要一本单独的书来为不同文化群体提出一般建议,但本章提请注意文化在如何概念化、测量、确定和培养幸福感方面的一些不同方式。我们首先提出,在具有不同世界观和价值观的文化中(个人主义文化与集体主义文化),人们对幸福感的看法可能不同。出于必要性,并考虑到现有文献的重点,本章讨论以成年人相关研究和理论为基础。

我们还讨论了幸福感的决定因素在多大程度上会依儿童的不同文化背景而异。关于儿童青少年主观幸福感的跨国研究很少,但 2015 年《儿童指标研究》题为“儿童主观幸福感:儿童国际项目

① 本章与林宇轩(Gary Yu Hin Lam)一起撰写。林宇轩,硕士,美国南佛罗里达大学学校心理学专业博士生。

的早期发现”的特刊(第 8 卷，第 1 期)指出，这方面研究在不断增多。该特刊的开篇社论介绍了儿童世界：儿童幸福感国际调查(Children's Worlds：International Survey of Children's Well-Being，ISCWeB)。儿童世界：儿童幸福感国际调查是一项新的全球研究项目，致力于监测、了解和比较儿童(8 岁、10 岁和 12 岁)的主观幸福感，目的是使这些数据对地方政策、国家政策和国际政策产生影响(Dinisman，Fernandes，& Main，2015)。这期特刊收录了自 2009 年以来，利用国际主观幸福感调查收集的第一批数据(来自 14 个国家的 3.4 万名儿童)的结果。本章包含对以往小规模研究的初步探讨，从儿童世界：儿童幸福感国际调查中获得的初始知识，以及成年人研究的结果。在儿童世界：儿童幸福感国际调查项目使文献不断丰富后，我们猜想以上三方面内容都将得以完善和加强。

讨论临床评估和干预的文化拟合度后，我们回顾了在美国以外的不同国家评估的积极心理干预的例子。最后思考幸福感提升项目中具体目标的跨文化适用性，并提出一个替代干预，提供给对以传统幸福感为理论基础的项目感兴趣的干预者考虑。我们还需要进一步的研究来确定，在理论基础和目标选择上存在分歧的积极心理干预，是否确实对享乐主义幸福感与传统幸福感指标产生不同影响。

定义幸福感的文化因素

本书引用的文献，特别是第三章引用的文献，分享了不断增长的主观幸福感相关因素的知识基础，这由与幸福感的享乐概念一致的情绪指标(例如，幸福和满足的感受)来表示。总的来说，西方文化对幸福感的享乐方面给予更多关注。由于主观幸福感指标在研究中的使用频率越来越高，目前人们对幸福感的预测因素有了更多了解。本书详细描述的主观幸福感提升项目是为了提升学生的主观幸福感而开发的，符合幸福感的享乐主义传统。正如第一章所描述的，幸福感的享乐成分与当前的情绪状态有关，这由个体的积极情绪和对当前生活质量的评估来表示。父母、教师以及接受干预的儿童青少年已经认可提高个人幸福感的目标。当出现有关理想结果的问题时，它们大多涉及“该项目在多大程度上影响儿童的心理痛苦(例如，减轻儿童抑郁或焦虑)或学业成绩(例如，使他们在课堂上更专心或取得更好的成绩)”。有趣的是，认为帮助学生感觉良好能充分影响他们的幸福感，关于这一点我们并没有听到反对的声音。这可能反映了美国文化的个人主义本质，以及对个人选择和成就的强调(即使在获得高水平的积极情绪方面)。

然而，即使在西方文化中，幸福感研究的重点也从只关注主观幸福感转向认识到享乐幸福感和自我实现幸福感各方面的PERMA 模型(见第一章)。幸福的终极要素是过一种有道德、有意义的生活，包括自我实现，以及在一定程度上为社会作出充分贡献。塞利格曼(Seligman，2011)最近提出的概念与其他美国学者对幸福感高度认可的观点一致，比如凯斯和里夫对在环境掌控、与他人的积极关系以及个人成长中表现出的心理幸福感的关注

(Ryff & Keyes, 1995)，以及对在社会贡献和社会整合中表现出的社会幸福感的关注(Keyes, 2006)。

虽然对于“幸福是什么?”在美国仍然存在争议，但美国主流文化显然关注自我实现以及对个人幸福的追求。相比之下，集体主义社会的人，例如中国人，则明确优先考虑幸福，而且对他人的幸福更加敏感。有研究者(Ho, Duan, & Tang, 2014)总结了集体主义社会对个人幸福感的追求，这涉及对社会准则和重要他人幸福感的考量。在集体主义甚至欧洲的一些文化中，个人选择可能不如群体归属重要，因此增强幸福感在社会背景下通常被认为是个人的努力(D. Quinlan, personal communication, 2015 年 5 月 14 日)。里夫及其同事(Ryff et al., 2014)特别强调了东西方文化与幸福感有关的差异，东方文化强调幸福感更加偏向于“在范围内有关联的、主体间的、集体的”(p. 2)，而西方文化强调幸福感的私人性和个体性，两者形成鲜明对比。为了了解中国人的个体幸福感，对重要他人幸福感的考虑是根本的。因此，研究者(Ho & Cheung, 2007)认为，要扩展最受欢迎的成年人生活满意度测量方法——迪纳等人的生活满意度量表(Diener et al., 1985)。该量表在美国开发，包括 5 个项目，如“到目前为止，我已经得到生活中我想要的重要东西”和“我对生活感到满意”。其他版本的量表(Ho & Cheung, 2007)额外包含 5 个其他取向的项目，例如“我的家人的生活条件非常好”和“到目前为止，我相信我的家人已经获得生活中他们想要的重要东西”。由此产生的测量包括生活满意度的个人维度和人际维度，这更加适合中国人。

文化导致的差异可能还有感知到的最佳幸福感水平。西方社会普遍的观念是主观幸福感越高越好。美国和英国的样本研究支持这点，即非常幸福的人不会是病态的，拥有最高水平生活满意度的成年人（Diener & Seligman, 2002）和青少年（Proctor, Linley, & Maltby, 2010; Suldo & Huebner, 2006）是功能最良好的个体。但是，极高的主观幸福感是不是跨文化下合适的目标，甚至是最适合的状态？约瑟诺鲁和韦杰斯（Joshanloo & Weijers, 2014）描述，许多非西方文化更强调社会和谐，个人幸福并不是主要价值。他们还表示，出于其他原因，某些个人和文化中存在“厌恶幸福”现象，包括对幸福感受的恐惧，或者对表达幸福的恐惧。这种现象可能：(1) 让个体更容易受到负面事件的伤害；(2) 推断个体在道德、精神或智力上存在缺陷；(3) 引起他人的忌妒、怀疑或愤慨；(4) 给自己和亲近他人带来不利影响。里夫及其同事（Ryff et al., 2014）指出，在日本，达到平衡和适度比个人幸福感的最大化更可取。美国人倾向于用高度积极的词汇来形容自己，日本人则使用更多自我批评性陈述，这种陈述反映了对他人的同情和敏感，是幸福感的组成部分。在西方人中，积极情绪与消极情绪呈显著负相关，这表明诱发积极情绪可能会减少当前体验中的消极情绪。相反，东亚人似乎更倾向于以类似的频率体验积极情绪和消极情绪，这称为辩证的情绪风格。一种适度的辩证风格与日本成年人的健康优势相关（Miyamoto & Ryff, 2011），其特点是在积极情绪和消极情绪之间取得平衡（与最积极的非典型风格相对，这种非典型风格更常见于美国成年人）。

东方传统的另一个显著特点是认为幸福是短暂的。研究者（Kan, Karasawa, & Kitayama, 2009）总结：东方传统认为幸福感是值得注意和感恩的东西，但从未将它具体化，因为它是流动的、不可理解的和短暂的。对幸福感的体验伴随着一种对生活的感恩之情，因为生活给人们带来短暂的幸福感（p. 303）。如果将幸福视为短暂的，那么采取旨在系统提高幸福感水平的严格活动可能没有意义。

根据这些发现，从业者在干预东方文化下的青少年时，可能考虑主观幸福感的终极指标"成功"，如果主观幸福感情绪确实是项目目标，他们还可能考虑如何利用动机来追求这一目标。然而，在西方文化下成长的成就取向的青少年，可能会快速对提高个人幸福感这一观点产生兴趣，关系取向的青少年则可能对嵌合在社会联系中的幸福感更加感兴趣。

主观幸福感评估的文化因素

正如第二章所述，提升主观幸福感经常涉及对它的测量，无论是以一般的方式来测量（例如，出于研究目的的测量、定义哪些学生可能需要补充服务的测量、为了了解并追踪特定环境或社区中青少年的主观幸福感的测量），还是针对特定学生的测量（例如，为了评估积极心理干预的测量）。第二章描述的测量在美国开发。

测量另一背景下的人们的生活满意度是否只需要将其翻译成所在文化的母语？吉尔曼及其同事(Gilman et al.，2008)对多维度学生生活满意度量表的分析已被翻译成许多不同的语言，该工具得出的一般和特定领域的平均分数在不同国家都不相同。与来自集体主义社会(中国和韩国)的青少年相比，来自个人主义社会(爱尔兰和美国)的西方青少年报告的自我满意度水平更高。相比之下，中国青少年对学校和家庭的满意度明显较高(韩国青少年报告这两个领域的平均得分最低，总体生活满意度得分最低)。通过比较回答风格，研究者发现，当回答有关朋友的项目时，与集体主义社会的青少年相比，个人主义社会的青少年更容易作出极端回答(选择量表的最远端)和默认回答(不顾内容而直接作出选择)。

最近有较多研究采用不同的测量方法在不同国家的青少年中得出类似的结论。例如，采用简版多维度学生生活满意度量表进行的跨国施测，以及其他源于海外的特定项目的满意度测量，都得出以下结论，即包含 14 个满意度项目的核心组合能够很好地解释来自三个参与国家(智利、西班牙、巴西)的青少年样本的潜在生活满意度结构。这些项目挖掘了关系、生活环境、身体健康和宗教等方面的生活满意度。然而，卡萨斯和里斯(Casas & Rees，2015)告诫不要比较不同国家的平均生活满意度，不要在回答方式中引用文化差异。另一项主题相同的更大规模研究在儿童世界：儿童幸福感国际调查试验期间考察了 11 个国家(阿尔及利亚、巴西、智利、英国、以色列、罗马尼亚、南非、韩国、西班牙、乌干达和美国)的

16 000名青少年，卡萨斯和里斯（Casas & Rees，2015）再次得出结论，尽管跨国比较生活满意度项目与假定相关因素之间的关联是有道理的，但通常不适合比较从测量得出的平均生活满意度水平。为什么呢？卡萨斯和里斯指出，比较不同国家的生活满意度水平很复杂，这种复杂源于来自不同文化的儿童在以下方面的差异：(1) 对幸福等概念的理解；(2) 回答方式，例如极端回答；(3) 完成相关观点或信念调查的熟悉程度。此外，生活满意度量表中呈现主观幸福感基本结构的文字，与另一种语言中表达相同含义的文字并不明确一一对应。如果真的想跨国比较平均分数，减少这种文化偏见和障碍的一种方式就是，将对不同类型问题的回答的平均分数进行三角分析，并将平均分数与外部数据源作比较，如社会、制度和经济条件的其他客观指标（Rees & Dinisman，2015）。

根据有关幸福感定义中文化差异的成年人文献，在跨文化评估儿童的幸福感时，我们必须同样谨慎地概念化生活满意度或幸福感对全世界来自不同文化的儿童的实际意义。最近对尼泊尔儿童的探索性研究表明，研究存在局限性，这是因为研究工具中的问题以“美好童年由什么组成”的西方取向概念为基础（Wilmes & Andresen，2015）。例如，有关如何度过休闲时光这一调查项目反映了西方儿童对度过时光的看法，而忽视了尼泊尔的情况。对尼泊尔儿童来说，工作和与家人共度时光在日常生活中非常重要。尽管如此，研究发现，总的来说，尼泊尔和德国的儿童对他们的生活感到满意，而且对两国儿童自我决定的相关性产生了重要影响。我们不仅要了解不同文化背景的儿童体验到的幸福感的差异，而且要让儿童从自己的角度出发说出自己的想法，以便理解是什么形成他们对幸福感和生活满意度的看法。

主观幸福感决定因素中的国际和文化考量

关于主观幸福感（尤其是总体生活满意度和对学校等特定领域的满意度）预测因素的文献数量正在迅速增长，现在包括来自多个洲的青少年。近期有一篇对学校满意度相关因素的综述表明，来自不同国家的青少年的生活满意度预测因素具有显著相似性，这可能是因为几乎所有青少年都争取独立性，即使是处于集体主义文化中的青少年。学校满意度的平均差异被概念化为，不同文化在多大程度上为青少年提供了体验关联、自主和能力的机会（Suldo, Bateman, & Gelley, 2014）。因此，第三章介绍的主观幸福感的主要相关因素（也称为决定因素），总体上对来自不同国家的不同样本的研究具有可靠性。让儿童幸福的东西似乎相对稳定，并反映了第三章概括的环境和个体内部特征。例如，一项综合研究检验了亲子关系与学生主观幸福感之间的关系，得出的结论为，父母稳定的情感支持和尊重能够预测青少年更高水平的幸福感，该结论在任何样本、任何地点都适用。通过相似的方式，在不同文化中儿童感知到苛刻的、惩罚取向的教养实践和冲突的亲子关系，那么主观幸福感降低的风险极高（Suldo & Fefer, 2013）。

一项对来自 11 种文化的 1 034 名早期青少年（10～14 岁）的研究证明了这一结论。该研究评估了儿童的生活满意度与他们和同伴、父母之间关系的联系，同时考察特定文化中家庭价值（例如，家庭主义倾向和个人主义倾向；Schwarz et al.，2012）的平均水平。多层次模型的结果表明，虽然同伴接受度与生活满意度之间的联系优势在赋予家庭价值更大重要性的文化中比较弱，但是父母给予的欣赏与生活满意度在不同文化群体中都存在显著正相关，而且在不同文化中和父母的亲密关系与生活满意度存在正相关趋势，由此研究者得出结论，父母的温暖和接受对相对独立于各自文化价值的早期青少年很重要。

关于跨文化相似性和适用性的最强证据可能来自儿童世界：儿童幸福感国际调查的第一波研究结果。有研究者（Lee & Yoo，2015）对来自 11 个国家的 12 000 多名 12 岁儿童进行抽样调查，结果发现，儿童幸福感的差异性与原国籍显著相关，这表明特定国家的文化和背景因素解释了相当一部分儿童幸福感差异。然而，考虑到特定国家的影响后，一组常见的环境因素成为青少年主观幸福感的独特和强有力的预测因素。回归分析结果表明，尽管儿童的居住国家解释了 5％的主观幸福感差异，但 55％的差异可以通过与家庭（例如家庭共度的时间、家庭安全性和家庭结构）、学校氛围（例如同伴社会支持、学校安全性和同辈侵害）以及社区（例如社区安全性和玩耍区域）相关的因素来解释。

……国内生产总值和不平等并不是预测儿童主观幸福感的重要因素。相反，儿童与周围直接环境（例如家庭活动的频率、同伴活动的频率和社区安全性）的关系的性质才与各国儿童主观幸福感水平有着最一致的联系。（p. 151）

在相关因素的明显普遍性方面，有一点警示值得注意，对某一特定子群体施加的相对经济压力，因为最能被认为是基本需要的决定因素，所以在弱势群体中变得更加明显和具有影响力。例如，儿童世界：儿童幸福感国际调查的初步结果表明，特别是在资源匮乏的国家（如乌干达和阿尔及利亚），儿童对物质资源（即电脑、电话、网络和衣物）的获取与主观幸福感尤其相关（Sarriera et al.，2015）。

积极干预策略的国际和文化考量

本书第五章介绍了一套用于提升青少年幸福感的干预策略。多目标积极心理学项目仅在美国学生中评估过，尽管策略常有重叠的其他干预在其他国家也得到发展。我们在附录中介绍的积极心理干预方案的使用仅限于佛罗里达州的青少年。这些学生来自不同社会经济背景，就读学校既有专为流动且贫困的家庭提供的学校，也有资源相当丰富的郊区学校。参加试验的学生反映了种族和文化多样性。然而，我们并没有直接了解干预策略如何在佛罗里达州以外的地区起作用。当我们查阅文献，研究其他积极心理干预措施或项目的文化适用性时，以及不同策略对不同文化下的成年人或青少年如何起作用或如何不起作用时，我们惊讶地发现此类研究非常稀缺。我们很少能够找到研究者或从业者如何调整某些积极心理干预以契合当地文化的讨论。尽管如此，临床干预的最佳实践通常需要考虑特定方法或策略的文化契合度。

文化契合

有人认为，主观幸福感可能与个人层面的文化以及个人所处的更广泛的社会层面的文化之间的契合度有关。研究者（Lu，2006）探讨了个人价值观（自我概念水平上的独立性和互依性）和文化信念之间的契合度对主观幸福感的影响。初步证据支持，中国大学生认为个人价值观和文化信念与社会中人们赞同的个人价值观和文化信念差异较小的个体，主观幸福感水平较高。在分析不同的文化契合模式时，认同独立自我概念但认为社会信念相对具有互依性的学生，在主观幸福感方面要优于认同互依自我概念但期望社会是独立的学生。联系积极心理干预中的文化契合这一观点，从业者必须积极考虑通过以下方式来解释个体对干预和项目效果的反应：(1) 纳入有关更广泛背景和文化的信息；(2) 在多个水平将“文化”概念化（即自我个人价值观和社会共同信念）并分析不同水平间的交互作用。与此相关，麦克纳尔蒂和芬彻姆（McNulty & Fincham，2012）也提醒，积极心理学领域要研究情境因素（包括人际情境和个人情境），以了解与积极心理学相关的心理特征和过程如何对人们的幸福感作出贡献。

有研究讨论了积极心理学跨文化问题解决中的主位与客位结

合研究法(Ho et al., 2014),特别是工具的开发(另见 Leong, Leung, & Cheung, 2010)。这种方法涉及采用内部和外部的观点,并考虑到文化观点和理解,使特定积极心理学构念适应特定文化。当改编一项在另一种文化中开发的测量方法时,建议首先确定在当地和外国环境中兼容的通用(客位)项目。然后可以将与当地文化相关的项目(主位)添加到客位项目中。通过这种方式,我们可以生成具有高生态效度的措施,这些措施具有潜在的跨文化可比性。这种方法在前面提到的生活满意度扩展量表中得到证明(Ho & Cheung, 2007)。

行动价值分类系统的设计考虑到跨国家的适用性。有研究者(Ho & Cheung, 2007)将原有的 240 个项目的优势行动价值问卷改编为 96 个项目的中国美德问卷(Chinese Virtues Questionnaire),该问卷反映了关系、活力和责任心三种美德(Duan et al., 2012)。在跨文化改编的过程中,原有评估中的一些题项被认为与中国文化不相容。题项是否移除由以下因素决定,这些因素通过与中国人访谈确定:(1) 行为偏离中国社会规范;(2) 行为的宗教内涵会引发中国人的不同解释;(3) 由一套不同的行为来表现美德。

除了这些题项层面的因素,在考虑是否使用行动价值分类系统和相应调查以及如何使用时,结构效度问题非常重要。有抱负建立一个能反映不同文化和社会的核心优势,这很令人钦佩。但这本身意味着,如果某种特质在多数文化或社会中无关紧要,即使它在特定社会中可能非常有用，也会显得不那么重要。相反，有些特质可能值得关注和培养，因为它们反映了特定群体非常适应的行为和价值观，即使它们在社会上不太适用。这也许在帮助那些可能感到权利被剥夺的青少年时非常明显，例如社会经济地位或社会阶层较低的个体，持续遭受歧视的少数族裔，努力适应文化的移民群体，或者在历史上遭遇不公平对待的群体（如流离失所的或遭受殖民统治的人群）。当干预这类群体时，他们可能对不被重视的感觉比较敏感，从业者应考虑将行动价值框架作为识别性格优势的起点，将青少年及其家庭所在社区宣扬、重视的特质和行为作为行动价值框架的补充。总之，要敦促从业者将行动价值框架视为对优势进行分类的一种选择（尽管对其研究最多），并灵活对待他们认为的性格优势，以便某一群体独有的优势能够得到从业者的重视。通过采用特定社区法，我们使在特定环境中作为优势的特质得到认可和重视。这既可以作为行动价值框架的补充，也可以作为完整的替代方案。

全球积极心理干预的效果

有关青少年积极心理干预的文献越来越多，包括许多在北美以外的地区完成的研究。这些干预包括在葡萄牙青少年小组中进行的以希望为目标的放学后会面（Marques et al., 2011），以及英国和新西兰的性格优势班级应用。其他例子还有澳大利亚的以优势和希望为目标的干预指导（Green et al., 2007; Madden et al., 2011），以及以色列的多成分、多目标全校干预（Shoshani &

Steinmetz, 2014)。

其他努力和尝试包括修改源于美国的干预以便应用。在回顾美国以外的国家教育背景下的积极心理干预文献时,我们在一篇已发表的期刊文章中发现,作者将某项在美国开发的练习加以改编,使其适用于其他国家,但他们对此所作的解释微乎其微,这使我们感到震惊。作者经常描述他们如何将结果测量翻译成被试的母语,但除了例行讨论翻译问题,他们几乎没有提及如何改编干预程序,使其更具文化适应性。出现这种情况的部分原因可能是,出版社设置了长度限制。当涉及文化适应性时,其改编程度可能从极小到极大。最低限度的改编可能会涉及与其他西方文化的合作。例如,查林、梅钦和吉勒姆(Challen, Machin, & Gillham, 2014)在英国的16所学校大规模实施宾夕法尼亚心理韧性项目,他们将改编版本称为英国心理韧性项目(UK Resilience Programme, UKRP),并指出该项目包含"对例子和词汇表的略微改动"(p.77)。例如,将课程从美式英语翻译为英式英语,在这个过程中,当地教育官员和一位英国儿童作家审查了材料,并提出修改建议(Challen, Noden, West, & Machin, 2010)。然而,只要不要求改动插图,即便对美国文化的引用有所改变,从而使材料被认为更适合英国,但"仍然有美国的感觉"(p. 10)。经过一年的实施,该小组指出项目需要进一步修改以解决文化契合和教学风格等遗留问题,例如对学生过度说教,一些学生难以理解项目内容和材料。

在改编源自西方的干预工具以适应东方文化的过程中，可能还需要作更广泛的修改。例如，有研究者(Chan，2010)调整“三件好事”感恩干预，以适应中国学校教师的文化背景，特别是使用三个冥想式问题(即“我得到了什么?”“我给予了什么?”和“我还能做些什么?”)，以反映儒家的“吾日三省吾身”。根据教师的感恩倾向性基线水平，将其分为高感恩倾向组和低感恩倾向组，对这两个组的分析表明，教师对干预的反应不同。我们由此提出假设，这些问题会诱发教师的感恩感和负罪感，后者可能会抵消干预带来的积极作用(Chan，2010)。据此，我们进一步修改干预，旨在强化感恩和生活意义(Chan，2011)。除了自我反思活动，教师还被要求冥想三个问题并思考好的事情或事件的意义，这些事情或事件告诉他们什么，以及发生在他们身上的原因。最近，研究者发现，感恩能够预测教师的主观幸福感和积极情绪，而宽恕则可以预测教师的主观幸福感和消极情绪(Chan，2013)。研究者假设，通过计算人际善意/祝福来获得性格优势，通过计算人际冲突来获得宽恕，将两者整合有可能综合强化积极情绪，减少消极情绪。上述修改说明了现有文化特定的价值观和实践，在这种情况下，儒家教学和中国文化实践能够补充在其他文化中开发的积极心理干预成分，以制定出适合本土文化的有效干预措施。

在另一个例子中，研究者(Lau & Hue，2011)改编了一个源自东方宗教实践且在美国很受欢迎的正念项目(Kabat-Zinn，1990)，使其适合香港地区青少年。在 6 周的试验期之前，该项目的课程和内容只作了略微改动。结果显示，干预效果中等，正念和心理幸福感(特别是在个人成长方面)指标有显著改善，但是压力以及幸福感的其他方面没有得到改善。在讨论如何优化干预结果时，研究者指出："我们可以考虑采用改良的方法和中国本土文化元素来为青少年制定一套课程。"(p. 326)总而言之，根据初次应用的可行性数据(例如，Lam, Lau, Lo, & Woo, 2015)，对积极心理干预进行改编，使其具有文化适应性，这个过程可能是循环往复的。

对幸福感提升项目的跨文化相关性假设

我们没有理由相信，第五章提出的所有目标对于特定的群体完全不合适。这种论断在很大程度上基于这样一个事实，即我们发现在北美以外的成年人样本中，针对每个目标的干预措施都有效力。然而，对青少年积极心理干预的研究尚处于起步阶段，我们的观念尚未得到验证。谈到成年人研究时，有研究表明，当对来自东方文化的个体进行干预时，一些针对具体目标的干预效果欠佳，或需要更多修改。以下研究与干预效果欠佳这一观点有关。在接受针对感恩和乐观的干预后(Boehm, Lyubomirsky, & Sheldon, 2011)，亚裔美国成年人(78%出生于亚洲国家，主要是中国)生活满意度的提升水平低于英裔美国成年人。然而，有初步证据表明，亚裔美国人在感恩干预中的收获要大于在乐观干预中的收获，这可能反映出比起追求个人对未来的乐观主义，他们认为对生活中的人表达感恩更为重要。来自韩国和美国的另一项成年人研究

(Layous, Lee, Choi, & Lyubomirsky, 2013)的调查结果，可能会降低人们将感恩作为干预目标的热情。具体而言，写感恩信的美国大学生在幸福感方面有所提高，而韩国大学生没有；相比之下，作出善意行为则能提升两个国家大学生的幸福感。

关于项目需要更多修改这一观点，为期 6 周的性格优势干预在提高中国大学生的短期和长期生活满意度方面都有效(Duan, Ho, Tang, Li, & Zhang, 2014)。尽管初步有效，但作者提出了一些可能有益于中国背景下的干预工作的文化因素：(1) 在传统性格优势干预中除了关注个体，还要考虑人际和群际因素；(2) 充分利用和强化生命力/活力这一美德，这是中国人特有的美德，尤其能够预测生活满意度(Duan et al., 2012)；(3) 根据传统东方文化中幸福的概念，关注生活满意度的积极方面和消极方面。

如前所述，我们开发了幸福感提升项目，以促进主观幸福感情绪，这与享乐主义传统紧密一致。正如前面所讨论的，一些文化可能优先考虑追求卓越和良好的生活功能，这是自我实现幸福感的特征。强烈倾向于将后者作为目标的文化可能会发现另一种替代干预，即幸福感治疗(Ruini et al., 2009)更为合适。源自意大利的主观幸福感治疗包括 6 节课程，每节课程时长 2 小时，旨在为中学生提供班级服务。前三节课程的目标和活动与传统的认知行为治疗类似，包括情感教育、自动思维监测和评估、认知重构。后三节课程包含积极心理学特有的内容，目标为：(1) 积极关系和自我接纳(通过表达赞美)；(2) 生活自主性和目的性(通过设定并关注下一学年的有关社交、运动、学业以及空闲时间的切实可行的目标)；(3) 情绪幸福感(通过确定并分享/品味过去生活和当下生活的积极瞬间)。这些活动的性质与我们的干预大多重合，但并不明确强调性格优势，而是包含更多旨在预防和减少情绪痛苦的内容，这些内容多见于临床干预。在一项随机对照试验中，与注意—安慰剂条件下的同龄人相比，参加每周幸福感治疗的高中生的总体心理幸福感有所提升(特别是个人成长)，而且焦虑和躯体症状有所减少(Ruini et al., 2009)。研究者并没有寻求对主观幸福感情绪指标可能产生的额外影响，因此学生是否也在生活满意度或积极情绪方面发生变化尚不清楚。同样，研究者还未评估幸福感提升项目(第五章所述)与心理幸福感、社会幸福感之间的联系，因此除了情感幸福之外其他可能影响未知。总之，一些从业者有兴趣选择在理论与实践层面提高传统幸福感的积极心理干预，对他们来说，鲁伊尼及其同事(Ruini et al., 2009)的项目非常有吸引力。

第十章

在多层次支持系统中整合积极心理学[①]

综合学校心理健康服务中的积极心理干预

本书所述的积极心理干预基于如何培养主观幸福感的理论和研究,特别是生活满意度和积极情绪。积极心理干预为从业者提供了一个有计划的方法,将心理健康的积极指标作为目标,包括促进主观幸福感的普遍努力,以及提高检测到的低水平主观幸福感的针对性活动。如第一章所述,完全心理健康既要有高水平的主观幸福感,也要求心理疾病(即心理病理)症状最轻。这种构念化反映了越来越多的关于心理健康双因素模型的研究,双因素模型支持青少年心理病理症状和主观幸福感的独特性,无心理病理症状与心理健康积极指标之间存在相关,但两者并不等同(Suldo & Shaffer, 2008)。此外,关注学生的主观幸福感非常重要,因为同时具备高水平主观幸福感和低水平心理病理症状的学生,更可能拥有最佳结果。完全心理健康的学生拥有优越的社会功能和

---

① 本章与纳塔莉·罗默(Natalie Romer)一起撰写。纳塔莉·罗默,博士,美国南佛罗里达大学佛罗里达全纳社区中心儿童与家庭研究系助理教授。

身体健康，在一系列学业促进指标上表现最好（行为和态度上的投入），并最终获得成功（体现在课程成绩和选拔性考试分数上）（Antaramian et al.，2010；Greenspoon & Saklofske，2001；Suldo & Shaffer，2008）。与主观幸福感有关的学业优势依然存在，可以看到，主观幸福感水平高的学生随后的学期和学年成绩更优秀，出勤率更高，这种情况尤其出现在青少年早期（Lyons et al.，2013；Suldo et al.，2011）。除了主观幸福感的预测能力，心理病理症状也对学生的成功产生独立影响。例如，即使主观幸福感相对保持不变，与没有心理健康问题的同龄人相比，心理健康问题较严重的学生更倾向于取得较差的课程成绩，出勤率较低，而且更容易招致办公室纪律转介（Suldo，Thalji-Raitano et al.，in press）。因此，促进青少年心理健康的综合方法包括提供干预和支持，以实现兼顾心理健康积极和消极指标的目标。

学校一直是为有心理健康问题的儿童青少年提供服务的实际场所，而且越来越多的学校将重点放在提升所有儿童青少年的幸福感和预防问题上。关注实证干预的策略旨在改善构成主观幸福感的要素，增加主观幸福感的保护因素，以及减少使心理健康问题出现或恶化的风险因素。学校心理健康整合模型针对多种风险因素和保护因素，可能比应用单一模型产生更好的结果（Nelson et al.，2013）。因此，学校心理健康方面的最佳做法涉及，采用有助于完全心理健康的项目实践，确保所有学生都具备在社会、情感和学业上取得成功所需的能力。本章将积极心理干预（特别是本书所述的幸福感提升项目）置于学校实践多层次框架内，以支持学生的心理健康，包括促进幸福感积极指标，以及预防和改善幸福感消极指标。表 10－1 总结了促进青少年心理健康需要考虑的指标范围，以及旨在改变这些指标的共同风险因素和心理韧性因素。心理韧性因素包括促进因素（即不考虑个人风险水平，预测几乎所有青少年积极结果的内部和环境因素）和保护因素（作为缓冲剂的内部和环境特征，它们预测积极结果，尤其是在面对风险因素时；Masten et al.，2009）。

表 10－1　促进完全心理健康的干预目标

<table>
<tr><td colspan="8">青少年心理健康</td></tr>
<tr><td colspan="4">消极指标</td><td colspan="4">积极指标</td></tr>
<tr><td colspan="2">内化问题，如焦虑和抑郁</td><td colspan="2">破坏性行为，如违抗、违规和物质滥用</td><td colspan="2">生活满意度和积极情绪，如幸福</td><td colspan="2">良好的社会关系</td></tr>
<tr><td>创伤和其他环境压力源</td><td>认知错误、行为退缩</td><td>危险/不安全的环境</td><td>不同环境中的规则和期望不一致</td><td>幸福感的组成部分，如感恩、共情和坚持</td><td>基本需求被满足</td><td>社会技能</td><td>健康的互动，如高度支持和最少的欺凌</td></tr>
<tr><td colspan="4">风险因素</td><td colspan="4">促进因素和保护因素</td></tr>
</table>

我们同时强调以下两点的重要性：一是促进青少年内部保护因素，并改善与他们共存且能够预测更高水平的主观幸福感和社

会成功的环境；二是预防、减少并管理青少年的内部风险因素，以及改善导致青少年产生或维持内化和外化心理健康问题的环境。本书前九章关注提升主观幸福感，一部分是为了填补实证策略传播的空白，这些策略能够为从业者提供提升幸福感情绪的资源。数十年来，依据预防和治疗心理健康问题的经验，研究者开发了大量项目和实践。考虑如何将上述积极心理干预与项目和实践策略保持一致非常重要。

与促进学生积极结果一致的教育框架

长期以来，教育实践和研究一直被指责“各自为政”，服务青少年的学科和系统之间的沟通与协作少得令人惊讶。例如，发展心理学家开展了复杂的研究，证明早期心理健康问题如破坏性行为对学生后来的社会和学业挑战的级联效应（Masten et al., 2005）。应用行为分析提供了信息，并与以学业行为（如直接指导）（Watkins & Slocum, 2003）和社会行为（如积极行为支持）（Carr et al., 2002）为核心的广泛使用的干预有相同的特点。儿童临床心理学家为治疗师提供了先进的手册化干预方案，以减少情绪痛苦（Weisz & Kazdin, 2010）。校本心理健康支持者证明了如何在学校成功实施校本干预措施（Mychailyszyn, Brodman, Read, & Kendall, 2012）。与此同时，学校心理医生和相关学科倡导在预防框架下实施干预，以便公平地识别最需要帮助的学生，所有学生都可以获得持续的实证支持（Tilly, 2014）。正如本书所描述的，积极心理学家开发了一些简便的干预来模拟幸福人士的想法和行为，并修改了最有前景的策略，使其适合青少年发展。尽管在学校促进和干预心理健康的实证研究数量很可观，而且越来越多(Durlak et al.，2011；Mychailyszyn et al.，2012)，但循证实践在学校的实施存在历史局限性，经常不一致，而且不必要地分散，部分原因是学科和青少年服务系统之间没有充分合作(Adelman & Taylor，2009)。研究和政策日益集中于在多层次支持框架内整合和系统实施实证性的干预，以促进研究向学校实践转化。

多层次支持系统

学校采取的项目和实践要确保所有学生在学业、社会、情感上都取得成功，多层次支持系统(multi-tiered system of support，MTSS)为实施连续的干预提供框架，促进学生心理健康和亲社会行为，使他们参与学习，同时预防行为、社会和情绪问题的产生(Adelman & Taylor，2009；Doll，Cummings et al.，2014)。以预防和实施科学为基础，用以提高教育环境中循证实践的有效性的研究日益增长(Durlak & DuPre，2008)。与这些研究一致的是，学校一直采取积极主动的干预方式，而不是等待问题出现。多层次预防方法包括连续的实证干预措施，通过系统、协调的服务和实践，有效且高效地满足所有学生的心理健康需求(Doll，Cummings et al.，2014；Weist，Lever，Bradshaw，& Owens，2014)。与基于预防的方法一致，本书前几章所述的积极心理干预可以系统建构能力，充分利用学生的内部和环境资源，以提高主观幸福感和其他相关积极结果，而且对心理健康问题起缓冲作用（Nelson et al.，2013；Seligman & Csikszentmihalyi，2000）。公共卫生观点将提供服务概念化为一种干预连续体，其范围从健康促进到初级、次级和三级预防与治疗。随着时间的推移，基于预防的方法（例如在美国学校实施的多层次支持系统）从这种观点中逐渐发展起来（Caplan，1964）。

就学校而言，公共卫生方法经常被描绘成一个三角形以代表所有学生群体（Doll，Cummings et al.，2014）。在典型学校中，大多数（约 80%）学生会对第一层次（初级）干预作出反应，这部分学生代表三角形的最底部，而 15%～20%的学生需要第二层次（次级）干预，低于 5%的学生需要第三层次（三级）干预。初级干预旨在通过教授与心理韧性相关的社会与情绪能力，以及创造可能提高学生亲社会和情绪技能并体验保护因素（例如，积极的同伴关系和师生关系）的学习环境从而预防心理疾病，并促进完全心理健康。次级干预旨在减少风险因素并增加保护因素，以防止出现重大的情绪和行为问题，在完全心理健康层面这些问题也包括主观幸福感的降低。因此，选定的心理健康干预通常针对有可能出现社会或情绪问题的学生，以及可能通过类似干预获益的学生，经常涉及在学校内提供协调服务，并与外部社区机构建立伙伴关系。支持采用多层次方法提供心理健康服务的研究者强调，预防要求整个学校贯彻心理健康标准，通过发展积极方面的实践来支持所有学生（Greenberg et al.，2003）。

研究已经确定循证实践，它们有助于在学校提供连续支持，以预防问题或使其最小化，并促进亲社会行为、心理健康和学业成就（Durlak et al.，2011；Horner et al.，2009），但学生支持系统，特别是心理健康服务，在很大程度上是分散的，往往没有将干预融入学校日常工作（Adelman & Taylor，2009；Domitrovich et al.，2008）。将心理健康服务融入学校日常工作的障碍包括，资源（人员、时间、后勤供应）存在局限性，服务提供系统碎片化，将竞争置于优先位置，以及接受心理健康帮助的耻辱感（Suldo，Friedrich，& Michalowski，2010）。此外，虽然学校是学生获得心理健康支持的共同场所，但教育工作者持续报告缺乏识别和实施心理健康干预的技能和培训（Reinke，Stormont，Herman，Puri，& Goel，2011）。心理健康服务的多层次框架为学校提供了一种系统性、协作性的方式，以确定、计划并实施连续性干预。这些干预基于以数据为基础的决定和系统，有助于实施（Doll，Cummings et al.，2014；Eber et al.，2013）。阅读本书的许多从业者可能熟悉积极行为干预和支持（positive behavioral interventions and supports，PBIS）框架，该框架被认为是最有效的循证实践之一，美国各地大约有 2 000 所学校实施了积极行为干预和支持（Eber et al.，2013）。

积极行为干预和支持

积极行为干预和支持是实现学校行为变化的多层次方法的一个例子，目标是通过实施三层次公共卫生框架，最小化或中和风险因素并增强保护因素来预防行为问题(Sugai & Horner, 2006; Walker et al., 1996)。积极行为干预和支持的重点不仅在于减少问题行为,而且通过在多个层次上应用积极行为干预和支持来支持所有学生,从而改善学校氛围。邓拉普、金凯德和杰克逊(Dunlap, Kincaid, & Jackson, 2013)已经阐明积极行为干预和支持与积极心理学的共同点,例如,共同强调:(1) 情境和生态效度;(2) 生活质量和幸福感;(3) 自我决定和对个人的关注;(4) 不仅减少问题或症状,而且提升幸福感和教学技能以获得有价值的结果。

积极行为干预和支持实施蓝图(Sugai et al., 2010)将积极行为干预和支持定义为,"由干预实践和组织系统构成的框架或方法,用于建立社会文化、学习和教学环境,以及为实现所有学生的社会和学业成功提供所需的个人行为支持"(p. 13)。积极行为干预和支持没有规定正式课程,而是努力通过改进系统和程序来改善整个学校环境,这些系统和程序建构了教育者实施循证实践的能力,从而改善了学生的行为。例如,实施积极行为干预和支持的学校,其教职工使用有效的行为策略来支持所有学生,例如在整个学校发布一些明确定义的期望行为,并在整个学年明确教授这些行为。当学生表现出与期望行为一致的行为时,就会得到学校教职工的肯定和积极强化(例如,学生获得公众认可或代币以兑换有价值的物品和活动)。这些行为实践不仅教导和激励学生利用技能满足学校的学业和行为期望,而且能够提高社会能力,改善师生关系，创造有利于有效教学和有效实践的环境（McIntosh，Filter，Bennett，Ryan，& Sugai，2010）。

与上述多层次方法一致，在积极行为干预和支持框架内，预计大多数学生（约 80%）将对第一层次的干预作出积极响应，15%～20%的学生需要第二层次的预防性干预，其余学生需要集中的第三层次支持和服务。积极行为干预和支持框架的核心特征包括：(1) 基于预防的连续性支持；(2) 基于数据的决策；(3) 定期的普遍筛查和过程监控；(4) 通过有效的持续专业发展和指导改变系统；(5) 团队领导力；(6) 改善行为和学习的研究验证（Eber et al.，2013；Horner，Sugai，& Anderson，2010）。

有越来越多的证据支持实施积极行为干预和支持带来的积极结果（Horner et al.，2010），包括在小学实施的积极行为干预和支持随机对照试验（Bradshaw，Mitchell，& Leaf，2010；Horner et al.，2009）。例如，实施积极行为干预和支持能够提升学生的学业成绩、任务行为以及社会与情绪能力（Algozzine & Algozzine，2007；Nelson，Martella，& Marchand-Martella，2002）。此外，实施积极行为干预和支持还能够减少行为问题、办公室纪律转介与休学（Luiselli，Putnam，Handler，& Feinberg，2005）。观察性和实验性研究的结果表明，积极行为干预和支持是一种经验支持的促进学校良好氛围的方法。例如，比起教师报告积极行为干预和支持特征设置较少的班级，在积极行为干预和支持特征设置更到位（例如，明确定义期望行为、遵循教学惯例、明确界定问题行为、对学生期望行为频繁正强化、问题行为的一致后果、有效过渡）的班级中，小学生报告了对学校氛围大多数维度的更好的认知，包括关怀且有益的师生关系、秩序、纪律以及公平（Mitchell & Bradshaw，2013）。课堂管理策略较少的教师更依赖反应性和排他性的纪律技巧，如办公室纪律转介。米切尔和布拉德肖（Mitchell & Bradshaw，2013）发现，相比于较少使用办公室纪律转介的教师，较多使用办公室纪律转介的教师的学生报告的秩序和纪律水平明显较低（例如，认为学校是安全的，处于教师的控制下）。事实上，随着积极行为干预和支持的实施，这些年教师对学校组织健康（特别是教师之间的积极关系，学生对学业成就的重视，以及充足的学校资源）的评分不断提高（Bradshaw，Koth，Thornton，& Leaf，2012）。因此，除了有意改善学生的在校行为并减少教育工作者使用惩罚策略，积极行为干预和支持实践能够带来积极的学校氛围，这反映在教师和学生观察到学校更加安全、有序，欺凌行为减少等方面（McIntosh，Bennett，& Price，2011）。

如第三章所述，报告生活满意度更高的学生往往在学业上表现更好，更多投入学习，并对学校氛围有更积极的看法。更具体地说，在学校感知到和谐关系，而且认为自己的学校大体上安全、有序（部分是因为遵守学校规则）的学生报告更高的生活满意度（Suldo，Thalji-Raitano，Hasemeyer，Gelley，& Hoy，2013）。因此，改善学校氛围的努力，如积极行为干预和支持，可被视为促进学生幸福感的普遍策略。尽管尚未经过实证检验，但学生的主观幸福感可能是随着积极行为干预和支持的实施而改善的另一个结果，即实施积极行为干预和支持的学校的学生可能会更幸福。然而，仅以高质量的学业指导和学校氛围为目标促进主观幸福感，可能不足以培养与主观幸福感相关的个人行为和思维模式，并进一步缓解心理健康问题。将积极心理干预（例如贯穿本书的一些干预项目）包含在连续支持之中，不仅可以强化学业和行为结果，而且可以改善有助于完全心理健康的独特的、积极的指标。值得注意的是，一个积极的、管理良好的学习环境也为学生参与积极心理干预提供了舞台。因此，积极行为干预和支持的普遍策略不仅为提高主观幸福感提供了一种合理的手段（通过对学校教育经验的积极影响），而且使学生有意识地使用从业者和/或教师教授的积极心理学策略，在学习环境中更有可能表现出任务行为。

整合的普遍支持

最近，出现整合积极行为干预和支持与校本心理健康支持的概念性指导（Eber et al., 2013）。然而，即使是整合最有影响力的普遍方法（一般认为是积极行为干预和支持以及社会与情绪学习），对它们的研究也有限（Durlak et al., 2011）。从实施的角度来看，这是不幸的，因为采用不同方案来解决不同问题可能会造成系统过载，从而使可持续性最小化，特别是将项目并行实施，却不考虑项目的互补、冲突或冗余的方面。库克及其同事（Cook et al., 2015)提供了为数不多的几项研究,这些研究描述了在小学测试社会与情绪学习以及积极行为干预和支持整合的过程和成果。研究者使用半随机对照设计来比较四种课堂情境:照常上课、单独实施积极行为干预和支持、单独实施社会与情绪学习、整合实施积极行为干预和支持以及社会与情绪学习。与照常上课组的学生相比,单独实施积极行为干预和支持或社会与情绪学习组的学生的总体心理健康功能(由教师完成内化和外化行为问题测量)有显著改善。此外,积极行为干预和支持以及社会与情绪学习整合实施组学生的心理健康得到最大改善。与其他三种条件相比,积极行为干预和支持以及社会与情绪学习的整合使学生外化行为问题显著减少(Cook et al., 2015)。这些研究表明,针对不同结果的多种普遍项目能够带来附加价值(本例中的内化和外化症状的减少)。

心理健康的双因素模型建立了与心理健康问题(如内化和外化症状)相关但可分离的主观幸福感模型。库克及其同事(Cook et al., 2015)的研究表明,单独实施积极行为干预和支持并不能改善心理健康问题的内化形式。相反,只有在实施社会与情绪学习的条件下,学生的内化问题才会显著减少。考虑到干预目标和预期结果之间的一致性,由于社会与情绪学习针对的是成为情绪痛苦风险因素的思维和活动模式,因此它对内化问题的特殊影响并不令人惊讶。本例实施的社会与情绪学习可以直接指导思维和行为的适应性风格(Merrell, Carrizales, Feuerborn, Gueldner, & Tran,

2007)。同样，对心理健康幸福成分的积极影响很可能来自针对潜在促进因素的干预。因此，为了减少心理病理内化和外化症状并提高主观幸福感，普遍心理健康支持的全面整合可能包含理论驱动的实证策略。

根据积极心理干预措施的新近发展，我们缺乏数据来说明实施其他普遍策略可能对学生结果产生附加效益。需要更多研究来探讨，整合积极行为干预和支持以及其他积极心理干预(同社会与情绪学习相比)可能产生的效益。需要这些类型的应用来辨别，对主观幸福感提高的学生(如第五章所述)来说，选择性积极心理干预如何使不同的青少年(是否基本接触过积极行为干预和支持)受益，并检验积极心理干预的普遍应用对特定班级内所有接触过或未接触过积极行为干预和支持的学生(如第七章所述)的可能价值。虽然我们不知道有哪些研究考察积极心理干预与积极行为干预和支持的整合，但鉴于这些干预和方法的目标互补，以及本书在多层次框架内应用的方法，学校可能会考虑将积极心理干预纳入积极行为干预和支持框架。

积极心理干预与积极行为干预和支持的整合

我们认为，积极心理干预与积极行为干预和支持是互补的干预方法，有可能通过系统和协调的计划更有效地支持学生的幸福感和相关能力。积极心理干预与积极行为干预和支持都注重预防干扰学业成功的问题，促进积极的技能和环境。同时，我们需要承认这些方法的理论基础存在一些差异。在坚实的行为基础上，积极行为干预和支持一般侧重于改变环境（即成年人的行为），以便更有效地教导和管理学生的行为，而积极心理干预则聚焦与性格优势和美德（例如感恩、善良、希望和乐观）相关的个人情绪发展。尽管在概念和理论基础上存在这些差异，但如果一起实施，我们会预期一种积极的互补关系，在这种关系中，每种方法的独有特征彼此支持。例如，积极行为干预和支持有可能通过融入课程的系统化教学以及利用正强化，来促进新技能和行为的习得、泛化和维持，从而强化积极心理干预。同样，管理良好的课堂提供实践和反馈机会，可以提高学生以有意义的方式参与课程材料的可能性，从而强化积极心理干预。积极心理干预教授学生提升主观幸福感的策略，从而潜在地增加与亲社会行为相关的积极情绪和认知。

鉴于积极行为干预和支持为实施一系列项目提供了框架和基础，计划实施积极心理干预的学校积极行为干预和支持领导团队可能：(1) 制定将行为期望和积极心理干预课程（例如善良）联系起来的范围和顺序。(2) 制定专业发展计划，确保工作人员在将积极心理干预融入连续性支持的过程中，得到与自身角色相匹配的训练和指导。(3) 优先考虑有效实施积极心理干预所需的资源（时间、材料等）。(4) 包括主观幸福感以及社会与情绪结果的衡量标准，为制定决策和行动计划提供信息。

本书的一些积极心理干预实践和工具与多层次支持系统框架（例如积极行为干预和支持）的核心特征尤其一致。接下来强调这些一致的例子，为希望将积极心理干预整合到连续性支持中的领导团队提供指导。

对多层次支持系统内积极心理干预的说明

三层连续性支持

正如第一章所介绍的，培养学生主观幸福感的努力与一种关注建构促进因素的心理健康服务预防取向一致。这些内部和环境资源可能会在逆境中发挥保护作用，但它们作为构成幸福感蓬勃发展水平的模块，本身就有价值。附录中详细描述了加强这些目标的具体策略，例如感恩、标志性性格优势、希望和积极关系。

第一层

在普遍性水平或初级水平，教育工作者可以将附录中描述的策略应用于全体学生。第四章总结的研究文献记录了学校心理健康方面的改善，这些改善与学校对多个目标的重视相关，包括感恩、乐观、性格优势以及与家庭和学校的良好关系（Shoshani & Steinmetz, 2014）。学校还可以选择专注于单一目标，例如善良（Lawson et al., 2013）或性格优势（White & Waters, 2015）。

第七章关注班级层面积极心理干预的普遍应用。我们详细描述了两个有前景的课堂积极心理干预项目，这两个项目已经在小学测试并取得理想结果。其中一个项目的重点是教学生认识自己和他人的性格优势，并利用性格优势来支持有意义的目标（Quinlan,

Swain et al., 2015)。另一个项目是第五章介绍的主观幸福感提升项目的一个修订版本，该版本通过旨在强化课堂关系的活动以针对更大的课堂环境(Suldo, Hearon, Bander et al., 2015)。这些例子说明，积极心理干预是如何做到不仅为所有学生提供机会以建构提高幸福感的内部资源，而且通过发现优势(即注意他人的优势)强化社会关系，以及引导学生作出善意行为和相互支持行为。附录包含了旨在强化师生关系和生生关系的补充方案，以改善课堂中的情绪氛围。

第二层

在选择性水平或次级水平，从业者可以将附录中描述的策略应用于学生群体，这些学生在特定结果方面还有获得临床意义上的成长的空间，或者存在具体的风险因素。我们通过主观幸福感普遍筛查(如第二章介绍的简版多维度学生生活满意度量表)来识别特定学生，并将提供给这类学生的幸福感提升项目概念化为选择性干预。

第五章重点关注幸福感提升项目的实施，将其作为选择性支持。幸福感提升项目需要 10 次积极心理干预课程。这些干预课程通过针对感恩、善良、性格优势、乐观和希望的具体活动，将学生对过去、现在和未来的积极情绪作为目标。迄今为止，这个综合性多目标项目主要在青少年小组中实施，课程每周 1 次(约 45 分钟)，共 10 周。第五章以某中学幸福感提升项目的实施情况为例，详述了干预过程监控以及用于识别需要干预的学生的决策规则。

考虑到小组形式可能不可行，或者学生个体可能从个性化方法中受益更多，第六章包含了为从业者提供的额外指导，即如何对个体学生实施幸福感提升项目。第六章还简述了多目标积极心理干预的替代方法，这些方法可能适用于选择性水平，包括基于优势的简单临床干预，使用积极心理学原则的辅导和积极心理治疗。

第三层

指征性水平或三级水平的干预则留给需要集中支持的少数学生。这个水平的积极心理干预是个性化的，经常是从业者帮助某个特定学生逐个达成选定目标。处于以下两种情况的学生适合指征性水平的积极心理干预：学生对次级干预（例如参加小组形式的幸福感提升项目）没有反应；学生表现出心理健康问题相关症状，并且主观幸福感下降，或者被转介到学校心理健康团队接受额外服务，或者已经被确认患有情绪/行为障碍。

第六章关注评估、关系建立和干预/治疗计划的独特过程，考虑到特定学生心理健康问题的复杂性，从业者可以探求一系列符合学生需求水平和类型的个性化干预目标。关于治疗计划，考虑到所有策略都适合提高学生主观幸福感这一干预目标，从业者可以选择幸福感提升项目中提供的一套完整的核心积极心理干预方案。然而，这种支持水平的服务具有个性化性质，小组既可以选择与案例概念化一致的特定积极心理干预策略，也可以将积极心理干预策略整合到一项可能包含其他治疗方法（如父母行为训练、基于创伤的认知行为治疗），或其他领域（例如阅读）的综合性行为支持或干预计划中。第六章末尾提供了某高中的案例，详细介绍了积极心理干预在指征性水平上的整合。

基于数据的决策

多层次支持系统的一个主要特点是利用数据进行决策。数据不仅用于衡量项目的有效性（即结果），而且用于分析过程性决策，然后制定行动计划。因此，数据必须与治疗结果直接相关并对变化敏感。在积极心理干预的情况下，这涉及分析学生的主观幸福感或促进因素（幸福感的资源或建构模块）的数据。本书包含几种测量方法，供小组在多层次支持系统中实施积极心理干预时考虑，以便获取决策信息。

第二章描述了在校本实践中测量主观幸福感的有效的心理测量学方法，特别是对生活满意度这一认知成分的测量。此外，还介绍了对总体生活满意度和多维度生活满意度的简要和完整测量，例如学生生活满意度量表（Huebner，1991a，1991b）、简版多维度学生生活满意度量表（Seligson et al.，2003）和多维度学生生活满意度量表（Huebner，1994）。附录提供了这些生活满意度测量的可复制副本。作为学生生活满意度的简要测量，上述测量方法可以在全校范围内使用，以评估和监测学生群体的健康状况。作为一种筛查手段，这些措施可以用来确定哪些学生需要补充服务（第五章包含一个以这种方式使用简版多维度学生生活满意度量表进行普遍筛查的例子）。本书许多章节阐述了如何将学生生活满意度量表、简版多维度学生生活满意度量表和多维度学生生活满意度量表，用于评估学生对参与幸福感提升项目的全校（全班）、小组和个性化应用的反应，第五章的案例研究还说明了收集项目实施保真度数据的过程。附录包括一份简短的完整检查清单，用于幸福感提升项目的每节课程，从业者通过完成清单，以监控干预方案任务在特定课程中得到实施的比例。这些关于干预保真度的数据将与学生的结果数据一起考虑，特别是当为干预后主观幸福感仍较低的学生提供下一步支持时。例如，在项目实施保真度较低的情况下，有必要增加对预期干预活动的接触。

第二章还描述了社会与情绪健康量表及其在全校范围内的应用，该量表用来评估预测主观幸福感的积极心理和社会模块。该校心理健康团队根据心理健康双因素模型，努力识别最需要额外支持的学生（参见 Dowdy et al.，2015）。全面监控所有学生的一系列内部和环境资源非常重要。大规模研究表明，更多数量、种类的高水平资源能够更好地预测情绪和行为健康结果，例如物质滥用或自杀，这为内部和环境资源的重要性提供了支持（Lenzi，Dougherty，Furlong，Sharkey，& Dowdy，2015）。鉴于与累积资源相关的优势，社会与情绪健康量表的普遍应用包括识别因缺少资源而面临负面结果风险的学生，以及所有学生的多种资源（例如两个或以上领域的四种资源）。在选择性水平和指征性水平，社会与情绪健康量表可能是一种额外收集具体学生心理社会优势相关数据的有用工具，用以概念化案例并监控进展。社会与情绪健康量表分数提高，则支持个体对干预有反应；领域分数仍旧较低或下降,则表明该领域目标最需要后续支持。综上所述,社会与情绪健康量表提供的数据,可能有助于指导积极心理干预选择性水平和指征性水平的应用。而且,这些数据作为结果测量,补充了主观幸福感指标,将成为衡量长期效果的主要指标。

专业发展和指导

心理健康服务的传统模式依赖训练有素的“专家”(心理健康从业者)单独为学生提供服务。在优先考虑学生学业投入时间的制度中,这种传统模式受到限制,且与学校心理健康专家的接触有限。此外,这一模式也不适用于利用自然机会,例如通过在课堂、社区、家庭等社会环境中强化关系、教授适应性思维和行为模式,以建构和拓展资源。因此,提供心理健康服务的现代方法更多依赖传统上称为咨询实践的方式,在这种实践中,“专家”给与青少年频繁且真正交流的个体(例如教师和父母)提供支持。

第七章重点介绍与教师合作的方法:(1) 提高教师的个人主观幸福感(部分归因于教师幸福感和学生幸福感之间的双向关系);(2) 实施或强化对学生的积极心理干预。关于后者,第七章详述了一个由教师担任共同干预者的课堂实施的例子。这种资源集中的并行干预由心理健康从业者和教师共同实施,其目的是建构教师能力,使他们在未来能更独立地对本班学生实施干预。例如,在下一学年,教师接受从业者的辅导,将单独实施干预。第七章还介绍了一个基于优势的简单干预措施,旨在通过在课堂上使用性格优势来提高教师的主观幸福感。这种干预服务于双重目的：一是支持教师的幸福感；二是教授教师积极心理干预涉及的内容和活动，以带来幸福感的持久提升。从性格优势项目获得个人收益的教师，更有可能引导学生完成同一过程，即识别并使用性格优势。

第八章描述如何支持父母：(1) 提高他们的个人主观幸福感（部分归因于家庭幸福感趋势）；(2) 强化孩子在学校学习的积极心理干预措施。附录提供了与幸福感提升项目每节课程相对应的父母讲义。这些讲义概括孩子在与从业者的会面中学到的内容，并建议父母在家中开展后续活动以促进积极心理干预实践。

改善学生成果的研究验证实践

多层次支持系统包括选择循证实践来支持所有学生的需求。提高学生主观幸福感的实证方法可能需要应用研究结果，这些研究结果发现，环境以及个体潜在的可塑性因素（环境可塑性因素包括同伴、家庭和学校，个体可塑性因素包括认知和活动）与儿童青少年生活满意度的提高有关。为此，第三章总结了青少年主观幸福感的这类相关因素。正如我们在本章就学校氛围所讨论的，从逻辑上说，改善青少年主观幸福感相关因素的做法可能有助于提高主观幸福感。

文献的最新进展使得人们对积极心理干预措施实施之后的积极结果更有信心，其中许多积极心理干预措施针对幸福感的促进因素制定。第四章介绍了大量研究结果，这些研究结果支持各种单一和多目标积极心理干预，将它们作为提高学生主观幸福感的研究实践。由于对青少年积极心理干预的研究尚处于起步阶段，因此应该削弱对这些策略进行研究验证的信心。积极心理干预颇有前景，也许有效，但尚未得到确认。还需要更多独立团队来重复这些研究，并且确定可能会对干预效果起调节作用的学生人口学特征（如年龄和所属的文化群体）。

本章小结

心理健康越来越被视为一种完整的存在状态，在这种状态中，问题的消极指标和幸福感的积极指标都非常重要。全面的心理健康服务既需要预防和改善心理病理内化和外化症状，又要促进主观幸福感。本书针对课堂及家庭环境，旨在通过基于学生的连续性支持，为有意提高学生主观幸福感的学校心理健康专业人员提供实践指导。本书描述的策略来源于规模尚小但日益增长的校本积极心理干预研究。上述研究发现，普遍性干预、选择性干预和指征性干预有希望促进青少年的积极结果，这些干预指向学生的积极情绪、感恩、希望、目标导向思维、乐观、性格优势，以及与朋友、家庭、教师之间的积极关系。

将积极心理干预或其他实证心理健康干预纳入积极行为干预和支持等多层次支持框架时，学校可以系统地整合各种干预，以强化积极结果或使资源最大化。本书还包含方法说明，供学校心理健康服务团队在将积极心理干预整合到多层次支持系统框架时考虑。我们鼓励学校心理健康服务团队考虑，如何将积极心理干预系统地整合到当前的多层次支持框架中，以满足学生群体的完全心理健康需求。为与对心理健康的强调保持一致，多层次支持框架为学校提供系统方法来教授学生技能，创造积极有效的学习环境，以促进心理健康以及社会和学业成功，预防、减少、管理内化和/或外化问题。

附 录

主观幸福感的测量(配合第二章使用)

学生生活满意度量表

学生： **日期：**

教师：

指导语：我们想知道你过去几周关于生活的想法，想想你如何度过每一个白天和黑夜，然后想想在大部分时间里你是如何生活的。这里有一些陈述要求你表明你对生活的满意度。在回答每个陈述时，圈出 **1** 到 **6** 中对应的数字，其中 **1** 表示你***非常不同意***，**6** 表示你***非常同意***。

	非常不同意	中度不同意	轻度不同意	轻度同意	中度同意	非常同意
1. 我的生活进展顺利。	1	2	3	4	5	6
2. 我的生活刚刚好。	1	2	3	4	5	6
3. 我想改变生活中的很多东西。	1	2	3	4	5	6
4. 我希望我有不同的人生。	1	2	3	4	5	6

续　表

	非常不同意	中度不同意	轻度不同意	轻度同意	中度同意	非常同意
5. 我有一个美好生活。	1	2	3	4	5	6
6. 在生活中我拥有我想要的。	1	2	3	4	5	6
7. 我的生活比很多孩子要好。	1	2	3	4	5	6

多维度学生生活满意度量表

学生： **日期：**

教师：

指导语：我们想知道你过去几周关于生活的想法，想想你如何度过每一个白天和黑夜，然后想想在大部分时间里你是如何生活的。这里有一些陈述要求你表明你对生活的满意度。在回答每个陈述时，圈出 **1** 到 **6** 中对应的数字，其中 **1** 表示你***非常不同意***，**6** 表示你***非常同意***。

	非常不同意	中度不同意	轻度不同意	轻度同意	中度同意	非常同意
1. 我的朋友对我很好。	1	2	3	4	5	6
2. 被围绕我很高兴。	1	2	3	4	5	6
3. 在学校我感觉不好。*	1	2	3	4	5	6
4. 和朋友在一起的时候，我感觉不好。*	1	2	3	4	5	6
5. 很多事情我可以做好。	1	2	3	4	5	6
6. 在学校里我学到很多。	1	2	3	4	5	6

来源：香农 · M. 苏尔多(Shannon M. Suldo)的《促进学生的幸福：学校中的积极心理干预》(*Promoting Student Happiness: Positive Psychology Interventions in Schools*)。

续 表

	非常不同意	中度不同意	轻度不同意	轻度同意	中度同意	非常同意
7. 我喜欢花时间和父母在一起。	1	2	3	4	5	6
8. 我的家庭比很多人的都要好。	1	2	3	4	5	6
9. 学校里有很多我不喜欢的事情。*	1	2	3	4	5	6
10. 我觉得我长得好看。	1	2	3	4	5	6
11. 我的朋友非常好。	1	2	3	4	5	6
12. 如果我需要，我的朋友会帮助我。	1	2	3	4	5	6
13. 我希望我可以不去学校。*	1	2	3	4	5	6
14. 我喜欢我自己。	1	2	3	4	5	6
15. 在我居住的地方有很多有趣的事情做。	1	2	3	4	5	6
16. 我的朋友对我很好。	1	2	3	4	5	6
17. 大部分人喜欢我。	1	2	3	4	5	6
18. 我的家庭相处得很好。	1	2	3	4	5	6
19. 我很想去学校。	1	2	3	4	5	6
20. 我的父母对我很公平。	1	2	3	4	5	6

续 表

	非常不同意	中度不同意	轻度不同意	轻度同意	中度同意	非常同意
21. 我享受和家人一起待在家里。	1	2	3	4	5	6
22. 我喜欢待在学校。	1	2	3	4	5	6
23. 我的朋友对我很卑鄙。*	1	2	3	4	5	6
24. 我希望我有不同的朋友。*	1	2	3	4	5	6
25. 学校是有趣的。	1	2	3	4	5	6
26. 我享受学校活动。	1	2	3	4	5	6
27. 我希望住在不同的房子里。*	1	2	3	4	5	6
28. 我的家庭成员互相说话都很友好。	1	2	3	4	5	6
29. 我和朋友间有很多乐趣。	1	2	3	4	5	6
30. 我的父母和我一起做有趣的事情。	1	2	3	4	5	6
31. 我喜欢我的社区。	1	2	3	4	5	6
32. 我希望住在其他地方。*	1	2	3	4	5	6
33. 我是一个友好的人。	1	2	3	4	5	6

续　表

	非常不同意	中度不同意	轻度不同意	轻度同意	中度同意	非常同意
34. 这个镇上充满了卑鄙的人。*	1	2	3	4	5	6
35. 我喜欢尝试新事物。	1	2	3	4	5	6
36. 我家庭的房子很好。	1	2	3	4	5	6
37. 我喜欢我的邻居。	1	2	3	4	5	6
38. 我有足够多的朋友。	1	2	3	4	5	6
39. 我希望我的邻居中有不同的人。*	1	2	3	4	5	6
40. 我喜欢我住的地方。	1	2	3	4	5	6

*** ***同学，截止到此处，谢谢！*** ***

仅供从业者使用——计分方法：

＊反向计分项目(用 7 减去学生选择的数字)

朋友＝1＋4＋11＋12＋16＋23＋24＋29＋38

自我＝2＋5＋10＋14＋17＋33＋35

学校＝3＋6＋9＋13＋19＋22＋25＋26

家庭＝7＋8＋18＋20＋21＋28＋30

生活环境＝15＋27＋31＋32＋34＋36＋37＋39＋40

简版多维度学生生活满意度量表

学生： **日期：**

教师：

指导语：我们想知道你过去几周关于生活的想法，想想你如何度过每一个白天和黑夜，然后想想在大部分时间里你是如何生活的。这里有一些陈述要求你表明你对生活的满意度。在回答每个陈述时，圈出 **1** 到 **7** 中对应的数字，其中 **1** 表示你认为该生活领域是***糟糕的***，**7** 表示你认为该生活领域***非常幸福***。

（注：混合的＝相同的满意和不满意）

	糟糕的	不开心的	大部分不满意	混合的	大部分满意	开心的	非常幸福
1. 我会描述我对*家庭生活*的满意度为：	1	2	3	4	5	6	7
2. 我会描述我对*友情*的满意度为：	1	2	3	4	5	6	7
3. 我会描述我对*学校经历*的满意度为：	1	2	3	4	5	6	7
4. 我会描述我对*自己*的满意度为：	1	2	3	4	5	6	7

续　表

	糟糕的	不开心的	大部分不满意	混合的	大部分满意	开心的	非常幸福
5. 我会描述我对*住的地方*的满意度为：	1	2	3	4	5	6	7
6. 我会描述我对*整体生活*的满意度为：	1	2	3	4	5	6	7

社会与情绪健康量表(中学版)

学生： **日期：**

教师：

指导语：请圈出与回答相对应的数字，以表明每个陈述对你的真实含义。

	和我完全不符	和我有一点相符	和我比较相符	和我完全相符
1. 我可以解决问题。	1	2	3	4
2. 如果尝试，我可以完成大部分事情。	1	2	3	4
3. 大多数事情我都能做好。	1	2	3	4
4. 我的生活有一个目标。	1	2	3	4
5. 我能理解自己的心情和感受。	1	2	3	4
6. 我能理解为什么我要做正在做的事情。	1	2	3	4
7. 当我不明白一些事情的时候，我会一遍一遍问老师直到明白。	1	2	3	4

来源：香农·M. 苏尔多(Shannon M. Suldo)的《促进学生的幸福：学校中的积极心理干预》(*Promoting Student Happiness: Positive Psychology Interventions in Schools*)。

续 表

	和我完全不符	和我有一点相符	和我比较相符	和我完全相符
8. 我尝试回答所有课堂提问。	1	2	3	4
9. 当我解决数学问题的时候，我不会停止，直到得出最终答案。	1	2	3	4
10. 在学校里有一位老师或几位成年人希望我做到最好。	1	2	3	4
11. 当我想说一些话的时候，学校里有一位老师或几位成年人会聆听。	1	2	3	4
12. 在学校里有一位老师或几位成年人相信我会成功。	1	2	3	4
13. 我的家庭成员互相支持和帮助。	1	2	3	4
14. 我的家人有一种团结的感觉。	1	2	3	4
15. 我的家人真的相处得很好。	1	2	3	4
16. 我有一个真的很关心我的同龄朋友。	1	2	3	4
17. 我有一个和我谈论我的问题的同龄朋友。	1	2	3	4
18. 我有一个年龄稍大的朋友，在我遇到困难时帮助我。	1	2	3	4
19. 我接受我的行为责任。	1	2	3	4
20. 我承认我犯的错误。	1	2	3	4

续 表

	和我完全不符	和我有一点相符	和我比较相符	和我完全相符
21. 我能接受被拒绝。	1	2	3	4
22. 当某人受到伤害时，我感到很难过。	1	2	3	4
23. 我试图了解别人经历了什么。	1	2	3	4
24. 我试图理解别人的感受和想法。	1	2	3	4
25. 我可以等待我想要的。	1	2	3	4
26. 人们忙碌时我不打扰。	1	2	3	4
27. 我三思而后行。	1	2	3	4
28. 每天我都希望有乐趣。	1	2	3	4
29. 我通常希望有美好的一天。	1	2	3	4
30. 总的来说，我希望在我身上发生更多好事，而不是坏事。	1	2	3	4

	一点也不	很少	有点	比较多	非常多
31. 你现在有多精力充沛?	1	2	3	4	5
32. 你现在有多活跃?	1	2	3	4	5
33. 你现在有多活泼?	1	2	3	4	5
34. 从昨天开始，你有多感激?	1	2	3	4	5

续　表

	一点也不	很少	有点	比较多	非常多
35. 从昨天开始，你有多感恩？	1	2	3	4	5
36. 从昨天开始，你有多感谢？	1	2	3	4	5

*** ***同学，截止到此处，谢谢！*** ***

仅供从业者使用——计分方法：

相信自己＝项目 1～9 的总分(范围＝9～36)

相信他人＝项目 10～18 的总分(范围＝9～36)

情感能力＝项目 19～27 的总分(范围＝9～36)

投入生活＝项目 28～36 的总分(范围＝9～42)

总综合活力＝项目 1～36 的总分(范围＝36～150)

* 低水平≤85；低平均值＝86～106；高平均值＝107～127；高水平≥128。

社会与情绪健康量表(小学版)

学生: **日期:**

教师:

指导语:请根据以下每条陈述对你来说有多真实,从 **1** 到 **4** 圈出最符合的答案,其中 **1** 代表*几乎从不*,**4** 代表*非常频繁*。

	几乎从不	有时	经常	非常频繁
1. 我很幸运可以去学校。	1	2	3	4
2. 我很感激能在学校学到新东西。	1	2	3	4
3. 我很幸运,在我的学校有优秀的教师。	1	2	3	4
4. 我感谢在校的好朋友。	1	2	3	4
5. 当我在学校遇到问题时,我知道它们将来会好起来。	1	2	3	4
6. 我希望我的学校能有好的事情发生。	1	2	3	4
7. 我希望每周都能在课堂上感到快乐。	1	2	3	4
8. 我希望能在学校和朋友玩得开心。	1	2	3	4
9. 当我在学校学到新东西时,我很兴奋。	1	2	3	4

续　表

	几乎从不	有时	经常	非常频繁
10. 我对学校项目感到非常兴奋。	1	2	3	4
11. 我早上醒来兴奋地去上学。	1	2	3	4
12. 当我做课堂作业时，我很兴奋。	1	2	3	4
13. 我完成所有课堂作业。	1	2	3	4
14. 当我的成绩不好(低)时，下次我会更努力。	1	2	3	4
15. 我一直写作业，直到把作业做好。	1	2	3	4
16. 即使对我来说真的很难，我也会完成班级任务。	1	2	3	4
17. 我遵循课堂规则。	1	2	3	4
18. 我在课间休息和午餐/休息时间遵守操场规则。	1	2	3	4
19. 我认真听老师说话。	1	2	3	4
20. 我对其他同学很好。	1	2	3	4

幸福感提升项目手册(配合第五章使用)

学校心理健康服务提供者核心干预指南课程方案

核心课程 1：(学生小组)幸福感提升项目介绍

目标	建立一个支持性的小组环境。 提高主观幸福感。 向学生介绍幸福的广泛决定因素。
过程概述	A. 认识你活动：你最棒的一面。 B. 小组讨论：幸福的初始定义和重要性。 C. 澄清小组目的。 D. 建立小组规范。 E. 家庭作业：你最棒的一面。
材料	● 活页夹用于保存整个课程期间提供和创建的文档，以便在每次小组课程开始时随时访问。 ● 学生可以传递小组作业的文件夹，以便在小组课程之间使用。 ● 白板或画架。 ● 幸福决定因素图。 ● 什么决定幸福？讲义。 ● 项目活动概述讲义。 ● 保密讲义。

续 表

<table>
<tr><th colspan="2">过 程 定 义</th></tr>
<tr><td colspan="2">A. 认识你活动：你最棒的一面</td></tr>
<tr><td colspan="2">这项活动在一开始提高了幸福感（Seligman et al., 2005）。这里将其作为导入活动，部分是为了加强参与并扩大后续活动的影响。</td></tr>
<tr><td>设置阶段</td><td>当我们谈论为什么我们都在这个小组之前，我想做一个活动来帮助我们相互了解，特别是我们每个人都擅长什么。</td></tr>
<tr><td>写作</td><td>● 为学生提供一张普通的横格纸。
● 让他们写下一段时间里自己最棒的表现。
做得很好。
超越别人。
展现天赋。
创造一些东西。</td></tr>
<tr><td>个人反思</td><td>● 一旦完成写作，请学生花几分钟时间反思这个故事。
记住当时的感受。
确定自己在故事中显示的个人优势。
思考获得这一成就所需的时间、努力和创造力。</td></tr>
<tr><td>共享反思</td><td>● 要求学生与小组成员分享他们的故事和一两点反思。
● 思考每个小组成员的故事，并识别或重新确认故事中显示的优势。
● 鼓励小组成员反思彼此故事中的积极方面。
他们在故事中欣赏或喜欢的东西。
分享者在故事中展示的优势。
他们与分享者共享的品质。</td></tr>
<tr><td>保存</td><td>● 复印一份你最棒的一面的故事。
● 将故事副本存档在活页夹中，以备将来随时查阅，例如学生忘记将自己的家庭作业文件夹带到下次课程上来。
● 将原始故事放在一个文件夹中，学生将使用该文件夹来保存自己的家庭作业以及幸福感提升项目的小组笔记。</td></tr>
</table>

续 表

<table>
<tr><td colspan="2">B. 小组讨论：幸福的初始定义和重要性</td></tr>
<tr><td>设置阶段</td><td>你认为这个小组是关于什么的？
● 一旦得到答案，说明这个小组是关于幸福的。</td></tr>
<tr><td>幸福的介绍</td><td>将这些问题提交给小组并简要讨论：
● 当有人说自己“很幸福”时，他/她的意思是什么？“幸福”对你意味着什么？
● 为什么幸福很重要？为什么你的幸福很重要？
● 你如何提升自己的幸福？
没有具体答案是必要的。简单促进学生对这些主题的思考和讨论。用你自己生活中的例子参与讨论，以便与小组成员发展关系。</td></tr>
<tr><td colspan="2">C. 澄清小组目的</td></tr>
<tr><td colspan="2">这个讨论将向学生介绍小组目的：通过建构有目的的想法和活动，将我们的个人幸福感提升到基因设定点的上限，从而使我们感到更幸福。</td></tr>
<tr><td>介绍幸福的决定因素理论</td><td>● 分享幸福决定因素图。
● 解释幸福由三个因素决定：基因、生活环境和有目的的活动。示例脚本：
看看幸福决定因素图。科学家发现，幸福由三个因素决定——基因或生物设定点、有目的的活动和生活环境。设定点是幸福的最大原因，它受我们的基因控制。我们都有一系列能力获得幸福，这是我们与生俱来的。让我们用量表衡量，假设人们可以在 1～6 的量表范围内感到幸福。有些人的范围天生很高，即使他们处于最低的幸福水平，看起来也可能比其他人幸福得多。在这种情况下，他们的范围可能是 4～6。然而，一些人的范围较低，他们经常不幸福，可能处于 0～2 的范围。一个人的设定点是他们通常在自身范围内的幸福水平。例如，一个人的范围可能是 3～5，但通常是 4 的幸福水平。幸运的是，基因不是决定幸福的唯一因素，否则我们无法变得更幸福。生活环境的变化以及有目的的思考和活动帮助</td></tr>
</table>

续　表

介绍幸福的决定因素理论	*我们在一定范围内提升幸福水平。环境是生活的事实，例如你生活的国家，你的年龄，你有多少钱以及你就读的学校。这些是我们通常无法改变或不能轻易做到的事情。在自身范围内提高幸福水平的关键是有目的的活动。换句话说，你选择做什么或想什么。有目的的活动包括你所做的事情、你的想法、你的态度和目标。每个人都有机会通过有目的的活动提高自己的幸福水平，这就是我们将在小组讨论的内容。这个小组的目的是通过谈论你过去、现在和将来的良好态度、感受、想法和活动来提升幸福水平。在课程中，我们将学习如何使我们有目的的活动（我们选择做的和想做的事情）更符合那些对自己的生活感到很幸福的人的活动。你有什么问题？*
检查理解	● 分发项目活动概述讲义。 ● 要求学生完成幸福决定因素图和关于小组课程重点的第一个问题（答案：有目的的活动）。 ● 加强努力，指导学生根据需要更正答案。
D. 建立小组规范	
对课程期间的适当行为提出明确的期望。行为应该表达对同学的尊重，并最大限度地参与活动，从而提升个人幸福感。	
设置阶段	● 讨论小组课程的出勤问题。学生将何时、何地与小组领导者会面，会面频率如何，小组领导者将如何与课堂教师协调日程安排，使用会议室的时间等。示例脚本： *在接下来的10周，我们将在这个房间里，在这个时间每周会面。无须先向第三节课的教师签到，我会通过电子邮件和她确认你今天在这里。当第二节课下课时，到你的储物柜去拿你的小组文件夹，然后直接到这里来。* ● 重温项目活动概述讲义，完成第二到第四个问题。 ● 在学生文件夹中填写完成的工作表，以备将来参考。

续 表

保密	● 将以下问题提交给小组并简要讨论： *你之前听过“保密”这个词吗？* *你如何定义这个小组的保密性？（例如，保密＝私密或秘密）* ● 将学生的想法纳入保密定义。确保它包含以下内容： 在小组之外尊重别人的隐私。 小组领导者必须打破保密的情形（例如，对自己有危险，对他人有危险，学生处于危险中）。 学生表达的任何其他担忧。 ● 分发保密讲义。 ● 请学生在工作表上写下保密定义。 ● 将完成的工作表放入学生文件夹以供将来参考。
发展额外的小组行为规则	制定一个小组规则的简短列表。这些规则旨在促进信任和参与的氛围。小组中适当行为的规则也应该符合现有的学校规则和行为期望，例如学校积极行为干预和支持项目阐述的规则。 ● 记录并发布小组规则以供将来参考。
E. 家庭作业：你最棒的一面	
设置阶段	● 讨论每周为完成小组家庭作业而提供的具体激励措施，例如学习用品、贴纸、糖果、学校积极行为干预和支持项目使用的兑换券等。
安排	● 在本周的每个晚上，学生应该阅读他们的故事，并思考他们在故事中展现的优势。 ● 鼓励学生为故事添加更多细节。 ● 如果愿意，学生可以与家人或其他人分享故事。
未来展望	● 下一节课的简短讨论将涉及学生家庭作业的完成情况以及由此产生的幸福感。

核心课程 2：(学生小组)感恩日志

目标	● 探索学生目前的感恩水平。 ● 定义感恩以及它如何影响幸福。 ● 使用感恩的方法关注对过去事件的积极解释。
过程概述	A. 回顾家庭作业：你最棒的一面。 B. 小组讨论：感恩的初始定义和重要性。 C. 感恩日志。 D. 家庭作业：每日感恩日志。
材料	● 完成家庭作业的实际奖励(贴纸、糖果、铅笔等)。 ● 黑板、白板或画架。 ● 小方格纸，让学生自我评级。 ● 带有空白封面的笔记本或日记本，可插入小组文件夹中。 ● 钢笔、铅笔、记号笔或其他彩色用品来装饰感恩日志。
过 程 定 义	
A. 回顾家庭作业：你最棒的一面	
作业完成和奖励	● 询问学生阅读他们的你最棒的一面的故事的频率。 ● 完成家庭作业后提供小奖励(例如糖果)。 ● 如果学生不遵守每日要求，强调日常努力对于改变幸福的重要性。
反思	● 让学生分享他们在一周内重温你最棒的一面的故事的新感想。 ● 让学生分享自上次课程以来，幸福感有何不同。

续 表

<table>
<tr><td colspan="2">B. 小组讨论：感恩的初始定义和重要性</td></tr>
<tr><td>设置
阶段</td><td>什么是感恩？
● 促进简短的讨论，了解学生对感恩的理解。
● 把学生的回答记录在黑板上。圈出并讨论关键术语、短语和主题。提供一个通用的定义，例如：
当你意识到你接受另一个人的善意行为时，你会感恩（感谢、感激）。更具体地说，在获得你认为有价值的好处之后，你感到非常感激，这种好处是有意和无私地（不是别有用心地）提供的，并且提供好处的人付出了一定的代价。</td></tr>
<tr><td>评估
你的
感恩</td><td>我们将评估自己的感恩水平。
● 在白板上绘制从 0 到 10 的一条数轴。
● 分发小张的空白纸片。
想想过去几个月你感恩的频率。从 0 到 10 的范围内，0 表示永远不会感恩，5 表示有时感恩，10 表示一直感恩。请评估你的感恩水平。
● 要求学生将他们的评级写在空白纸片上并折叠起来。</td></tr>
<tr><td>分享
反思</td><td>● 请每个学生轮流分享自己的评级以及选择它的原因。</td></tr>
<tr><td>介绍
感恩
和幸福
之间的
联结</td><td>● 为什么感恩很重要？
● 为什么在你的生活中感恩很重要或不重要？
● 你认为感恩可以提升幸福吗？为什么？
讨论感恩如何帮助我们将情感集中在过去与学校、友谊和家庭生活有关的积极部分。
提供一个你感恩的个人例子，以及它如何将你的注意力重新集中在积极体验上。</td></tr>
<tr><td colspan="2">C. 感恩日志</td></tr>
<tr><td colspan="2">埃蒙斯和麦卡洛（Emmons & McCullough，2003）发现，每天关注感恩的想法可以提升幸福感。感恩日志是一种将学生的思想集中在他们感恩的事物、人物或事件上的方法。第一周的强度很大，因为每天都要求学生写日志。这与埃蒙斯和麦卡洛的发现一致，即高强度的感恩日志带来高水平的幸福感。之后，建议每周写一次感恩日志。</td></tr>
</table>

续 表

创作一个感恩日志	● 为每个学生提供简易封面的日记本或笔记本。 ● 要求学生使用写作/美术材料设计封面，以显示对他们的经历有积极影响的内容。 他们做过的事情，别人给予他们的东西，家庭活动的一部分，或任何其他被认为积极的经历。 鼓励他们画画、写字，或把写字和画图/符号结合。
使用感恩日志	● 装饰完感恩日志后，解释其预期用途。 *我希望你花 5 分钟时间思考你的一天，写下你生活中感恩的 5 件事，包括事件、人物、天赋，或其他任何你想到的东西。一些例子可能包括朋友的慷慨，老师给的额外的帮助，家庭晚餐，你最喜欢的乐队/歌手，*等等。（提供你知道的与你的学生相关的例子。） ● 帮助学生在小组中完成一个初始条目。 给学生 5 分钟列出他们目前感恩的 5 件事。 解释各种反应都是可接受的和预期的。
分享反思	● 独立写作时间结束后，提示每个学生与小组成员分享一个或两个回答。 ● 考虑到学生对学校的满意度通常较低，请特别注意学生以积极的方式评论的与学校相关的人或事。
D. 家庭作业：每日感恩日志	
安排	*本周的每个晚上，我希望你在睡觉前留出 5 分钟。想一想你的一天，写下你生活中感恩的 5 件事，就像我们今天在你的感恩日志中所做的一样。请记住，感恩日志可以包括事件、人物、天赋，或其他任何你想到的东西，不管它是大还是小。另外，如果它们对你来说真的很重要，你可以重复一些事情。但尽量尝试去思考不同的事情。*
未来展望	● 向学生解释，他们永远不会被要求分享所有答案，但要在下次小组课程中分享两到三个他们的回答，这样很自在。 ● 学生应该将装饰好的笔记本添加到家庭作业文件夹中。 ● 提醒学生他们获得的奖励取决于家庭作业的完成情况和感恩日志的归还情况。

核心课程 3：(学生小组)感恩致谢

目标	● 用感恩日志探索学生的经历。 ● 在感恩思考和对过去的积极感受之间建立联系。 ● 学习整合行动/表达感谢。
过程概述	A. 回顾家庭作业：感恩日志。 B. 感恩致谢。 C. 小组讨论：对过去的积极感受。 D. 家庭作业：开展感恩致谢。
材料	● 完成家庭作业的实际奖励(贴纸、铅笔等)。 ● 使用计算机实验室或信纸。 ● 信件大小的信封。 ● 幸福决定因素图。 ● 感恩致谢计划表讲义。
过 程 定 义	
A. 回顾家庭作业：感恩日志	
作业完成和奖励	● 询问学生多久完成一次感恩日志。 ● 完成家庭作业后提供小奖励(例如，铅笔、贴纸)。 ● 如果学生没有定期写感恩日志，强调日常努力对于改变幸福的重要性。
反思	● 要求学生选择他们记录的两到三件感恩的事与小组成员分享。 ● 从对过去的积极感受方面讨论感恩这些事情的重要性。 ● 要求学生分享感恩或幸福感的任何变化。

续　表

B. 感恩致谢	
感恩致谢的完成与积极的、持久的幸福感变化有关（Seligman et al., 2005）。以下活动根据初始研究进行调整。	
设置阶段	*我们每个人生命中都有以某种方式帮助过我们的人。这种帮助可以成为某些人工作的一部分，如教师或父母，也可以是别人在没有要求的情况下给予的帮助。即使是他们工作的一部分，善意或帮助也可能很重要，因为他们做这件事使我们受益匪浅。有时候，别人对我们的友善不会被注意到或无法识别。*
识别我们感恩的人	● 列举一些在童年期对你特别友善或对你有帮助的人，他们从未得到恰当的感谢。 ● 分发感恩致谢计划表。 ● 要求学生列出一份对自己特别友善的人的名单，但他们可能没有得到恰当的感谢。
计划一次感恩致谢	● 帮助学生从名单中找出一个感恩的人，他们可以亲自见面并交付一封表达感恩的信。 ● 帮助学生写一封单页信，描述自己为什么感谢这个人。 如果学生喜欢打字，请确保他们可以使用电脑。 ● 帮助学生规划他们阅读信件的日期和时间，在此期间他们将大声朗读这封信(完成感恩致谢计划表)。 ● 指导学生在面对面致谢期间，通过表情和目光接触缓慢朗读信件。 ● 要求学生不要透露他们想与感恩的人见面的原因，只需要制定与那个人共度时光的计划。
C. 小组讨论：对过去的积极感受	
介绍想法与情感的联系	● 讨论学生过去的想法与当前情感之间的联系。 *感恩如何重塑你的想法并改变你的幸福感？——注意、书写、谈论生活中的美好事物，思考值得感恩的人。*

续 表

重温幸福决定因素理论：强调有目的的活动	● 回顾什么决定幸福。想象并讨论感恩思考如何是一项有目的的活动。示例脚本： *做一些像感恩日志和感恩致谢这样的事情可以让你重新关注过去的积极方面，这会让你对自己过去经历的事和生活持积极态度（将你带入设定点的上限）。这类活动甚至可以帮助你对自己的目标更加自信，因为你知道生命中有人帮助你。*
D. 家庭作业：开展感恩致谢	
作业 1	● 在下次小组课程前，学生应该开展感恩致谢。 ● 注意：在学生没有办法与感恩的人会面或无法确定某个感恩的人的情况下，要求学生继续像上一周一样每日写感恩日志。
作业 2	● 要求所有学生在下一节课前的那一周的某个时间点完成至少一篇感恩日志。
未来展望	● 学生应该带着完成的感恩致谢计划表和家庭作业文件夹中装饰好的笔记本离开课堂。 ● 提醒学生完成家庭作业和归还感恩日志可以获得奖励。

核心课程 4：（学生小组）善意行为

目标	● 定义善良（一种性格优势），以及它如何影响幸福。 ● 探索学生目前的善意行为的频率。 ● 学习通过善良来关注当前事件的积极解读。
过程概述	A. 回顾家庭作业：感恩致谢和/或感恩日志。 B. 小组讨论：善良的初始定义和重要性。 C. 学生对善意行为的评估。 D. 家庭作业：表现善意行为。
材料	● 完成家庭作业的实际奖励（贴纸、铅笔等）。 ● 黑板、白板或画架。 ● 幸福决定因素图。 ● 表现善意行为记录表讲义。
过程定义	
A. 回顾家庭作业：感恩致谢和/或感恩日志	
作业完成和奖励	● 询问学生感恩致谢的进展情况。 ● 询问学生完成一个或多个感恩日志条目的进展情况。 ● 完成家庭作业后提供小奖励（例如糖果）。 ● 如果学生没有完成指定的感恩致谢，解决问题，并制定本周致谢计划。强调在课程期间不断努力改变幸福感的重要性。
反思	● 要求学生在感恩致谢期间和之后分享自己的经验。 *受访者如何回应？* *致谢结束后，你和受访者有什么感受？* ● 对于继续完成感恩日志的学生，请他们选择一个条目并与小组成员分享。 ● 要求学生分享自上次课程以来幸福感的任何改变。

续 表

B. 小组讨论：善良的初始定义和重要性	
善意行为通过满足基本的人际关系需求(Lyubomirsky et al.，2005)，提供了一种改善情绪和幸福感的方式。善良被定义为一种性格优势，它带来幸福同时源于幸福(Otake et al.，2006；Park et al.，2004)。	
设置阶段；将善良定义为与幸福有关的性格优势	*什么是善良？当某人被称为善良的人时，你怎么看？那个善良的人具体在做什么？* ● 简要讨论学生认为什么是善良。 ● 在黑板上记录学生的答案。圈出并讨论关键术语、短语和/或主题。提供一个通用的定义，例如： *善意行为是有益于他人或让他人幸福的行为，通常以你的时间和精力为代价。当一个人一直践行善意行为时，我们会说他/她善良，或者他/她拥有善良的美德。善良是一种德性，也称为性格优势，是人们通过选择而行动的道德优势。我们会在下周谈论更多关于性格优势的内容。*
介绍善良和幸福感之间的联系	*为什么善良这一性格优势很重要？* *为什么在你的生活中展现善良很重要？* *你认为善良可以影响幸福吗？为什么？* ● 讨论善良如何帮助我们将自己的情绪集中在当前生活的积极方面。例如通过： 建立对他人和社区的积极看法。 加强合作。 认识到自己的好运。 认为自己是有帮助的。 对自己帮助他人的能力更有信心和更乐观。 让别人认识并喜欢自己。 受到赞赏和感谢。 他人对自己的友善和友谊。 ● 举例说明你对他人友善的时刻，以及如何将注意力集中在积极方面。

续 表

C. 学生对善意行为的评估	
研究者(Otake et al., 2006)发现，通过简单计算一周以来的善意行为，可以提高幸福感。这项研究为即将开始的家庭作业的准备练习奠定了基础，以制定家庭作业中的善意行为。	
识别善意行为	● 促进对你、青少年和成年人在学生生活中表现的各种善意行为的讨论，然后讨论学生自己的善意行为。 ● 首先提供一些你最近表现的善意行为的例子，主要关注过去一周。 确保你提供了一系列对你来说真实的善意行为，但也与小组成员有关。 粗略估计你在一周内表现出的善意行为的数量(例如 3～5 个、4～6 个或 7～10 个)。 ● 要求学生思考生活中的人，比如家庭成员、同学、朋友和教师。 请学生举几个他们在过去一周内观察到的生活中这些重要人物的善意行为的例子。 请他们每周估计一个确定的人表现这种善意行为的频率。
评估你的善良	*我们将思考自己已经表现出的善意行为，并评估自己典型的善意行为。* ● 要求学生提供他们在过去一周表现出的善意行为的例子。如果学生很难想到这个时间范围内的善意行为，他们可以回想过去两三周。 ● 请记住，善良常被描述为一种美德，因此如果一个学生分享他/她的善意行为水平很低，这可能被解释为负面的，甚至是可耻的。促进开放态度和非批判态度。示例脚本： *人们表现出的善意行为有所不同。这不是对他们道德品质的反思。正如下次课程将要讨论的，性格优势有很多种。在不同领域，有些人比其他人更突出。* ● 分发小的空白纸张。 ● 要求学生每周评估自己的善意行为，他们可以把善意行为写在纸上并折叠起来。 ● 解释我们打算在未来一周增加善意行为的数量，例如一天内表现 5 次善意行为。

续 表

D. 家庭作业：表现善意行为	
研究者(Lyubomirsky，Tkach，& Sheldon，2004)发现，每周挑选一天表现5次善意行为，持续6周，幸福感显著提升。本周的家庭作业安排基于这一点和后续研究。	
安排	*我希望你在本周选择一天表现5次善意行为。正如我们所谈到的，善意行为会让其他人受益，或使其他人感到幸福，通常以你的时间和精力为代价。善意行为可以是小事，如赞美或帮他人扶门，也可以是大事，如帮你的父亲洗车。* ● 帮助学生对他们可能喜欢的善意行为进行头脑风暴。 他们可以在学校做什么？(在课堂上？上学前或午餐期间？) 他们可以在家里做什么？ ● 分发善意行为记录表以记录他们的计划，并在执行后记录额外的善意行为。 ● 要求学生确定表现善意行为的日期。
未来展望	● 解释永远不会要求学生分享他们所有的答案，而是希望能够在下次小组课程中分享2～3个善意行为和相关感受。 ● 学生应该在他们的家庭作业文件夹中添加善意行为记录表。 ● 提醒学生他们获得的奖励取决于家庭作业的完成情况和善意行为记录表的归还情况。

核心课程 5：(学生小组)性格优势介绍

目标	● 定义性格优势和美德，以及如何利用性格优势影响当下的幸福感。 ● 探索学生感知到的性格优势。 ● 强化善意行为。
过程概述	A. 回顾家庭作业：表现出善意行为。 B. 小组讨论：性格优势和美德。 C. 学生识别感知到的性格优势。 D. 小组讨论：当前的积极情绪。 E. 家庭作业：继续表现出善意行为。
材料	● 完成家庭作业的实际奖励(糖果、贴纸等)。 ● 黑板、白板或画架。 ● 横格纸。 ● 24 种性格优势的分类。 ● 善意行为记录表讲义。
过 程 定 义	
A. 回顾家庭作业：表现出善意行为	
作业完成和奖励	● 在一周内表现 5 个善意行为，询问学生的进度。 ● 完成家庭作业后提供小奖励(例如糖果)。 ● 如果学生没有按计划表现善意行为，解决问题，并向他们解释本周还有其他机会。强调在课程期间不断努力以改变幸福感的重要性。

续 表

反思	● 要求学生分享他们表现出的 2～3 个善意行为。 ● 从对现在的积极感受的角度讨论善意行为的重要性，确保善意行为以牺牲学生的时间和/或精力为代价而使他人受益。 *从你的善意行为中受益的人是如何回应的？* *你如何看待这种善意行为？* ● 告知学生他们本周的家庭作业是继续以相同的方式表现出善意行为。
B. 小组讨论：性格优势和美德	
帕克及其同事（Park et al.，2004）将性格优势定义为“反映思想、感受和行为的特质”（p.603）。这些优势是可识别的，它们相互关联，在不同程度上自愿使用。性格优势是需要判断并使人们蓬勃发展的行为倾向，在此基础上进行以下讨论。	
设置阶段；从天赋中区分性格优势	*你如何定义一个人的性格优势或美德？* ● 鼓励积极讨论这些词语的含义。 ● 请务必讨论，性格优势是通过选择建立的道德优势，与天赋不同：*天赋是你与生俱来的品质，但可能会通过有目的的行为有所改善（例如，你的歌声中的完美音调、舞蹈的节奏、跑步速度）。然而，性格优势（诚实、善良、公平、创造性）是美德，通过选择建立和使用。* ● 提供自己的天赋与道德优势的例子。
介绍行动价值优势分类系统	● 分发 24 种性格优势的行动价值分类讲义。 ● 交互式讨论已确定的 24 种性格优势中每一种性格优势的含义。 ● 要求每个学生轮流大声朗读其中一种性格优势的定义，并说出该性格优势对自己的意义，通过澄清必要的定义确保学生理解性格优势的含义。 ● 在学生阅读和讨论性格优势之前，先描述美德的类别。这将提供性格优势的背景并澄清美德类别更普遍，而不是自身的性格优势更普遍。 ● 继续轮流练习，以确保每个学生都能定义和讨论性格优势。

续　表

C. 学生识别感知到的性格优势	
发现优势	● 从第一次小组课程中检索学生已完成的你最棒的一面的故事（从小组领导者的活页夹或学生文件夹中检索）。 ● 要求学生重读自己的故事。 ● 简要总结学生之前分享的你最棒的一面的故事，并提出在故事中展现的性格优势（与行动价值分类系统使用的术语一致）。 ● 要求学生确定他们在你最棒的一面的故事中展示的 24 种性格优势分类讲义中列出的优势。 ● 要求学生讨论他们在小组课程或其他场合看到的其他学生展示的性格优势。
确定感知到的五大性格优势	● 考虑到学生自己注意到这些性格优势，或者他们的同龄人认识到这些优势，请学生根据 24 种性格优势分类讲义，确定五大性格优势。 请每个学生在一张横格纸上写下他/她确定的性格优势。 让学生分享他们为自己选择的性格优势，并将它们写在白板上。 协助学生看看不同小组成员分享的优势。
D. 小组讨论：当前的积极情绪	
介绍行动与情感之间的关联	● 讨论使用性格优势与当下（你的日常生活）的幸福感之间的关联： *当你在日常生活中使用性格优势时，你的想法和感受通常是什么样的？* ● 在黑板上记录学生的想法。根据需要添加并讨论以下观点： 关注当前的努力，专注。 参与基于能力和技能的挑战。 专注于时间飞逝的任务。 制定并努力达成明确的目标。 来自他人和自己的即时反馈。 自我控制感。

续 表

重温幸福的决定因素理论：强调有目的的活动	● 回顾幸福决定因素图。想象并讨论积极情绪是如何通过选择和努力使用性格优势而产生的，因此，使用性格优势是与幸福相关的有目的的活动的一个例子。举个例子： *收银员少收取你的钱。虽然你认为这些物品价格过高，并且你真的想把多余的钱留下，但你告诉收银员少收了你的钱。（或者：在商场里，你跟在一个男人后面，一张20美元的钞票落在地上，虽然你有一些想买的东西，你真的想留下这些钱，但你喊出"嘿，先生，你掉了一些钱"，然后你拿着捡起的20美元追上他。）之后，你会对自己感觉良好，因为你选择了锻炼你的诚实品格。* ● 要求学生选择自己列出的优势之一，并向小组成员解释如何使用这一优势。 ● 解释接下来的课程会更关注发现和使用最重要的性格优势。
为专注于性格优势作准备	● 收集每个学生自我认定的性格优势列表，存储在小组活页夹中以供下次课程参考。 ● 解释学生下节课将完成一次在线调查，以评估他们的性格优势，并将他们自己选择的优势与调查结果进行比较。
E. 家庭作业：继续表现出善意行为	
安排	*像上周一样，我希望你本周选择一天表现5个善意行为。请记住，重复练习（如表现善意行为）会提高幸福感。* ● 分发善意行为记录表以记录学生的计划，并在完成后记录其他善意行为。 ● 要求学生确定表现5个善意行为的日期。 ● 提醒学生，善意行为通常是以牺牲自己的时间和精力为代价的，通过从小到大的善意行为来使他人获益或感到幸福。
未来展望	● 告知学生他们将被要求在下次小组课程中分享自己的2～3个善意行为和相关感受。 ● 学生应该将善意行为记录表添加到他们的家庭作业文件夹中。 ● 提醒学生他们获得的奖励取决于家庭作业的完成情况以及善意行为记录表的归还情况。

核心课程 6：(学生小组)评估标志性性格优势

目标	• 通过一项调查来识别学生的标志性性格优势，该调查从多个方面来评估每个优势。 • 讨论学生个人的标志性性格优势。 • 探索一种使用标志性性格优势的新方法。 • 制定一个标志性性格优势新用途的个性化计划。
过程概述	A. 回顾家庭作业：表现善意行为。 B. 对性格优势的调查评估。 C. 讨论：预期的与调查确定的标志性性格优势。 D. 家庭作业：以新的方式使用第一个标志性性格优势。
材料	• 完成家庭作业的实际奖励(糖果、贴纸等)。 • 黑板、白板或画架。 • 学生在上节课创建的自我确定的性格优势列表。 • 横格纸。 • 计算机实验室和互联网。 • 24 种性格优势分类讲义。 • 第一个标志性性格优势新用途讲义。 • 表现善意行为记录表讲义。
过　程　定　义	
A. 回顾家庭作业：表现善意行为	
作业完成和奖励	• 询问学生在一周内表现 5 个善意行为的进展情况。 • 完成家庭作业后提供小奖励(例如糖果)。 • 如果学生没有按照计划表现善意行为，解决问题。强调在课程期间不断努力改变幸福的重要性。

续 表

反思	● 要求学生分享他们表现的1～2个善意行为。 ● 从对现在的积极感受的角度讨论善意行为的重要性，强调以牺牲自己的时间和/或精力为代价给他人带来的好处。 *从你的善意行为中获益的人是如何回应的？* *你如何看待这种善意行为？* ● 告知学生本周他们的家庭作业将包含两部分：第一部分是以新的方式使用性格优势；第二部分是鼓励学生继续完成提升幸福感的活动，如表现善意行为或感恩致谢。
B. 对性格优势的调查评估	
青少年优势行动价值问卷由帕克和彼得森(Park & Peterson, 2006)开发，作为初始成年人版本的延伸。本次评估的目的是确定青少年对24种性格优势的个人排名，并特别强调他们最重要的5种优势，即标志性性格优势。行动价值研究所最近简要评估了10～17岁青少年的24种性格优势。塞利格曼(Seligman, 2011)讨论了如何使用自己的标志性性格优势以持续提升幸福感。	
准备	在此课程之前，请登录网站访问在线版本的青少年优势行动价值问卷。你可以在不同的计算机上登录多个学生用户，同时使用你的账号/登录名，从而避免学生输入个人信息或在网站上创建自己的账号。
完成青少年优势行动价值问卷	● 解释研究者开发了一项调查，帮助人们识别和排列自己的性格优势。排名前五的性格优势称为标志性性格优势。 ● 解释有一个网站，旨在帮助人们识别自己的标志性性格优势。 登录网站后，向下滚动并点击"Take Survey"链接。 选择调查的链接。 按照在线说明注册并完成调查。 大声朗读完成在线提供的问题的说明。 ● 在学生独立完成调查时进行监督，必要时回答问题，并鼓励学生完成调查，根据学生的阅读速度和所选调查的版本，调查可能需要15～40分钟。

续 表

C. 讨论：预期的与调查确定的标志性性格优势	
回顾青少年优势行动价值问卷确定的排名前五的标志性性格优势	● 当学生完成在线调查时，打印出排名前五的标志性性格优势。如果打印机不可用，请在24种性格优势分类讲义上圈出标志性性格优势，按照网站的反馈，从1到5编号。 注意：如果学生表示不同意排名前五的性格优势，认为它们不适合自己，请点击“显示所有优势”选项，并将有争议的优势替换为排名第六(或第七，如果需要)的优势。 ● 让学生有机会查看打印出来的以及手写的自我确定的优势列表(或个性化的24种性格优势分类讲义)。 ● 在个人和/或小组层面(取决于学生的调查完成率)讨论以下主题： *你通过调查得到的标志性性格优势与调查之前所写的自己的优势是否相同？* *你对计算机生成的标志性性格优势有何反应？*惊喜、期待、开心、失望或好奇。
确认标志性性格优势	● 介绍标志性性格优势的概念： *有时计算机生成的优势让人感觉并不合适。没关系，不要专注于使用它们。相反，想想你如何使用适合你的优势。适合的优势可能感觉恰到好处，可能会令人兴奋，可能帮助你在新活动中表现良好，可能是你喜欢做的事情，可能会让你尝试以不同方式使用它。* ● 领导力作为标志性性格优势的例子： *你可能是那种认为自己会成为领导者的人，你可以做得很好，你对领导小组参与课堂活动、运动或旅行的机会感到兴奋，或者你可能已经成为足球队长，但你也想成为学生会主席，并在感恩节当天领导学校活动。成为领导者让你觉得很适合自己。* ● 你觉得有什么优势不适合你？为什么？ 优势可能不适合你的例子：优势让人感觉“不像我”，使用优势不舒服，想不出可以使用优势的例子。 ● 帮助学生在他们打印出来的讲义中删掉看起来不适合的优势，因为这些不是标志性性格优势。

续 表

当前和未来的优势使用	● 你经常使用哪种标志性性格优势？ ● 你能想到最近你使用标志性性格优势的方式吗？ ● 要求学生选择本周想要练习的一种优势，举例说明使用这种优势的方式。 ● 向学生个人或小组解释家庭作业。
D. 家庭作业：以新的方式使用第一个标志性性格优势	
作业 1	*希望你能在即将到来的一周的每一天以新的方式使用你挑选的标志性性格优势。* ● 帮助学生集思广益，探索使用优势的新方法，其他学生可以提供想法，特别是如果他们选择相同的优势。 ● 分发我的第一个标志性性格优势新用途记录表，记下学生的计划。要求学生写下他们每天使用自己的优势的感受，并记录他们在本周使用优势的其他方式。 ● 如果学生在记录表上遇到障碍，鼓励他们尝试以不同的方式使用性格优势。 ● 在小组活页夹中保存青少年优势行动价值问卷的结果、感知到的优势列表和我的第一个标志性性格优势新用途记录表的副本。
作业 2	● 要求学生选择他们是否会继续表现善意行为或返回感恩日志。注意他们的选择，以便你可以在下次课程中适当跟进。 ● 分发善意行为记录表。 ● 检查感恩日志的程序。
未来展望	● 通知学生他们将被要求在下次小组课程上分享他们标志性性格优势的两种新用途和相关感受。 ● 学生应该打印我的第一个标志性性格优势新用途记录表以及排名前五的标志性性格优势，并添加到作业文件夹中。 ● 提醒学生获得的奖励取决于家庭作业的完成情况，以及我的第一个标志性性格优势新用途记录表的归还情况。

核心课程 7：(学生小组)以新的方式使用标志性性格优势和品味

目标	● 探索学生以新的方式使用标志性性格优势并解决障碍。 ● 在使用标志性性格优势与积极情绪之间建立联系。 ● 探索在生活领域使用标志性性格优势的新方法。 ● 学习品味的方法，通过使用标志性性格优势扩展积极体验。
过程概述	A. 回顾家庭作业：第一个标志性性格优势的新用途。 B. 探索和规划跨越生活领域的标志性性格优势的新用途。 C. 小组讨论：品味经验。 D. 家庭作业：以新的方式使用第二个标志性性格优势与品味。
材料	● 完成家庭作业的实际奖励(糖果、贴纸等)。 ● 黑板、白板或画架。 ● 上次课程的标志性性格优势列表。 ● 24 种性格优势分类讲义。 ● 我的第二个标志性性格优势新用途讲义。 ● 表现善意行为记录表讲义。
过　程　定　义	
A. 回顾家庭作业：第一个标志性性格优势的新用途	
作业完成和奖励	● 询问学生善意行为或感恩日志的进度。 ● 自上节课以来，每天以新的方式使用标志性性格优势的进展情况。 ● 完成家庭作业后提供小奖励(例如糖果)。 ● 如果学生没有按照计划使用他们的性格优势或者完成记录表，解决问题。强调在课程期间不断努力改变幸福的重要性。

续 表

<table>
<tr><td>反思</td><td>● 要求学生分享一个善意行为或感恩行为。
● 要求学生与小组成员分享通过在线调查确定的标志性性格优势，这些优势与他们自己写的优势的匹配程度（如果需要，请参考学生的青少年优势行动价值问卷结果副本以及活页夹中他们自己手写的优势列表）。
● 要求学生结对并采访自己的同伴，了解同伴选择在家庭作业中使用的标志性性格优势。
● 每个同伴应该谈论上周自己以新的方式使用所选的标志性性格优势的例子，并分享自己的感受。随后向小组报告。
● 如果在使用优势方面遇到挑战，请与小组成员就如何克服和避免障碍开展讨论。</td></tr>
<tr><td colspan="2">B. 探索和规划跨越生活领域的标志性性格优势的新用途</td></tr>
<tr><td colspan="2">与其他积极心理干预措施的效果相比，以新的方式使用标志性性格优势的人显示出最高水平和最持久的幸福感（Seligman et al.，2005）。持久的幸福感来源于跨越生活领域的标志性性格优势的使用。对于青少年，我们专注于学校、友谊和家庭。</td></tr>
<tr><td>探索当前性格优势的使用</td><td>你目前在哪些方面使用性格优势？
● 提示学生选择两种性格优势（不同于他们在家庭作业中所选择的），并分享他们如何在学校、友谊和/或家庭中使用这两种性格优势的例子。
● 使用轮流的方法，每个学生都有机会分享。
● 研究结果表明，以新的方式使用性格优势是提升当前幸福感的一个好方法（重点不仅在于更多地使用性格优势，而且是以新的方式使用性格优势）。</td></tr>
<tr><td>生活领域</td><td>● 解释与他们同龄的学生有三个重要的生活领域，包括学校、友谊和家庭。为了最大限度地提升幸福感，在每个生活领域以新的方式使用性格优势。
举一个例子：一个具有创造力的学生，可以通过加入艺术俱乐部或组织校报，在友谊中通过思考朋友可以一起开展的新活动，在家庭中通过提出新的想法保存家庭记忆，来使用这一性格优势。</td></tr>
</table>

续 表

计划未来性格优势的使用	● 要求学生选择一个他们本周想要使用的标志性性格优势（这可能与上周的家庭作业不一样）。 ● 分发横格纸，要求学生独立制作一份使用标志性性格优势的独特或不同于以往的新方法列表。 ● 监控列表以确保列出的活动是可管理的和具体的。例如，如果一个学生的性格优势是公平，当他/她看到一个年轻的或较小的兄弟姐妹被一个年长的亲戚利用时，可能不会袖手旁观。 ● 在黑板上写下生活领域的类别。 ● 要求两名志愿者与小组成员分享他们的列表。 ● 要求志愿者说明标志性性格优势和他/她考虑过的不同的使用方式。对于性格优势的每种用途，询问小组成员它属于哪个生活领域类别——在黑板上的适当标题下记录该活动。 ● 请小组成员头脑风暴，想出使用这个优势的其他方法，将它们添加到黑板上的适当标题下。 ● 澄清任何可能偏离优势含义的建议，并引导学生提出更有针对性的建议。如果学生需要帮助以记住优势的含义，请保留24种性格优势分类讲义。 ● 分发我的第二个标志性性格优势新用途记录表。 ● 请学生志愿者在我的第二个标志性性格优势新用途记录表上写下对他/她有吸引力的想法，确保记录生活领域。不要现在就计划好每一天。 ● 请学生志愿者确定本周执行性格优势使用计划的潜在障碍。与小组成员讨论如何解决这些障碍或问题。 ● 如果时间允许，另一个学生志愿者重复此过程。 ● 要求学生组成小组，最好包括选择相同优势的学生。小组成员应互相帮助，完成我的第二个标志性性格优势新用途记录表，方法是查阅准备好的优势使用列表，确定生活领域，以及集思广益提出其他想法和解决潜在障碍。理想情况是，每个小组都由一位共同领导者推动，并由已经准备好自己的记录表的学生志愿者协助。 ● 一旦小组中的每个学生都准备好自己的记录表，告诉学生在本周记录他们认为可以使用自己的优势的各种方法。不一定要按时间顺序，但本周的每一天应该用于优势使用。 ● 复印每个学生的我的第二个标志性性格优势新用途记录表。

续 表

C. 小组讨论：品味经验	
有研究者(Bryant & Veroff，2007)将品味定义为关注、欣赏并提升一个人生活的积极品质。在中学生中，品味(最大化)积极事件的青少年更有可能对情境保持高度积极的情绪，而将积极事件最小化与内化和外化问题症状相关(Gentzler et al.，2013)。	
介绍品味；品味与当前的积极情绪相关	*品味是指当你关注、欣赏并提升当下的积极体验时的术语。当你品味时，你会特别注意现在享受的事情，比如当你注意到最喜欢的一顿饭的味道，最喜欢的歌曲中的音符，或者做得好的工作。你认为哪些东西值得品味？* ● 提示喜欢的食物、假期、活动、事件、友谊、电视节目等。 *通过延伸这些活动、食物、事件等带来的积极情绪，使积极情绪在当下持续更长时间，品味让我们更幸福。当你细细品味时，你会在转向其他事情之前，有针对性地专注于美好的体验，从而放慢时间。不要急着走向未来，而是留下来享受当下的时光。*
品味的方法	*使用标志性性格优势时，我们可以通过品味拥有良好的感受。* ● 介绍两个简单的品味方法，它们只需要很少的时间： 一、与其他人分享经验：*你可以告诉朋友或亲戚你如何使用优势，以及感受如何。* *当我们一起复习家庭作业并彼此面谈时，你已经以这种方式在品味……你分享了你的积极体验。* *与同伴交谈时，你是否重温本周早些时候使用性格优势所带来的良好感受？* 二、全神贯注：*花一点时间闭上眼睛，想想你的积极体验，以及拥有的特定的美好感受，你甚至可以祝贺自己出色完成一项工作。* *现在我们都练习全神贯注。考虑一下你在家庭作业中使用性格优势的一种方式。你感觉如何？别人如何反应？是否可以祝贺自己？* 指导大家闭上眼睛一分钟去细细品味。 分享你反思自己使用性格优势后的感受，解释与你最近的行为有关的良好感受。 请一两个学生志愿者分享他们的反思。

续 表

D. 家庭作业：以新的方式使用第二个标志性性格优势与品味	
作业 1	*我希望你能够在即将到来的一周的每一天以新的方式使用你挑选的标志性性格优势，跨越生活领域准备我的第二个标志性性格优势新用途记录表。* ● 要求学生使用记录表记录他们每天使用性格优势的感受，以及他们在一周中使用性格优势的其他不同方式，并注意他们如何品味经验（例如，他们与谁交谈或者他们何时思考这些经验）。 ● 如果学生在记录表上遇到障碍，鼓励他们尝试以不同的方式使用性格优势。 ● 将我的第二个标志性性格优势新用途记录表的副本存储在小组活页夹中。
作业 2	● 要求学生选择他们是表现善意行为还是完成感恩日志。注意他们的选择，以便你可以在下次课程中适当跟进。 ● 分发善意行为记录表。 ● 检查感恩日志的程序。
未来展望	● 告知学生他们将被要求在下次小组课程中分享性格优势的1～2个新用途，以及相关感受和品味方法。 ● 学生应该在课程结束后将我的第二个标志性性格优势新用途记录表添加到作业文件夹中。 ● 提醒学生获得的奖励取决于家庭作业的完成情况，以及我的第二个标志性性格优势新用途记录表的归还情况。

核心课程 8：(学生小组)乐观思考

目标	● 在使用标志性性格优势的活动、品味与积极情感之间建立联系。 ● 定义乐观思考，以及它如何影响与未来相关的幸福感。 ● 学习如何培养乐观的解释风格。
过程概述	A. 回顾家庭作业：以新的方式使用标志性性格优势和品味。 B. 小组讨论：乐观的初始定义和重要性。 C. 培养乐观的解释风格。 D. 家庭作业：乐观思考。
材料	● 完成家庭作业的实际奖励(贴纸、糖果、铅笔等)。 ● 黑板、白板或画架。 ● 横格纸。 ● 我的第三个标志性性格优势新用途讲义。 ● 乐观思考的例子。 ● 我的乐观思考讲义。
过 程 定 义	
A. 回顾家庭作业：以新的方式使用标志性性格优势和品味	
作业完成和奖励	● 询问学生善意行为或感恩日志的进展情况。 ● 询问学生每天以新的方式使用标志性性格优势的进展情况，然后从上一次课程开始品味。 ● 完成家庭作业后提供小奖励(例如糖果)。 ● 如果学生没有按照计划使用性格优势，没有品味或完成记录表，解决问题。强调在课程期间不断努力改变幸福的重要性。

续　表

反思	● 要求学生分享一个善意行为或感恩条目。 ● 要求学生提供一到两个他们在家庭作业中使用标志性性格优势的例子。 ● 鼓励学生反思他们在使用性格优势时的相关感受。 ● 询问学生他们如何品味这种经验，以及品味如何增强积极情绪。 ● 促进小组成员讨论并鼓励彼此使用性格优势和品味。 ● 如果在使用性格优势方面遇到障碍，请与小组成员就如何克服和避免确定的障碍开展讨论。 ● 要求学生选择不同的标志性性格优势作为家庭作业，并在本周内独立完成我的第三个标志性性格优势新用途记录表（应用上周学到的过程）。
B. 小组讨论：乐观的初始定义和重要性	
设置阶段	*什么是乐观？* ● 促进学生对乐观含义的简要讨论。 *我们都听过别人告诉我们要乐观地思考，微笑或态度积极。乐观对你意味着什么？* ● 在黑板上记录学生的答案。圈出并讨论关键术语、短语或主题。提供一个通用的定义，例如： *当你觉得未来有很多积极的事情时，你会感到乐观，因为你的才华和努力，发生的坏事是暂时的。*
评估你的乐观	*我们将评估自己的乐观程度。* ● 在黑板上画一条从 0 到 10 的数轴。 ● 分发小的空白纸。 *想想过去几个月你乐观的频率。在 0 到 10 的范围内，0 代表从不乐观，5 代表有时乐观，10 代表总是乐观，给你的乐观程度打分。* ● 要求学生将自己的评分写在一张空白纸上，并传递给小组领导者。小组领导者圈出每个学生在数轴上标出的数字并讨论整个小组的得分范围。

续 表

分享反思	● 要求每个学生轮流分享自己的评分及原因。
介绍乐观与幸福感的关系	*为什么乐观很重要？* ● *你认为乐观有价值吗？* ● *你认为成为乐观者可以提升幸福感吗？为什么？* ● *乐观如何帮助你？在学校？在友谊中？在家庭生活中？* ● *乐观与你未来的幸福有什么关系？* 在讨论中增强心理韧性。示例脚本：*乐观思考带来心理韧性，感觉就像你可以面对任何不好的情况，并且恢复得很好。* ● *因为心理韧性，当事情变得困难时，你更有可能尝试。* ● *一个不乐观的人可能会感到无助并轻易放弃，这意味着错过了可能的成功。* ● *然而，一个有心理韧性的人会一直努力，直到完成想在生活中完成的事情。* ● *请记住，我们通过讨论有目的的活动提升幸福感。乐观思考是有目的的活动的一种形式（在这种情况下，乐观是一种有目的的态度），它可以帮助你参与其他类型的活动。*
C. 培养乐观的解释风格	
这项活动的重点是利用塞利格曼（Seligman，1990）对乐观解释风格的描述来增加乐观思考。这一活动的目标不是完全改变学生的解释风格，而是教给学生如何乐观思考。	
解释乐观思考	*每个人都可以学习乐观思考，即使是对自己乐观水平评价较高的人。* ● 分发乐观思考例子讲义。 *看看你的工作表。乐观思考分为两个方面：你看待好的事件的方式和看待不好的事件的方式。乐观思考意味着，将生活中的美好事物视为持久的，比如由特质和能力决定。例如，你可能会说，"我进球是因为我在运动上有天赋"，天赋是持久的。*

续 表

解释乐观思考	*此外，你会认为不好的事件是暂时的。例如，你可能会说，“即使贝克汉姆也会失球，我会为达到下一个目标而努力”，错失的目标是一次性的。* *乐观者认为好的事件是普遍存在的，即发生在整个生活中。例如，你可能会说，“我在课堂上表现很好，因为我检查了日程表，并且每天放学后做家庭作业”。好的家庭作业习惯是日常生活的一部分，并会影响你的课堂表现。* *乐观者将负性事件视为生活中某些特定领域的事件。例如，你可能会认为，“我的数学考试成绩不好，因为我没有理解在我生病的时候所教的知识点”。数学只是一门学科，不是学校全部学科。你考得不好的考试只涵盖了你不理解的内容，不是全部数学。当你去上课时，你可以在数学考试中取得更好的成绩。* *乐观者把生活中好的事情归因于自己，把不好的事情归因于他人。例如，乐观者会认为，“我赢得比赛是因为我的努力和在创意写作上的天赋”。你赢得比赛是因为你的努力和天赋，而不是他人的原因。乐观者还会认为，“我输掉比赛是因为我需要更好的材料”。你因为材料不好而输掉比赛，不是因为你不努力。*
练习乐观思考	● 引导学生完成乐观思考例子工作表的练习部分。 ● 帮助学生识别事件的好坏，培养与事件相关的乐观思考。 *首先，阅读事件，判断它是好还是坏。* ● *如果情况很好，写一个乐观思考，它是持久的、普遍的、归因于自己的。如果情况糟糕，写一个乐观思考，它是暂时的、具体的，或归咎于其他原因。* ● *为乐观思考例子工作表提供一个解释，我们一起练习第一个例子。* ● *这种情况是好还是坏？这是一个很好的事件。在事件下方写下“好”。* *什么是持久的？* *什么是普遍的？* *什么是归因于自己的？* *剩下的部分你自己完成，然后我们讨论。*

续 表

<table>
<tr><td>练习乐观思考</td><td>● 监控学生的工作，确保他们使用这种格式来解答所有问题。乐观思考的例子包括（按照乐观思考例子工作表上的顺序）：
这是一个好的事件：持久的（“我被邀请，因为我是一个有趣的人。”）、普遍的（“我被邀请，因为我总是快乐的。”）、归因于自己（“我被邀请，因为我帮助想出了派对的主题。”）。
这是一个不好的事件：暂时的（“她可能感觉不舒服，一会儿好一些就会打电话给我。”）、具体的（“我的其他朋友都打电话给我，所以如果出现问题，那就是在我们两个人之间。”）、归咎于他人（“她一直承受很大的压力，在学校遇到麻烦，父母争吵，她可能不喜欢说话，这跟我没有任何关系。”）。
这是一个好的事件：持久的（“我的父母增加了我的零用钱，因为我已经证明我是一个负责任的人。”）、普遍的（“我的父母增加了我的零用钱，并延长我之后的宵禁，因为他们相信我在学校、家里以及与朋友相处都是可靠的。”）、归因于自己（“因为我努力向他们展示了我的责任感，我可以照顾宠物，所以父母增加了我的零用钱。”）。
这是一个好的事件：持久的（“我的科学团队做得很好，因为我们是聪明、勤奋的学生。”）、普遍的（“我一直在课堂项目上做得很好，因为我在小组里工作得很好。”）、归因于自己（“因为我组织项目并担任组长，所以我对我们小组的成功作出了举足轻重的贡献。”）。
这是一个不好的事件：暂时的（“我的任务完成得很差，因为我只有一点时间来处理它。我会尽快开始下一项工作，并且会做得更好。”）、具体的（“和我的大部分学校工作不一样，这是一项非常艰难的任务，我在其他项目上做得很好。”）、归咎于他人（“我没有足够的时间来完成这个项目，因为其他事情使我无法做到最好。”）。</td></tr>
<tr><td>分享反思</td><td>● 独立写作时间结束后，提示每个学生与小组成员分享一到两个自己的例子。</td></tr>
</table>

续　表

D. 家庭作业：乐观思考	
作业 1	*希望你每天一次有目的地使用乐观思考，直到下一次课程。在我的乐观思考记录表中记录情况和乐观思考。让我们一起完成第一行。* ● 分发我的乐观思考记录表。 ● 要求两三名学生志愿者说出他们今天（或昨天）的情况。 ● 要求第一名学生描述情况，然后简要地写下事件或情况类别。 ● 要求学生判断这是一个好的事件还是不好的事件，并按照情况填写。 ● 询问学生怎样才能更乐观地思考这一情境，鼓励其他学生乐观思考。 *请记住：如果情境是消极的，乐观思考一定是认为该情境是暂时的、具体的和/或归咎于他人。如果情境是积极的，乐观思考一定是认为该情境是持久的、普遍的和/或归因于自己。*
作业 2	● 要求学生每天以新的方式使用他们选择的标志性性格优势，完成我的第三个标志性性格优势新用途记录表。 ● 随着时间的推移，帮助学生集思广益利用自己的性格优势并记录。 ● 将我的第三个标志性性格优势新用途记录表的副本存储在小组活页夹中。
未来展望	● 告诉学生他们将被要求分享一到两个他们经历过的情况，然后以乐观的方式思考。 ● 课程结束时，把我的第三个标志性性格优势新用途记录表和乐观思考记录表添加到作业文件夹中。 ● 提醒学生获得的奖励取决于家庭作业的完成情况，以及表格的归还情况。

核心课程 9：(学生小组)希望

目标	● 在乐观思考与积极情绪之间建立联系。 ● 定义希望(例如，目标导向)以及它如何影响与未来相关的幸福。 ● 通过构想目标、实现目标的途径和成功动机来学习发展希望的方法。
过程概述	A. 回顾家庭作业：乐观思考。 B. 初步评估希望。 C. 小组讨论：希望的定义和重要性。 D. 写作活动：未来最佳可能自我。 E. 家庭作业：未来最佳可能自我(扩展)。
材料	● 完成家庭作业的实际奖励(贴纸、糖果、铅笔等)。 ● 黑板、白板或画架。 ● 横格纸。 ● 乐观思考例子讲义。 ● 我的第四个标志性性格优势新用途讲义。 ● 我的乐观思考讲义。 ● 善意行为记录表讲义。
过 程 定 义	
A. 回顾家庭作业：乐观思考	
作业完成和奖励	● 询问学生自上次课程以来每天以新的方式使用标志性性格优势的进展情况，然后品味。 ● 询问学生自上次课程以来每天乐观思考的进展情况。 ● 完成家庭作业后提供小奖励(例如糖果)。 ● 如果学生没有按计划练习乐观思考或完成记录表，解决问题。强调在课程期间不断努力改变幸福的重要性。

续 表

反思	● 要求学生分享使用性格优势的1～2个例子以及相关感受。品味会延伸出这些积极感受吗？小组可以提供哪些帮助？ ● 询问小组成员当他们使用乐观思考时的感受。 是否会对不同情境产生积极感受？ 难以做到？ 关于完成活动他们喜欢或不喜欢的任何方面。 ● 请学生志愿者分享自己的情况（大约两个）和相应的乐观思考。*提醒：如果情况是消极的，那么乐观思考必须是认为该情况是暂时的、具体的和/或归咎于他人。如果情况是积极的，那么乐观思考必须是认为该情况是持久的、普遍的和/或归因于自己。* 如果学生不遵循这种模式，请回顾乐观思考例子讲义并重写乐观思考。小组成员可以提供帮助。 ● 为了表现乐观思考的多样性，请小组成员考虑以一种不同的方式来乐观地看待两到三个学生的反应。 ● 一旦每个学生都有机会参与，请解释乐观思考的滚雪球效应：*乐观思考的伟大之处在于它具有滚雪球效应。你有没有听说过滚雪球效应？当雪球滚动时，会卷起更多的雪，变得更大。当人们开始练习乐观思考时，它就会占据人们的思考方式。起初，乐观思考需要努力。你必须认真考虑情况，但很快它变得自然且容易。所以，继续在乐观思考上努力，看看你是否能让它像滚雪球一样。*
B. 初步评估希望	
设置阶段	*希望是什么？* ● 促进学生对希望是什么的简要讨论。 ● 为学生提供希望的简要定义，即“感受到某种期望可能发生”或“希望某些事情会发生”。 ● 在黑板上记录学生的回答。 ● 希望下一节课得到更广泛的定义。

续 表

<table>
<tr><td>评估你的希望</td><td>我们将评估自己的希望水平。
● 在黑板上绘制一条从 0 到 10 的数轴。
● 分发小的空白纸。
想想你在过去几个月感受到希望的频率。从 0 到 10 打分，0 表示永远不会有希望，5 表示有时充满希望，10 表示始终充满希望，评估你的希望水平。
● 要求学生将自己的评分写在空白纸上并折叠起来。</td></tr>
<tr><td>分享反思</td><td>● 要求每个学生轮流分享自己的评分及原因。</td></tr>
<tr><td colspan="2">C. 小组讨论：希望的定义和重要性</td></tr>
<tr><td colspan="2">斯奈德及其同事(Snyder et al., 2005)将希望定义为，既包括设想目标达成的可行方法的能力，也包括对利用这些方法达成特定目标的能力的信念。以下讨论基于斯奈德及其同事的工作。</td></tr>
<tr><td>与希望理论一致的现行定义</td><td>我们已经分享关于“希望是什么”的想法，现在我会告诉你心理学家如何定义希望：
有希望就意味着相信你可以变得有动力并找到达成目标的方法。就像告诉自己，“我会找到一种方法来完成这个任务”。当你遇到障碍时，有希望就意味着相信自己能找到另一种方式来满足需求，并就这一方式提出可行的想法。当你有希望时，你相信自己可以达到目标，因为你有能力且可以获得资源，你有动力。你可能会对自己说：“没有什么能阻止我！”例如，如果你想打篮球，但是你没有组建校篮球队，那么你可以在附近组织一个业余篮球队，这样你就可以在学校附近的某个地方玩耍和练习。或者，如果你想交一个新朋友，你邀请去看电影的第一个人拒绝了你，那么你会找另一个同学并尝试一种不同的方法。</td></tr>
<tr><td>介绍希望与幸福的关联</td><td>向小组提出以下问题，并确保讨论这些问题：希望在你的生活中是否重要？在学校呢？在和朋友的相处中呢？在家庭中呢？
● 学校：
有动机做好，努力学习，更加成功。</td></tr>
</table>

续　表

<table>
<tr>
<td>介绍希望与幸福的关联</td>
<td>找到实现目标的不同方式，例如获得更好的成绩，符合最后期限或达到学业课程入学标准。
● 体育运动：
更好的表现，因为你对自己能赢，能竞争，能坚持到最后充满希望。
对自己的能力有信心。
愿意努力练习，因为你认为它会帮助你获胜。
● 社会关系：
结交新朋友。
努力保持与家人和朋友的积极关系。
● 情绪：
自我感觉良好（自尊），相信自己可以做得很好（自我效能），因为有动力，所以你相信自己可以找到方法来达到目标。
制定应对压力的策略，并有动力去使用它们，因为你相信有一种方法会成功。
遇到困难时更有可能解决问题。
你认为希望如何影响人们有关未来的幸福感？
● 让学生志愿者花几分钟时间提出自己的想法。
● 总结学生的回答：希望可以帮助我们专注于未来的积极目标。它通过使人们相信有办法达到目标，从而限制无助的感受。
● 与乐观的关联：希望就像对未来的乐观思考，因为人们看到自己现在做的事情未来会带来跨越生活领域的好处（广泛跨越学校、朋友和家庭），而且希望是持久的。另一方面，不幸或问题被视为暂时的并局限于特定情况，从而最大限度地减少对未来的不良影响。当这样思考时，人们更可能相信有很多不同的方法达到目标，并感觉更有动力为达到这些积极的未来目标而努力。</td>
</tr>
<tr>
<td colspan="2">D. 写作活动：未来最佳可能自我</td>
</tr>
<tr>
<td colspan="2">通过未来最佳可能自我（一种达到预期目标的未来自我）的活动来设想和书写人生目标会带来更大的幸福（King, 2001; Sheldon & Lyubomirsky, 2006b）。此活动专注于目标、实现目标的途径，以及为练习希望思维提供了一种具体的方法。</td>
</tr>
</table>

续 表

提供基本原理	提醒学生他们有能力通过对未来充满希望的想法来改变他们的希望水平。
写出未来最佳可能自我	活动介绍：*我希望你思考你未来的人生。花几分钟时间想象一切都可能发生。你努力工作并成功达到所有人生目标。*（暂停约 2 分钟。）*现在写出你的想象*（改编自 King，2001）。 ● 为每个学生提供横格纸。 ● 让学生花大约 5 分钟时间写下他们的想法，然后分享所写的内容。 ● 鼓励学生在描述他们如何达到目标时提供更多细节。 ● 复印他们所写的内容，在小组活页夹中保留一份副本，并将原件返还给学生以存储在小组文件夹中。
E. 家庭作业：未来最佳可能自我（扩展）	
作业 1	*我希望你继续写下未来最佳可能自我。每晚回顾你的故事，并添加新的想法。你还可以修改已写的内容。*专注于确定你可以达到未来目标的方法。
作业 2	● 让学生选择一项他们认为对个人最有意义的积极心理学活动。 ● 提供以下选择：善意行为、感恩日志、每天以新的方式使用一种标志性性格优势、乐观思考。请注意学生的选择，以便在下次课程中适当跟进。 ● 分发相应的记录表。
未来展望	● 告知学生他们将被要求在下次小组课程上分享至少一个目标，以及达到这个目标的一到两个想法。 ● 课程结束后，学生应该将未来最佳可能自我故事，以及完成作业 2 所需的任何形式的记录表添加到作业文件夹中。 ● 提醒学生获得的奖励取决于家庭作业的完成情况，以及未来最佳可能自我故事的归还情况。

核心课程 10：(学生小组)项目结束

目标	• 将目标导向的想法与积极情绪联系起来。 • 回顾提升个人幸福感的理论框架。 • 检查在小组中学到的活动和练习。 • 鼓励个人反思。 • 收集学生对认为最有帮助的练习以及计划继续进行的活动的反馈。
过程概述	A. 回顾家庭作业：未来最佳可能自我和自选活动。 B. 小组讨论：回顾幸福感框架。 C. 个人反思：小组中的进步。 D. 总结和征求学生的反馈。
材料	• 完成家庭作业的实际奖励(贴纸、糖果、铅笔等)。 • 黑板、白板或画架。 • 横格纸。 • 幸福决定因素图。 • 幸福流程图。 • 项目汇总表讲义。 • 结业证书。 • 项目反馈征求讲义。
过　程　定　义	
A. 回顾家庭作业：未来最佳可能自我和自选活动	
作业完成和奖励	• 询问学生自选活动的进度(以新的方式使用性格优势、乐观思考、善意行为、感恩日志)。 • 通过回顾并添加未来最佳可能自我故事，简要检查学生的进展(在反思过程中对此进行详细讨论)。

续 表

作业完成和奖励	● 完成家庭作业后提供小奖励(例如糖果)。 ● 如果学生没有重温他们的未来最佳可能自我故事,解决问题,并解释他们现在有机会在课程开始时这样做。强调在小组课程之外继续开展活动练习以改善幸福感的重要性。
反思,第一部分:希望	● 让学生花几分钟时间重读他们最新的未来最佳可能自我故事,并反思自己的感受、优势、计划、成就等。 ● 要求学生与小组成员分享他们的故事,以及一到两点反思。 指出他们在多个生活领域设想的未来最佳可能自我(例如,学校、体育运动、身体健康、情感、关系)。 *自上次课程以来,你对未来最佳可能自我的想法有什么变化/补充?* *生活中哪些目标对你来说最重要?你有什么办法可以实现这些目标?* ● 询问学生在以积极的态度思考自己的未来之后感受是否有所不同。 *你是否更有动力去实现未来的目标?* 反思小组成员的故事,在故事中识别或重新确认动机和目标取向。 ● 鼓励小组成员思考彼此故事的积极特征。 他们在故事中欣赏或喜欢的东西。 他们与故事描述者分享的目标。 关于实现目标的其他方法。 ● 每个学生轮流一次,询问学生该活动如何影响他们对未来的希望。
反思,第二部分:独立与积极活动	● 要求学生分享一到两个家庭作业的活动的例子(感恩日志、善意行为、性格优势或乐观思考)。 ● 他们为什么选择这项活动? ● 该活动之中或之后发生的情绪变化? *通过练习你在小组中学习的策略,你有目的地选择并成功完成一项积极活动。今天是幸福感提升项目的最后一天。你们在课程中取得的成功表明,你们准备好如何继续在日常生活中练习积极活动。*

续　表

<table>
<tr><td colspan="2">B. 小组讨论：回顾幸福感框架</td></tr>
<tr><td colspan="2">项目总结的目的是回顾一些主要概念：
● 通过我们每天所做的有目的的活动，可以最大限度地提升幸福感(展示幸福决定因素图)。
● 持久的幸福感来源于对过去的经历、现在的行为以及未来的生活的积极想法和感受(见幸福流程图)。
● 在这个小组学习的具体活动带来积极的思想和感受，进而产生持久的幸福感。
● 继续练习这些活动(有目的的行为！)，尤其是学生觉得最适合自己的活动，这对于保持幸福感必不可少。</td></tr>
<tr><td>小组回顾和反思</td><td>在过去的 10 次课程中，我们完成多项练习，旨在通过改变我们有目的的活动(思想和行为)来提升幸福感(见幸福决定因素图)。
● 在黑板上列出本次讨论中学生参与的活动(列表：你最棒的一面、感恩日志、感恩致谢、善意行为、以新的方式使用标志性性格优势、品味、乐观思考和未来最佳可能自我)。
哪些活动旨在促进一个人对自己过去的积极感受？
● 感恩日志。
● 感恩致谢。
● 你最棒的一面。
感恩如何提高你对过去的满意度？
哪些活动旨在促进当前的积极情绪？
● 善意行为。
● 以新的方式使用标志性性格优势。
● 品味(使用性格优势时的积极体验)。
这些活动如何让你在当下感到幸福，对现在的生活感到更满意？
哪些活动旨在改善你对未来的看法？
● 乐观思考。
● 希望(未来最佳可能自我)。
这些活动如何改善你对未来的感受？</td></tr>
</table>

续 表

<table>
<tr><td>应用于未来情况；总结活动</td><td>● 分发幸福感提升项目汇总表。为了促进将学习材料应用于未来情境，要求学生确定在未来生活中使用这些活动，来增加对过去、现在和未来的积极想法的一个好主意的情境/时机。
例如，除了时刻练习感恩思考外，他们可能会希望在对生活环境感到遗憾或失望的情况下进行感恩致谢或完成感恩日志。他们可能想要表现善意行为，以新的方式使用性格优势，或者当他们对自己的一天感到无聊时会好好品味。当他们对自己的未来感到无望时，他们应该促使自己练习希望和/或乐观思考。
在学生识别感知到的提示他们增加对特定时间段（过去、现在和未来）的积极想法的情绪后，要求学生大声朗读与该时间段相对应的活动的定义（使用轮流的方式）。
● 注意：在讨论改善日常体验的计划时，学生应在汇总表中记录他们的性格优势。
● 你觉得哪项活动给你带来最大的幸福感提升？
● 你打算在未来继续做什么？
● 为什么会有这样特定的活动？
● 为了充分利用内在动机，学生应该计划继续参加那些感觉自然、愉快且与他们的价值观一致的活动。他们可以自由搁置他们完成的任何活动，这些活动主要是为了获得奖励或出于内疚/义务。</td></tr>
<tr><td colspan="2">C. 个人反思：小组中的进步</td></tr>
<tr><td colspan="2">让学生在干预过程中思考和反思自己的个人发展非常重要。向他们提供以下说明。</td></tr>
<tr><td>个人反思</td><td>花几分钟时间思考过去 10 周内你作出改变的方式。留出几分钟让学生反思。
一般来说，你对生活的感受发生了什么变化？
● 如果学生的回答与讨论主题不相关，后续提示：
幸福感有变化吗？
你对自己的感受如何？
你生活中的人？
你的过去？
你现在的生活？
你的未来？</td></tr>
</table>

续　表

D. 总结和征求学生的反馈
● 为学生提供结业证书，并感谢他们在这几周的持续努力。 ● 分发项目反馈征求讲义，要求学生在离开前写下他们对项目/小组的满意度。 ● 使用与干预前（基线）相同的主观幸福感指标收集干预后的结果数据。比较参与者的数据（即每个时间点的平均分数），以评估进展情况。

从业者图形：什么决定幸福？*

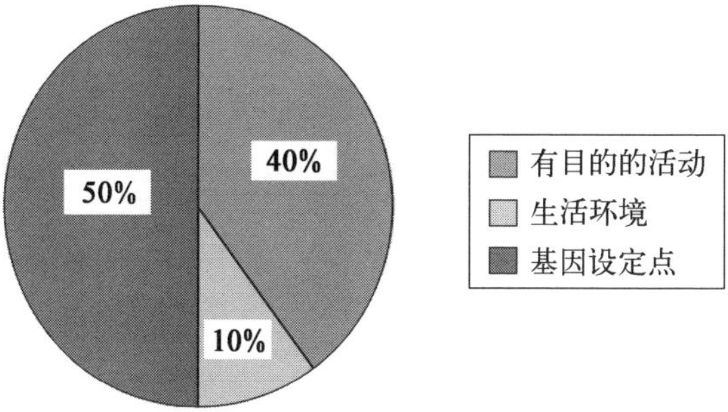

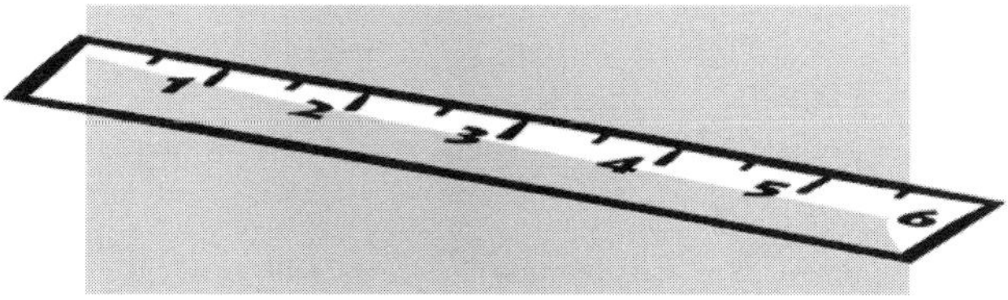

* 基于柳博米尔斯基等人(Lyubomirsky, Sheldon, & Schkade, 2005)的研究报告。

从业者图形：幸福流程图

学生讲义：项目活动概述

什么决定幸福?

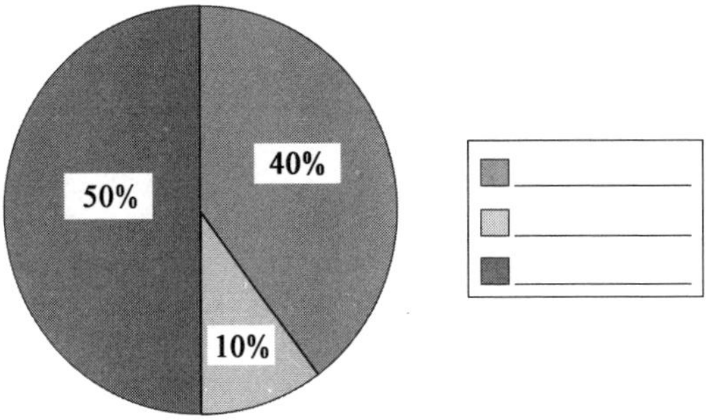

这个幸福感提升小组的目的是什么?

1. 在每周小组课程中，为了提升幸福感，我们要关注决定幸福感的三个方面中的哪一个? ______________________________

____

____

2. 我们每周会面儿次? ______________________________

____

____

来源：香农 · M. 苏尔多(Shannon M. Suldo)的《促进学生的幸福：学校中的积极心理干预》(*Promoting Student Happiness: Positive Psychology Interventions in Schools*)。

3. 我们的会面持续几周？ ____________________

____

____

4. 我需要带什么来参加课程？ ____________________

____

____

学生讲义：保密

什么是保密？

____

____

____

____

____

____

我如何保证学生在小组中的发言不被泄露？

____

____

____

____

____

____

____

____

学生讲义：感恩致谢计划表

对你真正友好或有帮助的人：

1. ______________________________
2. ______________________________
3. ______________________________
4. ______________________________
5. ______________________________

我会对以下人员进行感恩致谢：______________________

日期：______________　　时间：______________

请注意：告诉对方你想制定与他/她共度时光的计划。致谢前不要告诉对方你写的感谢信的内容。为了使感恩致谢取得良好效果，请记得大声朗读你的信。伴随着表情和眼神接触慢慢朗读。

学生讲义：善意行为记录表

	星期几：________________ 日期：________________
善意行为	

学生讲义：24 种性格优势分类*

美 德	性格优势	描述(性格优势的特点)
智慧和知识	创造力	能想出新的做事方法，有独特的想法或行动
	好奇心	有兴趣开发新事物，会问很多问题
	喜欢学习	喜欢成为很多方面的专家，享受阅读和上学，以及其他学习新知识和技术的机会
	判断力/开明	从各个角度思考问题，寻找证据，不妄下结论
	洞察力	看一件事情的正反两面，给其他人好的建议
勇气	诚实/真实	说真话，一个真实的人是脚踏实地和真诚的
	勇敢	大声说出什么是正确的，直面挑战
	持久性/毅力	完成任务，专注和努力工作
	热情	精力充沛的，承诺，对生活充满热情
人性	善良	慷慨，关心和帮助他人
	爱	关心和与他人分享，重视亲密关系
	社会智力	感知自己和他人的想法与感受，融入不同群体，同时让别人感到轻松

来源：香农·M. 苏尔多(Shannon M. Suldo)的《促进学生的幸福：学校中的积极心理干预》(*Promoting Student Happiness: Positive Psychology Interventions in Schools*)。

续 表

美 德	性格优势	描述(性格优势的特点)
公正	公平	对所有人一视同仁,给每个人机会,不苛责别人
	领导力	组织团体活动,鼓励其他人确保事情已经完成,让每个人都有归属感
	团队合作	与其他人合作愉快,忠于团队,做自己分内的工作,以便团队获得成功
节制	宽恕	在别人做错事情之后给予第二次机会,相信宽容而不是报复
	谦虚/谦逊	通过成就证明自己,不寻求关注,不吹嘘,没有感觉自己比其他人更好
	谨慎	仔细作出选择,避免做可能会后悔的事情
	自律	控制自己的情绪、欲望和行为
超越	欣赏美丽和卓越	对世界上美丽和特殊的事物,例如自然界、艺术、科学和熟练的表演感到敬畏
	感恩	感谢发生的美好事物,不认为事情是理所当然的
	希望	相信未来会有美好的事情发生,努力实现这些目标
	幽默	喜欢笑、逗弄,让其他人笑
	灵性	相信宇宙更高的目标和意义,可能是宗教的

* 帕克和彼得森(Park & Peterson, 2006)报告了这一分类系统。

学生讲义：我的第一个标志性性格优势的新用途

标志性性格优势：		
星期几	新用途	感受

学生讲义：我的第二个标志性性格优势的新用途

标志性性格优势：			
星期几	生活领域	新用途	感受
			品味：
			品味：
			品味：
			品味：
			品味：
			品味：
			品味：

记得细细品味：告诉某人使用性格优势或花一分钟闭上眼睛思考经历，让良好的感觉持续。

来源：香农·M. 苏尔多(Shannon M. Suldo)的《促进学生的幸福：学校中的积极心理干预》(*Promoting Student Happiness: Positive Psychology Interventions in Schools*)。

学生讲义：我的第三个标志性性格优势的新用途

标志性性格优势：			
星期几	生活领域	新用途	感受
			品味：
			品味：
			品味：
			品味：
			品味：
			品味：
			品味：

记得细细品味：告诉某人使用性格优势或花一分钟闭上眼睛思考经历，让良好的感觉持续。

来源：香农 · M. 苏尔多(Shannon M. Suldo)的《促进学生的幸福：学校中的积极心理干预》(*Promoting Student Happiness: Positive Psychology Interventions in Schools*)。版权所有© 2016 The Guilford Press。购买本书者可复印本材料供个人使用或与个别学生一起使用(详见版权页)。购买者可以下载此材料的其他副本。

学生讲义：我的第四个标志性性格优势的新用途

标志性性格优势：			
星期几	生活领域	新用途	感受
			品味：
			品味：
			品味：
			品味：
			品味：
			品味：
			品味：

记得细细品味：告诉某人使用性格优势或花一分钟闭上眼睛思考经历，让良好的感觉持续。

来源：香农·M. 苏尔多(Shannon M. Suldo)的《促进学生的幸福：学校中的积极心理干预》(*Promoting Student Happiness: Positive Psychology Interventions in Schools*)。

学生讲义：我的第五个标志性性格优势的新用途

标志性性格优势：			
星期几	生活领域	新用途	感受
			品味：
			品味：
			品味：
			品味：
			品味：
			品味：
			品味：

记得细细品味：告诉某人使用性格优势或花一分钟闭上眼睛思考经历，让良好的感觉持续。

学生讲义：我的标志性性格优势新用途(儿童)

<table>
<tr><td colspan="3">优势：</td></tr>
<tr><td>我可以使用这个优势的新方法</td><td colspan="2">1.
2.
3.</td></tr>
<tr><th>星期几</th><th>新用途</th><th>感受</th></tr>
<tr><td></td><td></td><td></td></tr>
<tr><td></td><td></td><td></td></tr>
<tr><td></td><td></td><td></td></tr>
<tr><td></td><td></td><td></td></tr>
<tr><td></td><td></td><td></td></tr>
</table>

学生讲义：乐观思考的例子

例　子		练　习	
好的事件	不好的事件	事件	乐观思考
持久的 我进球是因为我在运动上有天赋。	**暂时的** 即使贝克汉姆也会失球，我会为达到下一个目标而努力。	我被邀请参加一年中最大的派对。	
普遍的 我在课堂上表现很好，因为我检查了日程表，并且每天放学后做家庭作业。	**具体的** 我的数学考试成绩不好，因为我没有理解在我生病的时候所教的知识点。	我的好朋友几天没有给我回电话了。	
		父母增加了我的零用钱。	
归因于自己 我赢得比赛是因为我的努力和在创意写作上的天赋。	**归咎于他人** 我输掉比赛是因为我需要更好的材料。	老师说我的科学团队在班上表现最好。	
		我不得不在三天内完成一项艰巨的任务，并且我得到一个D。	

来源：香农·M. 苏尔多(Shannon M. Suldo)的《促进学生的幸福：学校中的积极心理干预》(*Promoting Student Happiness: Positive Psychology Interventions in Schools*)。

学生讲义：我的乐观思考

日期	事件或情境	是好事还是坏事？	乐观思考*

*请记住：对于良好事件的乐观思考是持久的、普遍的且归因于自己。对于不良事件的乐观思考是暂时的、具体的且归咎于他人。

学生讲义：项目汇总表

姓名：________________　　　　日期：________________

当我想对过去感受更积极时：

- 感恩日志

  每周写一次感恩的五件事。

- 感恩致谢

  给感恩的人写一封感恩信，把感恩信读给这个人听。

当我想对日常生活感受更积极时：

- 表现善意行为

  一天内对他人表现五个善意行为。

- 使用标志性性格优势，它们是：

  ______________________　　______________________

  ______________________　　______________________

  ____

- 品味成功

  与他人分享或全神贯注（花几分钟专注于此）。

当我想对自己的未来感受更积极时：

- 乐观思考

  把好的情况视为持久的、普遍的且归因于自己。

  把不好的情况视为暂时的、具体的且归咎于他人。

- 有希望的思考

  关注目标以及实现这些目标的方法。

学生讲义：项目反馈征求

你对幸福感提升项目的看法

1. 你觉得在这个项目中学到的最重要的东西是什么？

____

____

____

2. 你最喜欢这个项目的哪一点？

____

____

____

3. 你最不喜欢这个项目的哪一点？

____

____

____

4. 你可能会继续独立完成在课程中学到的哪些活动？

____你最棒的一面写作

____感恩日志

____感恩致谢

____善意行为

____品味

____以新的方式使用标志性性格优势

____乐观思考

____未来最佳可能自我写作

____无

5. 你有什么建议来改善这个项目？

____

____

____

6. 其他任何意见

____

____

____

结业证书

恭喜：

____

成功完成幸福感提升项目。

非常高兴你能参加这个小组。

促进维持核心项目效果的后续课程

后续课程 1：(学生小组)回顾项目，聚焦感恩

目标	● 回顾提升个人幸福感的框架。 ● 回顾课程中学到的活动和练习。 ● 讨论项目结束后学生的进步和继续开展的活动。 ● 练习用感恩的方法来聚焦对过去事件的积极解释。
过程概述	A. 个人反思：项目结束后使用的积极心理学策略。 B. 小组讨论：回顾幸福感框架。 C. 小组讨论：回顾学生的进步和继续开展的活动。 D. 进一步练习活动。 E. 重温感恩日志。
材料	● 完成家庭作业的实际奖励(贴纸、糖果、铅笔等)。 ● 黑板、白板或画架。 ● 横格纸。 ● 幸福决定因素图。 ● 幸福流程图。 ● 项目汇总表讲义。 ● 学生的感恩笔记本/日志。
过 程 定 义	
A. 个人反思：项目结束后使用的积极心理学策略	
独立活动	● 欢迎学生回到小组，为他们提供笔记本。 ● 请学生写下自上次课程以来他们参与的或使用频率最高的积极活动或练习。

续　表

独立活动	● 请学生写下自上次课程以来他们用于应对困难情况或痛苦时刻的积极策略。 ● 告诉学生他们将有机会与小组成员分享他们继续使用有目的的活动以保持幸福。 ● 询问学生自上次课程以来与父母讨论幸福感提升项目的活动/策略的程度。
B. 小组讨论：回顾幸福感框架	
小组回顾和反思	● 在课程开始之前，考虑在黑板上列出学生在讨论期间可以使用的活动（列表：你最棒的一面、感恩日志、感恩致谢、善意行为、以新的方式使用标志性性格优势、品味、乐观思考、未来最佳可能自我）。 *在为期 10 周的小组课程中，我们完成多项活动，旨在通过改变我们有目的的活动（思想和行为）来提升幸福感。（参考幸福决定因素图。）我们在小组课程期间开展的活动帮助你了解如何有意识地创造积极的方式来利用你现在的优势，如何对过去产生积极的想法，以及如何以积极的方式思考未来。（参考幸福流程图。）* *我们已经有一段时间没有谈论这些事情了，所以我们来回顾一下主要思想。哪些活动是为了让你对过去产生积极的感受？* ● 感恩日志。 ● 感恩致谢。 ● 你最棒的一面（也可能适合现在，以确定优势）。 *自从上次课程以来，感恩如何影响你对过去的满意度？* *哪些活动旨在促进当前的积极情绪？* ● 善意行为。 ● 以新的方式使用标志性性格优势。 ● 品味（使用性格优势时的积极体验）。 *自从上次课程以来，这些活动以何种方式影响了你对现在生活的感受和满意度？* *你开展了哪些活动以改善你对未来的看法？* ● 乐观思考。 ● 希望（未来最佳可能自我）。 *自从上次课程以来，这些活动以何种方式影响了你对未来的感受？*

续 表

C. 小组讨论：回顾学生的进步和继续开展的活动	
品味成功	*让我们再谈一谈自从我们结束每周小组课程以来所使用的活动，特别是你在今天课程开始时回忆和写下的情况。*
积极活动作为应对策略	● 考虑提醒学生分享和重温成功，比如在日常生活中使用性格优势，或者通过善意行为使他人受益，这都是品味的例子。 *总的来说，自上次课程以来，你经常使用哪些活动？* *在什么样的情况下，也许是在有压力或消极情绪时，你会使用我们学习的活动有意增加对过去、现在或未来的积极想法？* ● 例如，除了每天练习感恩思考外，学生可能会在他们对生活环境感到遗憾或失望时进行一次感恩致谢或完成感恩日志。他们可能表现善意行为，以新的方式使用性格优势，或者对自己的一天感到无聊时细细品味。 ● 鼓励每个学生与小组成员分享至少一个例子。如果学生无法确定在面对痛苦时使用提升幸福感的活动的时间，请学生分享自上次课程以来出现的次要或主要压力源，并让他/她接受小组成员的帮助，以便产生在这种消极情况下可能会改善情绪的活动的想法。
个人成长反思	*请花几分钟时间思考我们在 10 周的课程中改变了什么，以及自从课程结束你是如何改变或保持不变的。* ● 向小组成员提出以下问题： *你对生活的感受有何改变？* *幸福感有何变化？* *你对自己的感受如何？* *你生活中的其他人？* *你的过去？* *你的未来？*
D. 进一步练习活动	
继续练习的必要性	● 继续练习积极活动（有目的的行为！），尤其是学生觉得最适合自己的活动，这对于保持幸福感的提升必不可少。 *不断改善我们的生活和感受的一种方法是，继续练习我们*

续　表

继续练习的必要性	*在每周小组课程中学到的策略，特别是对你来说自然的策略（自己继续使用最多的活动），以及经过反思认为对你的情绪产生积极影响最有帮助的策略。在今天的剩余时间，我们会练习感恩思考。当我们在几周后再次见面并回顾时，我们将专注于其他活动——以新的方式使用标志性性格优势和乐观思考。*
E. 重温感恩日志	
练习感恩日志	*记得不久前我们学过，感恩日志是你对生活中值得感恩的事情表达感恩的一种方式。通过将我们的思想重新集中在过去的积极方面，增加我们对过去经历和生活的积极态度，感恩与幸福感有关。我希望你花几分钟思考你的一天，写下你感恩的5件事情，包括事件、人物、天赋，或其他你能想到的任何事情。一些例子可能包括朋友的慷慨、老师给予额外的帮助、家庭晚餐、你最喜欢的乐队/歌手，等等。* ● 给学生5分钟的时间列出他们感恩的5件事情。 ● 提示学生具体确定积极方面。 ● 在独立写作时间结束后，提示每个学生与小组成员分享一到两个回答。
推广计划	*你打算如何在日常生活中继续使用感恩日志？* ● 鼓励学生定期写感恩日志，例如每晚睡觉前，周日晚上，或与父母共同写作期间。

后续课程 2：(学生小组)回顾项目，聚焦性格优势的使用和乐观思考

目标	● 回顾感恩日志的进展。 ● 回顾在小组中学习的活动和练习。 ● 回顾和练习以新的方式使用标志性性格优势。 ● 回顾乐观思考的方法。
过程概述	A. 感恩日志的进展。 B. 小组讨论：回顾幸福感框架。 C. 探索和规划以新的方式使用第五个标志性性格优势。 D. 回顾与练习：乐观的解释风格。 E. 总结和感谢学生的参与。
材料	● 完成家庭作业的实际奖励(贴纸、糖果、铅笔等)。 ● 黑板、白板或画架。 ● 幸福决定因素图。 ● 幸福流程图。 ● 24 种性格优势分类讲义。 ● 我的第五个标志性性格优势新用途讲义。 ● 我的乐观思考讲义。
过 程 定 义	
A. 感恩日志的进展	
作业完成	*上次我们一起讨论了感恩，并制定了在感恩日志中写下我们想法的计划。请分享你的进展情况，继续写在你的感恩日志中。* ● 向小组提出以下问题： *你多久写一次感恩日志？在什么时间和地点？* *你对哪些事情心存感恩？* *专注于这些事情如何影响你的情绪？*

续　表

作业完成	*尝试记录时你遇到了什么障碍？* *你的父母在多大程度上参与你的感恩日志？*
B. 小组讨论：回顾幸福感框架	
小组回顾和反思	*在整个小组课程中，我们完成多项活动，这些活动旨在通过改变我们有目的的活动（思想和行为）来提升幸福感。（显示幸福决定因素图。）* *我们在小组课程期间开展的活动帮助你了解如何有意识地创造积极的方式来利用你现在的优势，如何对过去产生积极的想法，以及如何以积极的方式思考未来。（显示幸福流程图。）* *让我们回顾一下主要思想。哪些活动是为了让你对过去产生积极的感受？* ● 感恩日志。 ● 感恩致谢。 ● 你最棒的一面（也可能适合现在，以确定优势）。 *自从上次课程以来，感恩如何影响你对过去的满意度？* *哪些活动旨在促进当前的积极情绪？* ● 善意行为。 ● 以新的方式使用标志性性格优势。 ● 品味（使用性格优势时的积极体验）。 *自从上次课程以来，这些活动以何种方式影响了你对现在生活的感受和满意度？* *你开展了哪些活动以改善你对未来的看法？* ● 乐观思考。 ● 希望（未来最佳可能自我）。 *自从上次课程以来，这些活动以何种方式影响了你对未来的感受？*
C. 探索和规划以新的方式使用第五个标志性性格优势	
跨越生活领域使用标志性性格优势	● 回顾以新的方式使用标志性性格优势的基本原理。 *记得不久前我们学过，以不同于以往的新方式使用我们的性格优势是提升当下幸福感的好方法。我们还了解到，为了以新的方式使用性格优势来有效提升幸福感，我们应该在多个生活领域使用性格优势，包括学校、友谊和家庭。*

续 表

跨越生活领域使用标志性性格优势	● 要求每个学生参考自己的标志性性格优势列表。 提示每个学生指出自己在前几次课程中增加使用的性格优势。 然后,学生应该确定本周重点关注第五个标志性性格优势,如果学生愿意,可以重新练习以前的性格优势。 ● 为学生提供我的第五个标志性性格优势新用途讲义。要求他们在小组中练习,列出可能使用优势的与先前不同或独一无二的方法。 ● 在白板上写下生活领域类别,并提示学生思考如何在每个领域使用他们的标志性性格优势。 ● 学生学习时,小组领导者应确保列出的活动是可管理的和具体的。小组领导者应该与学生一起集思广益,征求其他学生的意见。 ● 澄清任何可能偏离标志性性格优势内容的建议,并引导学生提出更有针对性的想法。可以查阅 24 种性格优势分类讲义的副本,以帮助学生记住性格优势的含义。
实施和推广计划	● 要求学生在即将到来的一周中的每一天在不同生活领域以新的方式使用他们选择的标志性性格优势,这些内容都在我的第五个标志性性格优势新用途记录表中有所准备。要求学生每天写下自己使用性格优势的感受,以促进自我反思和品味。鼓励学生在第一个计划遇到障碍时找到一种不同的方式来使用性格优势。 *通常情况下,你已经与我和其他小组成员分享作业完成情况。在你以新的方式使用性格优势后,你可以与谁分享自己的经历和感受?* ● 提示学生考虑家庭成员、朋友、老师和可能的其他小组成员。 ● 提醒学生与他人分享成功有助于品味积极体验。 *在下周计划完成后,你打算如何继续在日常生活中使用标志性性格优势?* ● 鼓励学生继续以新的方式使用他们所有的或任何标志性性格优势。

续　表

D. 回顾与练习：乐观的解释风格	
练习乐观思考	*记得不久前我们学习了乐观思考，其中包括把生活中的美好事物视为持久的，比如由特质和能力引起，并且把不好的事件视为暂时的，受到心情和努力的影响。此外，乐观思考还包括把好的事件视为普遍的，把不好的事件视为某些生活领域特定的。最后，乐观思考涉及把生活中好的事件归因于自己，把不好的事件归咎于他人。* ● 以自己的例子说明积极情况（例如，观察当前小组的学生在幸福感提升技能方面的进步），要求学生作出乐观归因。 *乐观思考会带来心理韧性，你可以面对任何情况，并感觉很好。因此，乐观思考是一种有目的的态度，可以提升幸福感。让我们想想过去几周的情况，你曾经练习过乐观思考。* ● 将我的乐观思考讲义发放给学生。让一两名学生志愿者描述过去 2～4 周的情况。请描述者判断这是一件好事还是坏事，并询问他/她如何更乐观地思考。请小组成员协助描述者产生有关情境的乐观思考。
推广计划	*你打算如何在日常生活中保持乐观思考？* ● 鼓励学生在日常生活中持续运用乐观思考。
E. 总结和感谢学生的参与	
项目结束	● 询问学生关于干预的最终想法，除了他们打算继续练习的性格优势使用和乐观思考。 ● 提醒学生在提升幸福感的努力中囊括重要他人（父母、老师、同学）的重要性。 ● 感谢学生继续努力控制与幸福感有关的想法和行为。

应用于个体学生的补充课程方案
（配合第六章使用）

个体学生的补充课程：
学生主观幸福感决定因素的多维度访谈

补充课程 1：（个体学生）干预介绍

目标	● 与学生建立融洽的关系。 ● 向学生介绍干预目的和课程安排。 ● 收集生活满意度的基线数据。 ● 让学生思考影响个人幸福感的因素。 ● 解决问题并澄清误解（根据需要）。
过程概述	A. 咨询师和干预介绍。 B. 活动：多维度生活满意度评估。 C. 对学生个人幸福感决定因素的介绍性探索。
材料	● 事先完成的筛选措施的空白副本（例如简版多维度学生生活满意度量表）。 ● 在课程期间完成的学生生活满意度量表和多维度学生生活满意度量表的空白副本。 ● （适用于年龄较小的学生）参加游戏和活动以建立融洽的关系。

续 表

过 程 定 义	
A. 咨询师和干预介绍	
澄清专业角色	● 学生喜欢用的名字……拼写？ ● 你的名字(包括拼写)。 ● 称谓(咨询师)，如果适用，说明受训者的身份。 ● (对于年龄较小的学生)：你知道咨询师是什么吗？例子： *咨询师是人们交谈的对象。可以和他们谈论生活中一切进展顺利的事情和不顺利的事情。作为你的咨询师，我在这里帮助你尽可能感到幸福并获得成功，倾听并帮助你学习让你感受最好的方法。所以，我会在接下来的几个月每周都跟你会面。我们会谈论你的情况，帮助你变得并保持幸福。*
干预目的	● 询问学生是否知道与你会面的原因。如果学生不知道，请提供清楚、准确的解释。例如： *几个星期前，老师让你填写一份简短的问卷，要求你评估你在家庭、友谊、学校等不同生活领域以及总体生活领域的幸福水平。谢谢你完成这份问卷！你的回答告诉我们，虽然你一切都很顺利，但你的幸福感还有一定的增长空间。* *学校辅导员获得父母许可与学生会面并和咨询师一起工作，以努力提升学生的幸福感。我很高兴你带回同意书。我很高兴能够帮助你学习思考和行动的方式，并与其他人相处，让你变得更幸福！*
提供课程内容概述	● 解释课程安排。例如： *我们将在每周第一或第二节课会面，可能在这个房间。* ● 为学生提供一个关于幸福感提升项目的内容和目标的先行组织者，以及最初的课程。 *在我们开始的几次课程中，我想更多地了解你，包括你目前的幸福感水平。我们会谈论什么影响你的幸福感。这里说的幸福感是你的总体幸福感。这是你整个生活的幸福水平。这也是你感觉良好和感觉不好的频率。*

续 表

提供课程内容概述	● 如果打算与老师或父母合作，请向学生解释。例如： *我还想和你的老师聊聊他们为你的幸福而设定的目标。你觉得这样可以吗？然后，我会考虑所有信息，我们可以设定目标，确定想要改善哪些领域，以及希望哪些领域保持不变。另外，我会和你的父母联系，让他们知道我们在每周课程上将要做的工作。* ● 如果干预旨在以小组形式实施，请向学生解释。 *与你的班级/年级/学校的其他学生一起，我们将学习帮助大多数学生感到幸福的事情。*
建立关系	● 开始口头交流过程，让学生参与讨论简单的话题，加强信息共享并突出相似之处。 *在我们开始谈论你目前的感受之前，一般来说了解更多关于你的信息会有所帮助。* *兴趣？音乐、电视节目、电影、运动队。* *你在放学后和周末为了娱乐而做的事情？（运动、俱乐部？）* *最喜欢和最不喜欢的学科和活动？* *家庭生活？（兄弟姐妹、宠物？）* ● 指出同学和自己在兴趣和背景上的相似之处。 *到目前为止你有什么问题问我吗？* ● 注意：年幼的学生，如小学生和中学生，在参加有趣的活动时或之后，可以更自由地交谈。 *如果你愿意，我们可以在交谈的时候玩一个游戏。或者，玩一个游戏然后交谈。我有__________游戏和__________游戏……你想玩吗？* ● 在舒适的情况下，在游戏过程中插入上述一般性问题。
B. 活动：多维度生活满意度评估	
多维度生活满意度综合评估	● 施测多维度学生生活满意度量表（提供指导语）。 *首先，了解你目前对自己生活的感受会很有帮助。请花几分钟时间完成关于过去几周感受的调查。阅读指导语，然后指出你对每个陈述的认同程度。* ● 允许学生独立完成学生生活满意度量表和多维度学生生活满意度量表，如果对条目中的单词或者回答有疑问，请在旁提供支持。

续　表

<table>
<tr><td>多维度生活满意度综合评估</td><td>● 学生表示完成后，请检查以确保他/她为 47 个条目中的每一个条目只选择了一个回答……提示学生不要跳过任何条目，并为每个条目选择最佳答案。
感谢你完成这项调查。在接下来的会面中，我想谈谈更多关于你在生活各个领域的幸福水平，例如在家中、学校，以及与朋友的相处中。</td></tr>
<tr><td colspan="2">C. 对学生个人幸福感决定因素的介绍性探索</td></tr>
<tr><td>设置阶段</td><td>● 解释会面很快就会结束，你有兴趣了解影响学生个人幸福感的主要生活领域。</td></tr>
<tr><td>探索学生对生活满意度主要影响因素的看法</td><td>在最后几分钟，我很好奇你在评估总体幸福感（即你对整个生活的满意度）时考虑的主要方面。就像第一个问题，请在 1～6 的范围内圈出答案。
● 引用学生生活满意度量表的总体满意度条目，例如：
<table>
<tr><th></th><th>非常不同意</th><th>中度不同意</th><th>轻度不同意</th><th>轻度同意</th><th>中度同意</th><th>非常同意</th></tr>
<tr><td>我的生活进展顺利。</td><td>1</td><td>2</td><td>3</td><td>4</td><td>5</td><td>6</td></tr>
<tr><td>我的生活刚刚好。</td><td>1</td><td>2</td><td>3</td><td>4</td><td>5</td><td>6</td></tr>
<tr><td>我有一个美好生活。</td><td>1</td><td>2</td><td>3</td><td>4</td><td>5</td><td>6</td></tr>
</table>
当你确定自己的整个生活有多幸福时，你在想什么？什么样的事情让你幸福？还有什么能让你更幸福？
针对青少年的可选问题（一些年幼的孩子正在为这些问题的抽象性而感到困惑）。总的来说，为了将你的幸福感水平提高一个等级（例如，从 5 提高到 6），你认为需要改变什么？你认为还有什么会让你更幸福？你的父母、老师、同学或朋友可以做些什么？
[总结]是否正确？你还能补充些什么来帮助我更好地理解什么影响你的生活满意度？</td></tr>
</table>

续 表

提供下次课程的预览	● 以肯定的陈述结束此次课程并预览下一次课程。 *我很高兴今天和你交谈，并且对你有所了解！我期待着下周再见到你。* ● 如果合适，提醒学生自己计划与其父母和老师联系。 *我也会尝试向老师介绍自己，并联系你的父母。一些父母喜欢收到一封快速的电子邮件，以说明课程中完成的活动。* *你在家里和谁住在一起？* *父母的电子邮箱地址：________________* *如果电子邮箱不明，电话号码：________________* *我们下周将会继续，课程大约持续 10 周，在星期________的第________节课。一名学生办公室助理会给你一张证明，以便你可以免除课程。我们通常会在________（地方）会面。下周我们将更多地谈论你在不同生活领域的幸福感。*

补充课程 2：(个体学生)生活满意度决定因素的综合评估

目标	● 根据学生目前的状态了解幸福感的常见决定因素。 ● 继续反思影响个人幸福感的因素。
过程	A. 半结构化访谈——个人幸福感的决定因素。
材料	● 在课程之前，通过学生生活满意度量表和多维度学生生活满意度量表进行评分，标记并澄清学生以不寻常或有趣的方式回答的所有项目。
过　程　定　义	
A. 半结构化访谈——个人幸福感的决定因素	
准备	● 在此课程之前，通过学生生活满意度量表和多维度学生生活满意度量表进行评分。在这个一般性访谈方案的相关部分(例如，家庭、友谊、个性)，增加问题来追踪学生以值得注意的方式作出回应(例如，与其他回答不一致，特别满意或特别不满意)的调查项目。
一般因素	*本周我想更多地了解你的家庭或活动中可能影响你的幸福感的因素。* ● 回顾上次课程的主题，提示学生反思。 *上周你提到了你的幸福感取决于＿＿＿＿＿＿(回顾最主要的决定因素)，有时候取决于＿＿＿＿＿＿(回顾次要的决定因素)。* *还有其他什么事情可能会让你感到幸福或不幸福？*

续 表

<table>
<tr><td>个性和自我</td><td>你的朋友如何形容你？比如你的个性——你的典型情绪或行为？
● 例如，你的朋友会形容你友善、安静、好奇、有趣、勤奋、关心他人、压力大吗？
● 这些特质(你的个性)会让你幸福吗？</td></tr>
<tr><td>应对策略</td><td>● 收集关于培养幸福感的策略的信息，包括面对压力时保持冷静的策略。
我想知道更多关于你想要做什么来获得或保持幸福的信息。你处理问题或应对挑战/压力的方式有哪些？</td></tr>
<tr><td>家庭</td><td>你和谁住在一起？你的家庭成员有多幸福？
● 在 1～5 分的范围内，你如何评价每个家庭成员的幸福感(总体幸福感、生活满意度)？
<table>
<tr><td></td><td>一点也不幸福</td><td>有一点幸福</td><td>中等程度幸福</td><td>比较幸福</td><td>非常幸福</td></tr>
<tr><td>母亲/继母</td><td>1</td><td>2</td><td>3</td><td>4</td><td>5</td></tr>
<tr><td>父亲/继父</td><td>1</td><td>2</td><td>3</td><td>4</td><td>5</td></tr>
<tr><td>兄弟姐妹 1(姓名：)</td><td>1</td><td>2</td><td>3</td><td>4</td><td>5</td></tr>
<tr><td>兄弟姐妹 2(姓名：)</td><td>1</td><td>2</td><td>3</td><td>4</td><td>5</td></tr>
<tr><td>兄弟姐妹 3(姓名：)</td><td>1</td><td>2</td><td>3</td><td>4</td><td>5</td></tr>
<tr><td>其他家庭成员(姓名：)</td><td>1</td><td>2</td><td>3</td><td>4</td><td>5</td></tr>
</table></td></tr>
<tr><td>关系</td><td>● 首先以开放的方式收集有关人际关系的信息，然后根据需要以特定方式收集有关特定人群的信息。
我想更多地了解你在生活中是如何与人相处的。你的哪些关系(与家庭、学校或其他人的关系)进展顺利？他们在哪些方面让你感到幸福？</td></tr>
</table>

续　表

关系	*你的哪些关系进展不太顺利(或者让你很难过)？他们以什么方式让你感到不幸福？(如果没提及家庭关系)一般来说，你和父母相处得如何？和兄弟姐妹呢？(如果没提及学校关系)学校里的哪些人让你开心或不开心？教师？同学？以什么方式？*
生活环境	● 收集有关生活环境的信息。 *最后，想一想生活中可能会影响你的幸福感的事情(好或坏)。* *生活中发生的一些让你感到幸福的事情(好的事件或情况，甚至可能超出你的控制范围的事情)是什么？* *生活中发生的一些让你感到不幸福的事情(不好的事件或情况，甚至可能超出你的控制范围的事情)是什么？* *生活中还有其他事情会影响你的幸福感吗？*
回顾	*(在这次访谈中总结学生回答的主题。)这是正确的吗？生活中还有什么让你感到幸福或不幸福？例如，宗教信仰、宠物、体育运动或课后活动如何影响你的幸福感？*
提供下次课程的预览	● 以肯定的陈述结束此次课程并预览下一次课程。 *我很高兴今天再次和你交谈！下周我们将开始学习帮助学生感到幸福的策略。(如果相关：作为提醒，我们的课程中将包括你的班级/年级/学校的其他几位学生，以便我们可以一起学习，互相支持。)*

课堂应用的补充课程方案和讲义
(配合第七章使用)

教师和班级补充课程：促进师生关系和生生关系

补充课程：(教师)教师的心理教育

目标	● 与教师建立融洽的关系。 ● 向教师介绍积极心理学和关键构念。 ● 讨论目标学生主观幸福感的基线水平。 ● 传达积极的师生关系的重要性。 ● 分享教师沟通支持的策略。 ● 向教师介绍学生干预的内容。 ● 解决问题并澄清误解(根据需要)。
过程概述	A. 简要介绍：积极心理学和干预的关键构念。 B. 项目目标学生主观幸福感的基线水平。 C. 澄清干预目的。 D. 提供以学生为中心的干预的概述。 E. 在班级或小组课程期间规划行为管理。 F. 家庭作业：教师参与准备。 G. 提供表达问题和疑虑的时间。
材料	● 为教师制定的项目活动概述讲义。 ● 建立牢固的师生关系讲义(教师)。 ● 干预手册副本。 ● (如果实施并评估基线测量)绘制学生主观幸福感平均水平图表。

续 表

过 程 定 义
A. 简要介绍：积极心理学和干预的关键构念
欢迎教师，提供一份教师讲义，并感谢他/她花时间参与该项目。介绍自己和其他共同促进者，例如学校其他心理健康服务提供者或实习生。 *为了让你更好地理解学生将在幸福感提升项目中学习的各种概念和参与的各种活动，我们将首先与你分享该项目依据的积极心理学原理。我们还会分享一些策略，告诉你在每周课程之外还可以与学生做些什么，以提升自己的幸福感并加强与学生的关系。* 提供你事先准备好的演示文稿。演示目标： • 传达学生幸福感的重要性。 • 介绍积极心理学并定义关键目标。 • 解释什么是积极心理干预措施，并概述在后续阶段针对学生的干预措施。 • 传达课堂关系对学生幸福感的重要性，分享教师社会支持与学生主观幸福感之间的关系。 • 讨论教师当前如何向学生传达支持和关怀。 • 提出研究建议的支持策略(Suldo et al., 2009)。 • 鼓励教师与学生一起完成每周练习。 作为演示内容的总结，在课程结束之后分发项目活动概述讲义和建立牢固的师生关系讲义，供教师参考。 注意：如果演示设备不可用，可以考虑让教师在讨论过程中参考讲义(而不是专注于演示屏幕)。将讲义作为讨论的纲要和指南，讨论的目标与上文保持一致。 在整个讨论过程中以及讨论结束后，提供提问的机会。

续 表

B. 项目目标学生主观幸福感的基线水平
在第一次课程之前，对目标学生的主观幸福感实施基线测量并评分。总体生活满意度和主要生活领域满意度的常用衡量指标包括： ● 学生生活满意度量表(7 个项目，总体生活满意度)。 ● 多维度学生生活满意度量表(5 个领域，40 个项目)。 ● 简版多维度学生生活满意度量表(6 个项目：5 个特定领域生活满意度项目，1 个总体生活满意度项目)。 ● 如果该项目是对生活满意度有提升空间的学生的次级干预，那么应该根据全校范围筛选(例如，通过简版多维度学生生活满意度量表)获得的数据绘制成图表，以确定目标学生。 ● 如果打算在全班范围内实施该项目(例如，作为针对所有学生的第一层次的幸福感提升项目)，请考虑对班级中的所有学生实施更全面的测量，例如学生生活满意度量表和多维度学生生活满意度量表。 ● 儿童积极—消极情感量表(Laurent et al.，1999)也可用于衡量积极情绪和消极情绪。 与教师分享学生当前(即干预前、基线)生活满意度水平的图表，并突出显示相对高和低的领域。请注意，这些测量将在项目结束时重新实施。比较干预前和干预后的平均分数，以评估学生的反应水平。
C. 澄清干预目的
确保教师理解幸福感提升项目的设计目的，即最大限度地提高学生的幸福感。说明： *最佳幸福感除了没有心理健康问题之外，还包括快乐(对生活感到满意)。我们与你的学生一起实施的幸福感提升项目旨在最大限度地提高学生的幸福感，而不是干预心理健康问题。研究告诉我们，我们都有基因设定的幸福范围，在我们的范围内提升幸福感的关键是有目的的活动。幸福感提升项目的目的是，通过谈论我们在陈述中涉及的关键概念，并参与有关这些概念的活动，例如感恩和性格优势，来提高学生的幸福感。*

续　表

D. 提供以学生为中心的干预的概述
描述幸福感提升项目的主要组成部分。说明： *我们将以班级的形式实施幸福感提升项目，包括一个小组领导者（我）和一个共同促进者（你）。（如果合适，还请确定你学校的心理健康服务提供者或实习生，他们也可能协助担任共同促进者。）我们将在上学日的一个时间段内每周会面一次，为期 10 周。第一次会面就是我们本次会面。之后，与学生的每周会面将包括指导小组讨论和活动。每次会面结束时，给学生布置家庭作业，以促进对学习的概念和技能的进一步练习。关于会面的重点，前两次会面主要侧重于建立小组和积极的小组环境，并向学生介绍该项目。第四次和第五次会面的重点是感恩，包括学生写下他们感恩的事，并向过去对自己表现出善意行为的人表示感谢。第六次会面侧重于善意行为，包括提高善意行为的频率等活动。第七、第八、第九和第十次会面主要侧重于确定自己的性格优势，包括确定感知到的性格优势，通过完成调查客观地识别性格优势，并以新的方式使用性格优势。第十一次也是最后一次会面包括回顾项目，以及在项目中学到的活动和技能。*
E. 在班级或小组课程期间规划行为管理
考虑到作为干预目标的学生的发展阶段，以及小组可以囊括整个班级这一事实，建议在学生课程期间制定明确的行为管理系统以供使用（第二次到第十一次课程）。这可能需要扩展目前教师认为有效的班级系统，或开发仅在项目课程期间使用的新策略。 ● 在第二次课程之前制定行为管理系统以供使用，请询问： *目前课堂/学校的规则是什么？* *目前班级或学校有什么行为管理系统？* *向学生提供有关遵守课堂规则的反馈意见的频率？* *学生觉得哪些东西能激励他们？哪些是课堂教师可以接受的？*

续 表

F. 家庭作业：教师参与准备
为了准备在整个干预期间作为共同促进者参与幸福感提升项目，鼓励教师进一步熟悉演示文稿中涵盖的积极心理学构念。 ● 分发苏尔多及其同事在《学校心理学评论》(*School Psychology Review*)上发表的文章全文(Suldo et al., 2009)。 鼓励教师规划策略(每周推出新策略)来沟通教师支持。 ● 鼓励教师访问相关网站。 个人主观幸福感、感恩、希望的水平？ 自己的标志性性格优势？ ● 为教师提供完整的干预手册。 在小组领导者/促进者与学生会面之前讨论阅读计划，沟通课程计划。
G. 提供表达问题和疑虑的时间
确保几分钟时间回顾今天分享的信息，回答教师余下的任何问题，解决问题，并建立最有效的学生课程沟通方法。

补充课程：(班级)通过团队建设了解同学

目标	• 建立一个具有明确行为期望的支持性团体环境。 • 确定同学的共同生活经历。 • 学习如何一起工作并为团队项目作出贡献。 • 了解团队合作和相互支持的重要性。 • 强调社会关系与个人幸福感之间的联系。
过程概述	A. 领导者和规则简介。 B. 了解你活动：同学之间的共性。 C. 团队建设活动：创意着色。 D. 小组讨论：共同努力的挑战和益处。 E. 幸福感提升项目简介。
材料	• 不同颜色的记号笔、蜡笔或彩色铅笔。 • 一大张纸。
过 程 定 义	
A. 领导者和规则简介	
介绍领导者	• 向你的学生介绍你是谁并概述你在这里的原因。 *你好！（每个促进者提供姓名并解释在学校的专业角色。）我们有相同的目标：提升所有学生的幸福感。在接下来的几周，我们将和你们一起（指定固定的会面时间，例如星期五下午）来谈谈幸福。我们将帮助你们开展各种活动，帮助你们更好地了解自己的生活。我们将在下周详细讨论这些类型的活动。今天，我们希望大家能够更好地相互了解。*

续 表

建立行为期望	● 下面是一个行为管理系统示例，与更大的学校积极行为干预和支持系统一致。*但首先，我们希望给你提供如何在课程期间表现的一些建议，以便你可以从活动中获得最大收益以及良好行为的奖励。本课程的 CHAMPS 是：* *C——conversation。我们将开展团体工作。* *H——help。如果需要帮助，请举手。* *A——activity。听成年人（领导者或你的老师）或我们要求分享的同学讲话，完成分配的任务。* *M——movement。请坐在你的桌子前，直到我们要求你活动。* *P——participation。参与看起来就像盯着说话者或任务。* *S——successful。这就是你成功的方式。* *每五分钟，我们会在遵从上述建议的学生名单旁边放一颗星星。课程结束时，所有获得至少五颗星星的学生都将获得贴纸或糖果的奖励。还有任何问题吗？*
B. 了解你活动：同学之间的共性	
第一个活动是破冰练习，旨在帮助小组成员了解自己与同龄人之间的一些共同点。潜在的共同点从无伤大雅的情况开始，然后发展到更敏感的情况。指出没有哪个学生是孤单的，几乎总是至少有一个人和他/她有相同的情况。	
同学之间的共性	*我们想开展一个活动来帮助同学相互了解。我知道你们彼此认识，但对我来说你们是新来的。而且，你可能会发现一些你之前不了解的情况。* ● 要求学生站成一个大圈或一排。接下来如果他们对某种情况的回答为“是”，就向前迈出一步。 ● *请向前迈出一步，如果……* *有一只宠物。* *至少有一个兄弟姐妹。* *喜欢运动。* *喜欢电子游戏。* *喜欢唱歌或跳舞。*

续　表

<table>
<tr><td>同学之间的共性</td><td>有一个昵称。
曾与朋友争吵过。
曾被开玩笑或戏弄过。
曾经对另一个同学不友好。
曾经感到非常开心。
曾经感到非常不开心。
● 在这个过程中，询问学生是否知道他们与同学有共同之处，如果了解细节，可以告诉你更多关于同学的情况。
● 引发小组成员的反思，询问他们是否意识到彼此之间有如此多的共同点，以及同学之间惊人的认同。</td></tr>
<tr><td colspan="2">C. 团队建设活动：创意着色</td></tr>
<tr><td colspan="2">下一项活动旨在增加小组成员的合作。</td></tr>
<tr><td>创意着色
(Jones，1998)</td><td>有时候在生活中我们必须接受别人的帮助，或者如果我们想做得好，就要依靠朋友和家人。想想大型节日晚餐。如果一个人试图做晚餐和打扫卫生，那么有很多工作要做，这是一项艰巨的任务。但是，当一群人参与进来并提供帮助时，可以立即做好晚餐和完成清洁工作。每个人都是团队的一部分，可以在用餐过程中发挥不同的才能。
在创意着色活动中，每个学生都将成为团队的一员，可以轻松完成该项目。每个学生都会贡献自己的技能来创作一幅画。
● 在每个小组中，给每个学生一支不同颜色的记号笔、蜡笔或彩色铅笔。
● 告诉学生他们拥有的颜色将是他们可以使用的唯一的颜色。
你的小组必须使用所有颜色创作一幅画。每个学生只能使用自己的颜色。不得分享或交换颜色。每个学生只能用手中的笔共同创作一幅美好的画。
● 修改
对于较小的团队，每个学生可能不止有一种颜色。
不要自己绘画，而是在着色书的页面上着色。
为了加强团队合作，请小组成员确定每个人使用哪种颜色。</td></tr>
</table>

续 表

D. 小组讨论：共同努力的挑战和益处
提出以下问题： ● *这对团队来说是一个困难的项目吗？为什么？* ● *你是如何以团队形式完成项目的？* ● *团队中的每个人如何看待创作的画？* ● *自己做事情容易，还是与他人一起做事情容易？* ● *作为团队的一员，为什么与他人合作并给予他人支持很重要？*
E. 幸福感提升项目简介
在接下来的几个月里，我们将花一些时间与你的班级在一起。其间，我们将谈论通过不同的行为让自己感到更幸福的方法，包括互相支持并注意班上的良好事情，包括老师和同学。每次会面，我们都期待听到你们合作和善待彼此。老师也会指出（并告诉我们）你们对待彼此特别友善或成功合作的时刻。科学家指出，幸福的人与许多人特别亲近，他们的亲密朋友包括学校里的人（比如同学和老师）和家里的人（比如父母和兄弟姐妹）。因此，对我们来说重要的是彼此关心，并让其他人知道这种关心。

教师讲义：项目活动概述

经常被问的问题

1. *什么是积极心理学？*
   - 研究促使人们茁壮成长的因素和特征。积极心理学强调存在心理健康的积极指标，例如个人幸福。
2. *我们为什么要试图让学生更幸福？*
   - 更幸福的学生可以获得更好的成绩，在标准化考试中表现更好，对学校和学习有更积极的态度，有更好的社交关系，身体更健康，并且有更少的心理健康问题症状，如抑郁和焦虑。
3. *我们为什么要和学生一起工作？或者和某些学生一起工作？*
   - 如果我们正在与全班学生一起工作，那么希望所有学生都参与这项全民健康计划，因为我们希望学生因参加幸福感提升项目而获得更高水平的幸福感。
   - 如果我们正在与班级的一部分学生一起工作，那么我们会让所有学生完成简短的生活满意度调查，根据学生的回答，选取对生活不太满意的学生参与幸福感提升项目，该项目旨在提升学生的幸福感。我们希望他们参加幸福感提升项目以体验幸福感的提升。

---

4. 幸福感提升项目包括哪些内容?

- 该项目包括学校心理健康服务提供者和学生的课程。学生将重点关注他们的咨询师的日程安排。

  课程 1：建立牢固的师生关系

  课程 2：了解班级学生(学生团队建设)

  课程 3：你最棒的一面(幸福感介绍)

  课程 4：感恩日志

  课程 5：感恩致谢

  课程 6：善意行为

  课程 7：性格优势介绍

  课程 8：性格优势评估

  课程 9：以新的方式使用第一个标志性性格优势

  课程 10：以新的方式使用第二个标志性性格优势

  课程 11：项目回顾

班级的项目领导者(或学生的咨询师)是：____________________

联系方式：____________________

你的班级或学生通常会在哪一天与领导者/咨询师会面：________

幸福感提升项目：建立牢固的师生关系

学生对教师社会支持的看法反映了学生感受到教师尊重、关心和重视的程度。幸福的学生报告更多的社会支持。情感支持和工具支持是教师支持与学生幸福最相关的方面。情感支持是指学生对教师关心他们的频率，公平对待他们，以及良好提问的认知。工具支持是指学生认为教师在多大程度上确保学生拥有在学校所需的东西，花时间帮助学生学会做好某件事，并在学生需要帮助时与学生在一起。

有时，学生和成年人对于哪种类型的行为是支持性的有不同看法。例如，学生可能会将有形的物品作为关心的“证据”，而成年人则会尽力保护学生的安全（学生可能会忽视这些行为）。当研究者采访学生教师的支持是什么时，许多学生会报告相同的想法，这就提出教师可能需要考虑一些策略，以促进积极的师生关系。

- *通过以下方式传达对幸福的关心：*

  问一些个人问题（例如，询问一个退缩的学生是否一切顺利）。

  和蔼可亲和/或尊重他人。

  在白天允许有空闲时间。

  给糖果。

来源：香农 · M. 苏尔多（Shannon M. Suldo）的《促进学生的幸福：学校中的积极心理干预》（*Promoting Student Happiness: Positive Psychology Interventions in Schools*）。

- *通过以下方式利用最佳教学实践：*

　　关注个别学生和全班学生对学业资料的理解，然后根据需要提供额外的练习。

　　使用多样化的教学策略，特别是符合学生首选学习方法的教学策略。

- *通过以下方式表达对学生学业成绩的关注：*

　　认识到学生的成就。

　　帮助学生提高成绩。

　　为良好的学业表现提供奖励。

　　解释在作业中出现的错误。

　　确保在合理的时间内完成学习任务。

- *通过以下方式显示公平的支持：*

　　在选择学生参与课堂活动和为学生提供奖励方面表现出客观性。

　　明确表达对待所有学生一视同仁的意图。

　　花时间正确识别犯错者并施加惩罚，而不是惩罚整个班级的学生。

- *通过以下方式让学生提问时感到自在：*

　　创造一种鼓励提问的课堂环境，例如，使用海报、问题箱，学生可以私下提出问题以供日后回答，等等。

　　创造一种支持性的情感环境，积极回答问题，并欣赏学生探索答案的兴趣。

　　作出合理安排，为学生提出问题提供许可、时间和多种机制。

研究表明，男生和女生对哪种教师行为传达关怀的看法不同。

对女生来说，教师的以下行为被认为最具关怀性：	**对男生来说，教师的以下行为被认为最具关怀性：**
采取行动帮助学生改善情绪。 表达对学生幸福的兴趣。 与学生分享个人经历。 在课外与学生保持联系。 关心学生的学业进步。 使用多种教学策略。	给予学生奖励（例如，糖果、空闲时间、零食）。 帮助学生提高成绩。 明确表示允许提问。 以积极的方式回答问题。
什么不该对女生做？当女生察觉到以下情况时，她们似乎对低支持特别敏感：	**什么不该对男生做？男生似乎对以下情况特别敏感：**
消极的情感环境。 对学生问题的消极反应。 严格的评分政策。 制定固定的规则和期望。 学习辅导不足。	教师布置过量的任务。

注：本讲义中报告的结果基于南佛罗里达大学的学校心理学家所作的研究（Suldo et al.，2009）。参考文献：Suldo，S. M.，Friedrich，A. A.，White，T.，Farmer，J.，Minch，D.，& Michalowski，J.（2009）. Teacher support and adolescents' subjective well-being：A mixed-methods investigation. *School Psychology Review*，*38*，67－85.

父母参与的补充课程方案和讲义
(配合第八章使用)

补充父母信息课程

补充课程：(父母)父母的心理教育

目标	• 与父母建立融洽的关系。 • 向父母介绍积极心理学和关键构念。 • 向父母介绍学生干预的内容。 • 解决问题并澄清误解(根据需要)。
过程概述	A. 简要介绍：积极心理学和干预的关键目标。 B. 澄清小组目的。 C. 提供以学生为中心的干预的概述。
材料	• 电脑、投影仪和演示屏幕。 • 父母讲义：项目活动和积极心理学概述。
过 程 定 义	
A. 简要介绍：积极心理学和干预的关键目标	
欢迎父母，并记录出席者。所有人到达后，给父母一份父母讲义的副本，并感谢他们参加这一课程。在开始演示之前，向父母介绍自己和其他小组领导者。	

续　表

为了让你更好地了解你的孩子在参与幸福感提升项目期间，将学习的各种概念和参与的各种活动，我们将首先与你分享该项目依据的积极心理学原理。 提供你事先准备好的演示文稿。演示目标： ● 交流父母的幸福感和孩子的幸福感的重要性。 ● 引入积极心理学并确定关键目标。 ● 解释积极心理干预是什么，然后引导父母完成一项活动（例如，感恩日志、善意行为、品味）来演示积极心理干预。 ● 鼓励父母与孩子在家一起完成每周一次的练习。 ● 概述孩子在小组中每周关注的积极心理学目标。 作为演示内容的总结，在课程结束之后分发积极心理学和项目活动概述讲义供父母参考。 注意：如果演示设备不可用，可以考虑让父母在讨论过程中参考讲义（而不是专注于演示屏幕）。将讲义作为讨论的纲要和指南，讨论的目标与上文保持一致。 在整个演示过程中和结束后，为父母提供提问的机会。
B. 澄清小组目的
确保父母明白他们的孩子被要求参加小组，是为了最大限度地提高幸福感，而不是因为被确定为有心理健康问题，例如抑郁症或其他问题。示例脚本： *最佳幸福感除了没有心理健康问题之外，还包括快乐（对生活感到满意）。我们已经要求你的孩子参加小组活动，以最大限度地提高他/她的幸福感，而不是因为心理健康问题。研究告诉我们，我们都有基因设定的幸福范围，在我们的范围内提高幸福感的关键是有目的的活动。每周小组课程的目的是谈论我们在陈述时涵盖的关键概念，并围绕目标开展活动，比如感恩、性格优势、乐观和希望，将孩子的幸福感提升到他/她可能的范围的顶端。*

续 表

C. 提供以学生为中心的干预的概述
描述幸福感提升项目的主要组成部分。示例脚本： *我们将以小组形式教授你的孩子提升幸福感的干预措施，每组6～7名学生，以及1名小组领导者和1名共同促进者。所有小组领导者都接受过该项目的培训，并且是心理健康从业者或受训人员。例如，我是一名学校心理学家(学校社会工作者、咨询师)。你的孩子和小组中的其他学生将在上学期间的一段时间内每周会面一次，为期10周。此外，一旦项目结束，你的孩子将参加每月一次的签到，以回顾在该项目中学到的技能。签到也将在上学期间的一段时间内进行，为期2～3个月。每周课程将包括由小组领导者指导的小组讨论和活动。每次课程结束时给学生布置家庭作业，旨在练习所学的概念和技能。* *为了让你了解你的孩子正在学习什么，每周你都会收到一封电子邮件或一份讲义的复印件。本周的讲义将概述学生在课程中学到的技能和活动类型，并告诉你布置的家庭作业。它还将为你可以做的事情提供建议，并在家里讨论，以帮助你的孩子进一步掌握在小组课程中教授的技能。* *关于课程的重点，第一次课程的主要目标是建立积极的小组环境，并向学生介绍该项目。第二次和第三次课程的重点是感恩，包括让学生写下他们感恩的事情，并向过去对他们表现出善意行为的人表示感恩。第四次课程的重点是善意行为，包括提高表现善意行为的频率。第五、第六和第七次课程主要侧重于识别和使用自己的性格优势，包括识别感知到的性格优势，通过完成调查客观地识别性格优势，以及以新的方式使用性格优势等。此外，第七次课程还教导学生如何品味积极体验。第八次课程侧重于乐观，包括一项教导学生乐观思考的活动。第九次课程侧重于希望，包括让学生写下未来最佳可能自我，学生的个人目标和实现这些目标的途径。第十次也是最后一次课程包括回顾项目，以及在该项目中学到的活动和技能。除了回顾学生自课程结束以来的进步和经历，签到课程还会回顾学生学到的技能和概念，并提供机会练习他们在项目中学到的具体活动。* 鼓励父母提出有关干预活动的问题。提供更多有关日程安排或干预内容的细节，以解决问题。

父母讲义：项目活动和积极心理学概述

*** 思考和讨论 ***

- *你希望你的孩子从幸福感提升项目中获得什么？*

为什么父母的幸福感对孩子的幸福感至关重要

- 研究表明，青少年的幸福感评分与父母的幸福感评分相关。

随着父母的生活满意度提高，孩子的生活满意度也会提高。

互惠关系：孩子的生活满意度也可能会影响父母的生活满意度。

- 研究发现了幸福的许多好处，包括有利于身体健康、学业和职业成功，以及良好的社会关系。

*** 思考和讨论 ***

- *你对积极心理学的理解是什么？你以前听过什么？*

积极心理学的主要特征

- 研究使人们茁壮成长的因素和特征。
- 积极心理学在过去15年里越来越受欢迎，它源于人们对心理健康问题没有受到足够重视的不满。
- 强调没有心理健康问题和有幸福感。

积极心理学的关键术语

- 主观幸福感：幸福的科学术语，健康的常用指标。通常是旨在提高幸福感的干预措施的主要结果。主观幸福感水平高反映了生活满意度水平高（判断你的生活总体上进展顺利），并且体验到更多积极情绪而不是消极情绪。
- 感恩：倾向于欣赏生活的积极方面，对生活中积极的事物心存感激，对他人表达感激。对于与他人建立和保持积极关系至关重要。
- 善良：一种性格优势，包括善待他人的动机，遵循友善的计划，并认识到他人的善良。善意行为，即有利于他人或牺牲自己的利益而使他人获益的行为，已被证明可以提升快乐情绪和生活满意度。
- 性格优势：在六大类美德中设定24种积极特征。每个人都有独特的性格优势和标志性性格优势，这是个体一生中最常使用和最值得欣赏的特征。研究表明，在日常生活中使用标志性性格优势可以改善总体主观幸福感。
- 品味：关注并享受过去、现在和/或未来的积极事件。品味包括期待、回忆和延长愉快的时刻。它可以通过行为、社会和认知策略来增加。与更高的主观幸福感相关联。
- 乐观：倾向于期待积极结果，并强调情境的积极方面。也指将积极事件视为普遍的并归因于自己，同时将消极事件视为暂时的并归咎于他人。与预防和减少心理健康问题，以及更好的学校调整和适应能力有关。

- 希望：一种积极的激励状态，涉及目标导向的思维和策略，以及实现目标的途径。与心理健康和幸福感相关。

什么是积极心理干预

- 简单来说，通常是自我管理练习，旨在模仿天生非常幸福的人的思想和行为。
- 这种练习在过去10年中出现，随着越来越多的证据证明它们可以按照预期提升主观幸福感，这种练习越来越受欢迎。
- 儿童青少年的积极心理干预措施针对感恩、性格优势、善良、乐观和希望。
- 总体而言，对这些干预措施的研究已经取得积极成果，包括提高生活满意度和改善情绪。

*** **活动："甜蜜的品味"** ***

- 说明：在接下来的2～3分钟，思考一下你最近或过去的愉快体验。
- 练习：花1分钟时间闭上眼睛，想想你当时的经历以及感受。

  运用你的感官——视觉、嗅觉、听觉、触觉和味觉。

  记住并重温体验……
- 分享：两人一组，花几分钟时间与同伴谈论你的体验。
- 反思：你对完成这项活动有什么感受？在脑海中重温这段经历时的感受？与其他成年人分享(回忆)时的感受？

额外的想法

- 当你的孩子与你分享他/她在该项目中学习的策略，你可以独立练习或与孩子一起练习，你可能会为自己和孩子的健康带来更大的改善。
- 访问相关网站，了解有关最大限度地提高幸福感的方法。

幸福感提升项目包括哪些内容

- 该项目包括学校心理健康服务提供者和学生的课程。
- 你的孩子在每次课程中将重点关注的内容的日程安排：

  课程 1：项目简介(你最棒的一面活动)

  课程 2：感恩日志

  课程 3：感恩致谢

  课程 4：善意行为

  课程 5：性格优势介绍

  课程 6：确定标志性性格优势

  课程 7：以新的方式使用标志性性格优势

  课程 8：乐观思考

  课程 9：希望和目标导向的思考

  课程 10：项目回顾

  后续课程(项目回顾，专注于具体活动)

参考文献

Abramson, L. Y., Seligman, M. E., & Teasdale, J. D. (1978). Learned helplessness in humans: Critique and reformulation. *Journal of Abnormal Psychology*, *87*(1), 49 - 74.

Achenbach, T. M., McConaughy, S. H., Ivanova, M. Y., & Rescorla, L. A. (2011). *Manual for the ASEBA Brief Problem Monitor*. Burlington: University of Vermont, Research Center for Children, Youth, and Families.

Achenbach, T. M., & Rescorla, L. A. (2001). *Manual for the ASEBA school-age forms and profiles*. Burlington: University of Vermont, Research Center for Children, Youth, and Families.

Adelman, H., & Taylor, L. (2009). Ending the marginalization of mental health in schools: A comprehensive approach. In R. W. Christner & R. B. Mennuti (Eds.), *School-based mental health* (pp. 25 - 54). New York: Routledge.

Albrecht, N. J., Albrecht, P. M., & Cohen, M. (2012). Mindfully teaching in the classroom: A literature review. *Australian Journal of Teacher Education*, *37*(12), 1 - 14.

Algozzine, K., & Algozzine, B. (2007). Classroom instructional ecology and school-wide positive behavior support. *Journal of Applied School Psychology*, *24*(1), 29 - 47.

Andrews, F. M., & Withey, S. B. (1976). *Social indicators of well-being: Americans' perceptions of life quality*. New York: Plenum Press.

Antaramian, S. P., Huebner, E. S., Hills, K. J., & Valois, R. F. (2010). A dual-factor model of mental health: Toward a more comprehensive understanding of youth functioning. *American Journal of Orthopsychiatry*, *80*(4), 462 - 472.

Asgharipoor, N., Farid, A. A., Arshadi, H., & Sahebi, A. (2010). A comparative study on the effectiveness of positive psychotherapy and group cognitive-behavioral therapy for the patients suffering from major depressive disorder. *Iranian Journal of Psychiatry and Behavioral Sciences*, *6*(2), 33 - 41.

Ash, C., & Huebner, E. S. (1998). Life satisfaction reports of gifted middle-school students. *School Psychology Quarterly*, *13*(4), 310 - 321.

Athey, M., Kelly, S. D., & Dew-Reeve, S. E. (2012). Brief Multidimensional Students' Life Satisfaction Scale—PTPB Version: Psychometric properties and relations to mental health. *Administration and Policy in Mental Health and Mental Health Services Reviewer*, *39*(1 - 2), 30 - 40.

Austin, D. (2005). *The effects of a strengths development intervention program upon the self-perceptions of students' academic abilities*. Asusa, CA: Azusa Pacific University.

Baker, J. A. (1999). Teacher-student interaction in urban at-risk classrooms: Differential behavior, relationship quality, and student satisfaction with school. *Elementary School Journal*, *100*(1), 57 - 70.

Bandura, A. (1997). Sources of self-efficacy. In *Self-efficacy: The exercise of control* (pp. 79 - 115). New York: Freeman.

Bartels, M., & Boomsma, D. I. (2009). Born to be happy?: The etiology of subjective well-being. *Behavior Genetics*, *39*(6), 605 - 615.

Bartels, M., Cacioppo, J. T., van Beijsterveldt, T. C. E. M., & Boomsma, D. I. (2013). Exploring the association between well-being and psychopathology in adolescents. *Behavior Genetics*, *43*(3), 177 - 190.

Bavelas, J., De Jong, P., Franklin, C., Froerer, A., Gingerich, W., Kim, J., et al. (2013). *Solution focused therapy treatment manual for working with individuals* (2nd ed.). Santa Fe, NM: Solution-Focused Brief Therapy Association.

Beard, K. S., Hoy, W. K., & Hoy, A. W. (2010). Academic optimism of individual teachers: Confirming a new construct. *Teaching and Teacher Education*, *26*(5), 1136 - 1144.

Ben-Arieh, A. (2008). The child indicators movement: Past, present, and future. *Child Indicators Research*, *1*(1), 3 - 16.

Benn, R., Akiva, T., Arel, S., & Roeser, R. W. (2012). Mindfulness training effects for parents and educators of children with special needs. *Developmental Psychology*, *48*(5), 1476 - 1487.

Biegel, G. M., Brown, K. W., Shapiro, S. L., & Schubert, C. M. (2009). Mindfulness-based stress reduction for the treatment of adolescent psychiatric outpatients: A randomized clinical trial. *Journal of Consulting and Clinical Psychology*, *77*(5), 855 - 866.

Boehm, J. K., & Lyubomirsky, S. (2008). Does happiness promote career success? *Journal of Career Assessment*, *16*(1), 101 - 116.

Boehm, J. K., Lyubomirsky, S., & Sheldon, K. M. (2011). A longitudinal experimental study comparing the effectiveness of happiness-enhancing strategies in Anglo Americans and Asian Americans. *Cognition and Emotion*, *25*(7), 1263 - 1272.

Bögels, S. M., Hellemans, J., van Deursen, S., Römer, M., & van der Meulen, R. (2014). Mindful parenting in mental health care: Effects on parental and child psychopathology, parental stress, parenting, coparenting, and marital functioning. *Mindfulness*, *5*(5), 536 - 551.

Bond, C., Woods, K., Humphrey, N., Symes, W., & Green, L. (2013). Practitioner review: The effectiveness of solution focused brief therapy with children and families: A systematic and critical evaluation of the literature from 1990 - 2010. *Journal of Child Psychology and Psychiatry*, *54*(7), 707 - 723.

Bono, G., Froh, J. J., & Forrett, R. (2014). Gratitude in school: Benefits to students and schools. In M. J. Furlong, R. Cilman, & E. S. Huebner

(Eds.), *Handbook of positive psychology in the schools* (pp. 67 - 81). New York: Routledge.

Bookwala, J., & Schulz, R. (1996). Spousal similarity in subjective well-being: The cardiovascular health study. *Psychology and Aging*, *11*(4), 582 - 590.

Bradshaw, C. P., Koth, C. W., Thornton, L. A., & Leaf, P. J. (2012). Altering school climate through school-wide positive behavioral interventions and supports: Findings from a group-randomized effectiveness trial. *Prevention Science*, *10*(2), 100 - 115.

Bradshaw, C. P., Mitchell, M. M., & Leaf, P. J. (2010). Examining the effects of schoolwide positive behavioral interventions and supports on student outcomes: Results from a randomized controlled effectiveness trial in elementary schools. *Journal of Positive Behavior Interventions*, *12*(3), 133 - 148.

Brantley, A., Huebner, E. S., & Nagle, R. J. (2002). Multidimensional life satisfaction reports of adolescents with mild mental disabilities. *Mental Retardation*, *40*(4), 321 - 329.

Brickman, P., Coates, D., & Janoff-Bulman, R. (1978). Lottery winners and accident victims: Is happiness relative? *Journal of Personality and Social Psychology*, *36*(8), 917 - 927.

Brownell, T., Schrank, B., Jakaite, Z., Larkin, C., & Slade, M. (2015). Mental health service user experience of positive psychotherapy. *Journal of Clinical Psychology*, *71*(1), 85 - 92.

Brunwasser, S. M., Gillham, J. E., & Kim, E. S. (2009). A meta-analytic review of the Penn Resiliency Program's effect on depressive symptoms. *Journal of Consulting and Clinical Psychology*, *77*(6), 1042 - 1054.

Bryant, F. B., & Veroff, J. (2007). *Savoring: A new model of positive experience*. Mahwah, NJ: Erlbaum.

Caplan, G. (1964). *Principles of preventive psychiatry*. New York: Basic Books.

Caprara, G. V., Barbaranelli, C., Steca, P., & Malone, P. S. (2006).

Teachers' self-efficacy beliefs as determinants of job satisfaction and students' academic achievement: A study at the school level. *Journal of School Psychology*, *44*(6), 473 - 490.

Carr, E. G., Dunlap, G., Horner, R. H., Koegel, R. L., Turnbull, A. P., Sailor, W., et al. (2002). Positive behavior support evolution of an applied science. *Journal of Positive Behavior Interventions*, *4*(1), 4 - 16.

Casas, F., & Rees, G. (2015). Measures of children's subjective well-being: Analysis of the potential for crossnational comparisons. *Child Indicator Research*, *8*(1), 49 - 69.

Casas, F., Sarriera, J. C., Alfaro, J., Gonzalez, M., Bedin, L., Abs, D., et al. (2015). Reconsidering life domains that contribute to subjective well-being among adolescents with data from three countries. *Journal of Happiness Studies*, *16*(2), 491 - 513.

Challen, A., Noden, P., West, A., & Machin, S. (2011). *UK Resilience Programme evaluation: Final report* (Research reports, DFE-RR097). London: Department for Education.

Challen, A. R., Machin, S. J., & Gillham, J. E. (2014). The UK Resilience Programme: A school-based universal nonrandomized pragmatic controlled trial. *Journal of Consulting and Clinical Psychology*, *82*(1), 75 - 89.

Chan, D. W. (2010). Gratitude, gratitude intervention and subjective well-being among Chinese school teachers in Hong Kong. *Educational Psychology*, *30*(2), 139 - 153.

Chan, D. W. (2011). Burnout and life satisfaction: Does gratitude intervention make a difference among Chinese school teachers in Hong Kong? *Educational Psychology*, *31*(7), 809 - 823.

Chan, D. W. (2013). Subjective well-being of Hong Kong Chinese teachers: The contribution of gratitude, forgiveness, and the orientations to happiness. *Teaching and Teacher Education*, *32*, 22 - 30.

Chappel, A., Suldo, S. M., & Ogg, J. (2014). Associations between adolescents' family stressors and life satisfaction. *Journal of Child and Family Studies*, *23*(1), 76 - 84.

Clunies-Ross, P., Little, E., & Kienhuis, M. (2008). Selfreported and actual use of proactive and reactive classroom management strategies and their relationship with teacher stress and student behaviour. *Educational Psychology*, *28*(6), 693 - 710.

Coatsworth, J. D., Duncan, L. G., Nix, R. L., Greenberg, M. T., Gayles, J. G., Bamberger, K. T., et al. (2015). Integrating mindfulness with parent training: Effects of the mindfulness-enhanced strengthening families program. *Developmental Psychology*, *51*(1), 26 - 35.

Cohn, M. A., & Fredrickson, B. L. (2010). In search of durable positive psychology interventions: Predictors and consequences of long-term positive behavior change. *Journal of Positive Psychology*, *5*(5), 355 - 366.

Cook, C. R., Frye, M., Slemrod, T., Lyon, A. R., Renshaw, T. L., & Zhang, Y. (2015). An integrated approach to universal prevention: Independent and combined effects of PBIS and SEL on youth's mental health. *School Psychology Quarterly*, *30*(2), 166 - 183.

Crede, J., Wirthwein, L., McElvany, N., & Steinmayr, R. (2015). Adolescents' academic achievement and life satisfaction: The role of parents' education. *Frontiers in Psychology*, *6*(52), 1 - 8.

Crenshaw, M. (1998). *Adjudicated violent youth, adjudicated non-violent youth vs. non-adjudicated, non-violent youth on selected psychological measures*. Unpublished master's thesis, University of South Carolina, Columbia, SC.

Critchley, H., & Gibbs, S. (2012). The effects of positive psychology on the efficacy beliefs of school staff. *Educational and Child Psychology*, *29*(4), 64 - 76.

Csikszentmihalyi, M. (2014). *Applications of flow in human development and education: The collected works of Mihaly Csikszentmihalyi*. Dordrecht, The Netherlands: Springer.

Csikszentmihalyi, M., & Hunter, J. (2003). Happiness in everyday life: The uses of experience sampling. *Journal of Happiness Studies*, *4*(2),

185 - 199.

Csillik, A. (2015). Positive motivational interviewing: Activating clients' strengths and intrinsic motivation to change. *Journal of Contemporary Psychotherapy*, *45*(2), 119 - 128.

Cummins, R. A., & Lau, A. L. D. (2005). *Personal Well-being Index—School Children (PWI-CS)—Manual*. Melbourne, Australia: Australian Centre on Quality of Life, School of Psychology, Deakin University.

Curry, J. F. (2014). Future directions in research on psychotherapy for adolescent depression. *Journal of Clinical Child and Adolescent Psychology*, *43*(3), 510 - 526.

Damon, W., Menon, J., & Bronk, K. C. (2003). The development of purpose during adolescence. *Applied Developmental Science*, *7*(3), 119 - 128.

Davis, M. H. (1983). Measuring individual differences in empathy: Evidence for a multidimensional approach. *Journal of Personality and Social Psychology*, *44*(1), 113 - 126.

Derogatis, L. R., & Spencer, M. S. (1982). *The Brief Symptom Inventory (BSI): Administration, scoring, and procedures manual-1*. Baltimore: Johns Hopkins University School of Medicine, Clinical Psychometrics Research Unit.

Dew, T., & Huebner, E. S. (1994). Adolescents' perceived quality of life: An exploratory investigation. *Journal of School Psychology*, *33*(2), 185 - 199.

Diener, E., & Chan, M. (2011). Happy people live longer: Subjective well-being contributes to health and longevity. *Applied Psychology: Health and Well-Being*, *3*(1), 1 - 43.

Diener, E., Emmons, R. A., Larsen, R. S., & Griffin, S. (1985). The Satisfaction with Life Scale. *Journal of Personality Assessment*, *49*(1), 71 - 75.

Diener, E., Scollon, C. N., & Lucas, R. E. (2009). The evolving concept of subjective well-being: The multifaceted nature of happiness. In E. Diener

(Ed.), *Assessing well-being: The collected works of Ed Diener* (pp. 67 - 100). New York: Springer.

Diener, E., & Seligman, M. E. P. (2002). Very happy people. *Psychological Science*, *13*(1), 81 - 84.

Dinisman, T., Fernandes, L., & Main, G. (2015). Findings from the first wave of the ISCWeB project: International perspectives on child subjective well-being. *Child Indicators Research*, *8*(1), 1 - 4.

Doll, B., Brehm, K., & Zucker, S. (2014). *Resilient classrooms: Creating healthy environments for learning* (2nd ed.). New York: Guilford Press.

Doll, B., Cummings, J. A., & Chapla, B. A. (2014). Best practices in population-based school mental health services. In P. L. Harrison & A. Thomas (Eds.), *Best practices in school psychology: Systems level perspectives* (pp. 149 - 163). Bethesda, MD: National Association of School Psychologists.

Domitrovich, C. E., Bradshaw, C. P., Poduska, J. M., Hoagwood, K., Buckley, J. A., Olin, S., et al. (2008). Maximizing the implementation quality of evidence-based preventive interventions in schools: A conceptual framework. *Advances in School Mental Health Promotion*, *1*(3), 6 - 28.

Donaldson, S. I., Dollwet, M., & Rao, M. A. (2015). Happiness, excellence, and optimal human functioning revisited: Examining the peer-reviewed literature linked to positive psychology. *Journal of Positive Psychology*, *10*(3), 185 - 195.

Dowdy, E., Furlong, M. J., Raines, T. C., Bovery, B., Kauffman, B., Kamphaus, R. W., et al. (2015). Enhancing school-based mental health services with a preventive and promotive approach to universal screening for complete mental health. *Journal of Educational and Psychological Consultation*, *25*(2 - 3), 178 - 197.

Duan, W., Ho, S. M. Y., Bai, Y., Tang, X., Zhang, Y., Li, T., et al. (2012). Factor structure of the Chinese Virtues Questionnaire. *Research on Social Work Practice*, *22*(6), 680 - 688.

Duan, W., Ho, S. M. Y., Tang, X., Li, T., & Zhang, Y. (2014). Character strength-based intervention to promote satisfaction with life in the Chinese university context. *Journal of Happiness Studies*, *15*(6), 1347 - 1361.

Duckworth, A. L., Quinn, P. D., & Seligman, M. E. (2009). Positive predictors of teacher effectiveness. *Journal of Positice Psychology*, *4*(6), 540 - 547.

Dunlap, G., Kincaid, D., & Jackson, D. (2013). Positive behavior support: Foundations, systems, and quality of life. In M. L. Wehmeyer (Ed.), *The Oxford handbook of positive psychology and disability* (pp. 303 - 316). New York: Oxford University Press.

Durlak, J. A., & DuPre, E. P. (2008). Implementation matters: A review of research on the influence of implementation on program outcomes and the factors affecting implementation. *American Journal of Community Psychology*, *41*(3 - 4), 327 - 350.

Durlak, J. A., Weissberg, R. P., Dymnicki, A. B., Taylor, R. D., & Schellinger, K. B. (2011). The impact of enhancing students' social and emotional learning: A meta-analysis of school-based universal interventions. *Child Development*, *82*(1), 405 - 432.

Eber, L., Weist, M., & Barrett, S. (2013). An introduction to the interconnected systems framework. In S. Barrett, L. Eber, & M. Weist (Eds.), *Advancing education effectiveness: Interconnecting school mental health and school-wide positive behavior support* (pp. 3 - 17).

Eklund, K., Dowdy, E., Jones, C., & Furlong, M. (2011). Applicability of the dual-factor model of mental health for college students. *Journal of College Student Psychotherapy*, *25*(1), 79 - 92.

Emmons, R. A., & McCullough, M. E. (2003). Counting blessings versus burdens: An experimental investigation of gratitude and subjective well-being in daily life. *Journal of Personality and Social Psychology*, *84*(2), 377 - 389.

Emmons, R. A., & Stern, R. (2013). Gratitude as a psychotherapeutic intervention. *Journal of Clinical Psychology*, *69*(8), 846 - 855.

Ferraioli, S. J., & Harris, S. L. (2013). Comparative effects of mindfulness and skills-based parent training programs for parents of children with autism: Feasibility and preliminary outcome data. *Mindfulness*, *4*(2), 89 - 101.

Fisher, D. L., & Fraser, B. J. (1981). Validity and use of the My Class Inventory. *Science Education*, *65*(2), 145 - 156.

Fleming, J. L., Mackrain, M., & LeBuffe, P. A. (2013). Caring for the caregiver: Promoting the resilience of teachers. In S. Goldstein & R. B. Brooks (Eds.), *Handbook of resilience in children* (pp. 387 - 397). New York: Springer.

Forgatch, M. S., & Patterson, G. R. (2005). *Parents and adolescents living together. Part 2: Family problem solving* (2nd ed). Champaign, IL: Research Press.

Fox, J. (2008). *Your child's strengths: Discover them, develop them, use them*. New York: Viking Adult.

Fox Eades, J. M. (2008). *Celebrating strengths: Building strengths-based schools*. Coventry, UK: CAPP Press.

Franklin, J., & Doran, J. (2009). Does all coaching enhance objective performance independently evaluated by blind assessors?: The importance of the coaching model and content. *International Coaching Psychology Review*, *4*(2), 128 - 144.

Fredrickson, B. L. (2001). The role of positive emotions in positive psychology: The broaden-and-build theory of positive emotions. *American Psychologist*, *56*(3), 218 - 226.

Fredrickson, B. L. (2009). *Positivity: Groundbreaking research to release your inner optimist and thrive*. Oxford, UK: Oneworld.

Fredrickson, B. L. (2013). Updated thinking on positivity ratios. *American Psychologist*, *68*(9), 814 - 822.

Friedrich, A., Thalji, A., Suldo, S. M., Chappel, A., & Fefer, S. (2010, March). *Increasing thirteen year-olds' happiness through a manualized group intervention*. Paper presented at the National Association of School Psychologists Annual Conference, Chicago, IL.

Frisch, M. B. (1998). Quality of life therapy and assessment in health care. *Clinical Psychology: Science and Practice*, *5*(1), 19 - 39.

Frisch, M. B. (2013). Evidence-based well-being/positive psychology assessment and intervention with quality of life therapy and coaching and the Quality of Life Inventory (QOLI). *Social Indicators Research*, *114*(2), 193 - 227.

Froh, J. J., Bono, G., Fan, J., Emmons, R. A., Henderson, K., Harris, C., et al. (2014). Nice thinking!: An educational intervention that teachers children to think gratefully. *School Psychology Review*, *43*(2), 132 - 152.

Froh, J. J., Fan, J., Emmons, R. A., Bono, G., Huebner, E. S., & Watkins, P. (2011). Measuring gratitude in youth: Assessing the psychometric properties of adult gratitude scales in children and adolescents. *Psychological Assessment*, *23*(2), 311 - 324.

Froh, J. J., Kashdan, T. B., Ozimkowski, K. M., & Miller, N. (2009). Who benefits the most from a gratitude intervention in children and adolescents?: Examining positive affect as a moderator. *Journal of Positive Psychology*, *4*(5), 408 - 422.

Froh, J. J., Sefick, W. J., & Emmons, R. A. (2008). Counting blessings in early adolescents: An experimental study of gratitude and subjective well-being. *Journal of School Psychology*, *46*(2), 213 - 233.

Fung, B. K. K., Ho, S. M. Y., Fung, A. S. M., Leung, E. Y. P., Chow, S. P., Ip, W. Y., et al. (2011). The development of a strength-focused mutual support group for caretakers of children with cerebral palsy. *East Asian Archives of Psychiatry*, *21*(2), 64 - 72.

Furlong, M. J. (2015). *Social Emotional Health Survey System*. Santa Barbara: Center for School-Based Youth Development, University of California, Santa Barbara.

Furlong, M. J., Dowdy, E., Carnazzo, K., Bovery, B., & Kim, E. (2014).

Covitality: Fostering the building blocks of complete mental health. *NASP Communiqué*, *42*(8), 24, 27-28.

Furlong, M. J., You, S., Renshaw, T. L., O'Malley, M. D., & Rebelez, J. (2013). Preliminary development of the Positive Experiences at School Scale for Elementary School Children. *Child Indicators Research*, *6*(4), 753-775.

Furlong, M. J., You, S., Renshaw, T. L., Smith, D. C., & O'Malley, M. D. (2014). Preliminary development and validation of the Social and Emotional Health Survey for Secondary School Students. *Social Indicators Research*, *117*(3), 1011-1032.

Furrer, C., & Skinner, E. (2003). Sense of relatedness as a factor in children's academic engagement and performance. *Journal of Educational Psychology*, *95*(1), 148-162.

Garland, E. L., Fredrickson, B., Kring, A. M., Johnson, D. P., Meyer, P. S., & Penn, D. L. (2010). Upward spirals of positive emotions counter downward spirals of negativity: Insights from the broaden-and-build theory and affective neuroscience on the treatment of emotion dysfunctions and deficits in psychopathology. *Clinical Psychology Review*, *30*(7), 849-864.

Geldhof, G. J., Bowers, E. P., Boyd, M. J., Mueller, M. K., Napolitano, C. M., Schmid, K. L., et al. (2014). Creation of short and very short measures of the five Cs of positive youth development. *Journal of Research on Adolescence*, *24*(1), 163-176.

Gentzler, A. L., Morey, J. N., Palmer, C. A., & Yi, C. Y. (2013). Young adolescents' responses to positive events: Associations with positive affect and adjustment. *Journal of Early Adolescence*, *33*(5), 663-683.

Gentzler, A. L., Ramsey, M. A., Yi, C. Y., Palmer, C. A., & Morey, J. N. (2014). Young adolescents' emotional and regulatory responses to positive life events: Investigating temperament, attachment, and event characteristics. *Journal of Positive Psychology*, *9*(2), 108-121.

Gibbs, S., & Miller, A. (2014). Teachers' resilience and well-being: A role for educational psychology. *Teachers and Teaching*, *20*(5), 609 - 621.

Gillham, J. (2011, July). *Positive psychology in schools: 3 year follow-up*. Paper presented at the World Congress on Positive Psychology, Philadelphia, PA.

Gillham, J. E., Abenavoli, R. M., Brunwasser, S. M., Linkins, M., Reivich, K. J., & Seligman, M. E. P. (2013). Resilience education. In S. David, I. Boniwell, & A. Conley Ayers (Eds.), *The Oxford handbook of happiness* (pp. 609 - 630). Oxford, UK: Oxford University Press.

Gillham, J. E., Hamilton, J., Freres, D. R., Patton, K., & Gallop, R. (2006). Preventing depression among early adolescents in the primary care setting: A randomized controlled study of the Penn Resiliency Program. *Journal of Abnormal Child Psychology*, *34*(2), 203 - 219.

Gillham, J. E., Jaycox, L. H., Reivich, K. J., Seligman, M. E. P., & Silver, T. (1990). *The Penn Resiliency Program*. Unpublished manual, University of Pennsylvania, Philadelphia, PA.

Gillham, J. E., Reivich, K. J., Brunwasser, S. M., Freres, D. R., Chajon, N. D., Kash-MacDonald, M., et al. (2012). Evaluation of a group cognitive-behavioral depression prevention program for young adolescents: A randomized effectiveness trial. *Journal of Clinical Child and Adolescent Psychology*, *41*(5), 621 - 639.

Gillham, J. E., Reivich, K. J., Freres, D. R., Chaplin, T. M., Shatté, A. J., Samuels, B., et al. (2007). School-based prevention of depressive symptoms: A randomized controlled study of the effectiveness and specificity of the Penn Resiliency Program. *Journal of Consulting and Clinical Psychology*, *75*(1), 9 - 19.

Gilman, R., Easterbrooks, S. R., & Frey, M. (2004). A preliminary study of multidimensional youth life satisfaction among deaf/hard of hearing youth across environmental settings. *Social Indicators Research*, *66*(1 - 2), 143 - 164.

Gilman, R., & Huebner, E. S. (1997). Children's reports of their life satisfaction. *School Psychology International*, *18*(3), 229 - 243.

Gilman, R., Huebner, E. S., Tian, L., Park, N., O'Byrne, J., Schiff, M., et al. (2008). Cross-national adolescent multidimensional life satisfaction reports: Analyses of mean scores and response style differences. *Journal of Youth and Adolescence*, *37*(2), 142 - 154.

Govindji, R., & Linley, P. A. (2007). Strengths use, self-concordance and well-being: Implications for strengths coaching and coaching psychologists. *International Coaching Psychology Review*, *2*(2), 143 - 153.

Grant, A. M. (2014). The efficacy of executive coaching in times of organisational change. *Journal of Change Management*, *14*(2), 258 - 280.

Gray, L., & Taie, S. (2015). *Public school teacher attrition and mobility in the first five years: Results from the first through fifth wares of the 2007 - 08 Beginning Teacher Longitudinal Study* (NCES 2015 - 337). Washington, DC: National Center for Education Statistics.

Green, L. S., Oades, L. G., & Grant, A. M. (2006). Cognitive behavioral, solution-focused life coaching: Enhancing goal striving, well-being, and hope. *Journal of Positive Psychology*, *1*(3), 142 - 149.

Green, L. S., Grant, A. M., & Rynsaardt, J. (2007). Evidence-based life coaching for senior high school students: Building hardiness and hope. *International Coaching Psychology Review*, *2*(1), 24 - 32.

Greenberg, M. T., Weissberg, R. P., O'Brien, M. U., Fredericks, L., Resnick, H., & Elias, M. J. (2003). Enhancing school-based prevention and youth development through coordinated social, emotional, and academic learning. *American Psychologist*, *58*(6 - 7), 466 - 474.

Greenspoon, P. J., & Saklofske, D. H. (2001). Toward an integration of subjective well-being and psychopathology. *Social Indicators Research*, *54*(1), 81 - 108.

Gresham, F. M., & Elliott, S. N. (1990). *The Social Skills Rating System*. Minneapolis, MN: Pearson Assessments.

Gresham, F. M., & Elliott, S. N. (2008). *Social Skills Improvement*

System—Rating Scales. Minneapolis, MN: Pearson Assessments.

Griffin, M., & Huebner, E. S. (2000). Multidimensional life satisfaction reports of students with serious emotional disturbance. *Journal of Psychoeducational Assessment*, *18*(2), 111 - 124.

Hamre, B. K., Pianta, R. C., Downer, J. T., & Mashburn, A. J. (2008). Teachers' perceptions of conflict with young students: Looking beyond problem behaviors. *Social Development*, *17*(1), 115 - 136.

Harter, S. (1982). The Perceived Competence Scale for Children. *Child Development*, *53*(1), 87 - 97.

Harter, S. (1985). *Manual for the Self-Perception Profile for Children*. Denver, CO: University of Denver.

Hawn Foundation. (2008). *Mindfulness education*. Miami Beach, FL: Author.

Headey, B., Muffels, R., & Wagner, G. G. (2014). Parents transmit happiness along with associated values and behaviors to their children: A lifelong happiness dividend? *Social Indicators Research*, *116*(3), 909 - 933.

Helliwell, J. F., Layward, R., & Sachs, J. (2015). *World happiness report 2015*. New York: Sustainable Development Solutions Network.

Herman, K. C., Reinke, W. M., Frey, A. J., & Shepard, S. A. (2014). *Motivational interviewing in schools: Strategies for engaging parents, teachers, and students*. New York: Springer.

Hexdall, C. M., & Huebner, E. S. (2007). Subjective well-being in pediatric oncology patients. *Applied Research in Quality of Life*, *2*(3), 189 - 208.

Hills, K. J., & Robinson, A. (2010). Enhancing teacher well-being: Put on your oxygen masks! *Communique*, *39*(4), 1 - 17.

Ho, S. M. Y., & Cheung, M. W. L. (2007). Using the combined etic-emic approach to develop a measurement of interpersonal subjective well-being in Chinese populations. In A. D. Ong & M. H. M. van Dulmen (Eds.), *Oxford handbook of methods in positive psychology* (pp. 139 - 152). New York: Oxford University Press.

Ho, S. M. Y., Duan, W., & Tang, S. C. M. (2014). The psychology of virtue and happiness in Western and Asian thought. In N. E. Snow & F. V. Trivigno (Eds.), *The philosophy and psychology of character and happiness*(pp. 215 - 238). New York: Routledge.

Hoppmann, C. A., Gerstorf, D., Willis, S. L., & Schaie, K. W. (2011). Spousal interrelations in happiness in the Seattle Longitudinal Study: Considerable similarities in levels and change over time. *Developmental Psychology*, *47*(1), 1 - 8.

Horner, R. H., Sugai, G., & Anderson, C. M. (2010). Examining the evidence base for school-wide positive behavior support. *Focus on Exceptional Children*, *42*(8), 1 - 14.

Horner, R. H., Sugai, G., Smolkowski, K., Eber, L., Nakasato, J., Todd, A., et al. (2009). A randomized, wait-list controlled effectiveness trial assessing school-wide positive behavior support in elementary schools. *Journal of Positive Behavior Interventions*, *11*(3), 133 - 144.

Hoy, B., Thalji, A., Frey, M., Kuzia, K., & Suldo, S. M. (2012, February). *Bullying and students' happiness: Social support as a protective factor*. Poster presented at the annual conference of the National Association of School Psychologists, Philadelphia, PA.

Hoy, B. D., Suldo, S. M., & Raffaele Mendez, L. (2013). Links between parents' and children's levels of gratitude, life satisfaction, and hope. *Journal of Happiness Studies*, *14*(4), 1343 - 1361.

Huebner, E. S. (1991a). Further validation of the Student's Life Satisfaction Scale: Independence of satisfaction and affect ratings. *Journal of Psychoeducational Assessment*, *9*(4), 363 - 368.

Huebner, E. S. (1991b). Initial development of the Student's Life Satisfaction Scale. *School Psychology International*, *12*(3), 231 - 240.

Huebner, E. S. (1994). Preliminary development and validation of a multidimensional life satisfaction scale for children. *Psychological Assessment*, *6*(2), 149 - 158.

Huebner, E. S., & Alderman, G. L. (1993). Convergent and discriminant validation of a children's life satisfaction scale: Its relationship to self- and teacher-reported psychological problems and school functioning. *Social Indicators Research*, *30*(1), 71-82.

Huebner, E. S., Brantley, A., Nagle, R. J., & Valois, R. F. (2002). Correspondence between parent and adolescent ratings of life satisfaction for adolescents with and without mental disabilities. *Journal of Psychoeducational Assessment*, *20*(1), 20-29.

Huebner, E. S., Drane, J. W., & Valois, R. F. (2000). Levels and demographic correlates of adolescent life satisfaction reports. *School Psychology International*, *21*(3), 281-292.

Huebner, E. S., & Hills, K. J. (2013). Assessment of life satisfaction with children and adolescents. In D. Saklofske, C. R. Reyolds, & V. Schwean (Eds.), *Oxford handbook of psychological assessment of children and adolescents* (pp. 773-787). Oxford, UK: Oxford University Press.

Huebner, E. S., Hills, K. J., & Jiang, X. (2013). Assessment and promotion of life satisfaction in youth. In C. Proctor & P. A. Linley (Eds.), *Research, applications and interventions for children and adolescents: A positive psychology perspective* (pp. 23-42). New York: Springer.

Huebner, E. S., Hills, K. J., Siddall, J., & Gilman, R. (2014). Life satisfaction and schooling. In M. Furlong, R. Gilman, & E. S. Huebner (Eds.), *Handbook of positive psychology in the schools* (2nd ed., pp. 192-207). New York: Routledge.

Huebner, E. S., Nagle, R. J., & Suldo, S. M. (2003). Quality of life assessment in child and adolescent health care: The use of the Multidimensional Students' Life Satisfaction Scale. In M. J. Sirgy, D. Rahtz, & A. C. Samli (Eds.), *Advances in quality of life theory and research* (pp. 179-190). Dordrecht, The Netherlands: Kluwer Academic Press.

Huebner, E. S., Seligson, J., Valois, R. F., & Suldo, S. M. (2006). A review of the Brief Multidimensional Students' Life Satisfaction Scale. *Social Indicators Research*, *79*(3), 477-484.

Huebner, E. S., Valois, R. F., Paxton, R., & Drane, J. W. (2005). Middle school students' perceptions of quality of life. *Journal of Happiness Studies*, *6*(1), 15 – 24.

Huebner, E. S., Zullig, K., & Saha, R. (2012). Factor structure and reliability of an abbreviated version of the Multidimensional Students' Life Satisfaction Scale. *Child Indicators Research*, *5*(4), 651 – 657.

Hurley, D. B., & Kwon, P. (2012). Results of a study to increase savoring the moment: Differential impact on positive and negative outcomes. *Journal of Happiness Studies*, *13*(4), 579 – 588.

Institute of Education Sciences & National Science Foundation. (2013, August). *Common guidelines for education research and development* (A report from the Joint Committee of the IES, U. S. Department of Education, and the National Science Foundation).

Ito, A., Smith, D. C., You, S., Shimoda, Y., & Furlong, M. J. (2015). Validation of the Social Emotional Health Survey—Secondary for Japanese Students. *Contemporary School Psychology*, *19*(4), 243 – 252.

Jennings, P. A., Frank, J. L., Snowberg, K. E., Coccia, M. A., & Greenberg, M. T. (2013). Improving classroom learning environments by Cultivating Awareness and Resilience in Education (CARE): Results of a randomized controlled trial. *School Psychology Quarterly*, *28*(4), 374 – 390.

Jennings, P. A., & Greenberg, M. T. (2009). The prosocial classroom: Teacher social and emotional competence in relation to student and classroom outcomes. *Review of Educational Research*, *79*(1), 491 – 525.

Jiang, X., Huebner, E. S., & Siddall, J. (2013). A short-term longitudinal study of differential sources of school-related social support and adolescents' school satisfaction. *Social Indicators Research*, *114*(3), 1073 – 1086.

Johnstone, J., Rooney, R. M., Hassan, S., & Kane, R. T. (2014).

Prevention of depression and anxiety symptoms in adolescents: 42 and 54 months follow-up of the Aussie Optimism Program—Positive Thinking Skills. *Frontiers in Psychology*, *5*(364), 1 - 10.

Jones, A. (1998). Creative coloring. In *104 activities that build* (pp. 26 - 27). Richland, WA: Rec Room.

Jones, C. N., You, S., & Furlong, M. J. (2013). A preliminary examination of covitality as integrated wellbeing in college students. *Social Indicators Research*, *111*(2), 511 - 526.

Jose, P. E., Lim, B. T., & Bryant, F. B. (2012). Does savoring increase happiness?: A daily diary study. *Journal of Positive Psychology*, *7*(3), 176 - 187.

Joseph, S., & Murphy, D. (2013). Person-centered approach, positive psychology, and relational helping: Building bridges. *Journal of Humanistic Psychology*, *53*(1), 26 - 51.

Joseph, S., & Wood, A. (2010). Assessment of positive functioning in clinical psychology: Theoretical and practical issues. *Clinical Psychology Review*, *30*(7), 830 - 838.

Joshanloo, M., & Weijers, D. (2014). Aversion to happiness across cultures: A review of where and why people are averse to happiness. *Journal of Happiness Studies*, *15*(3), 717 - 735.

Kabat-Zinn, J. (1990). *Full catastrophe living: Using the wisdom of your body and mind to face stress, pain and illness*. New York: Dell.

Kabat-Zinn, J. (2003). Mindfulness-based interventions in context: Past, present, and future. *Clinical Psychology: Science and Practice*, *10*(2), 144 - 156.

Kahneman, D., & Deaton, A. (2010). High income improves evaluation of life but not emotional well-being. *Proceedings of the National Academy of Sciences*, *107*(38), 16489 - 16493.

Kalak, N., Lemola, S., Brand, S., Holsboer-Trachsler, E., & Grob, A. (2014). Sleep duration and subjective psychological well-being in adolescence: A longitudinal study in Switzerland and Norway.

Neuropsychiatric Disease and Treatment, *10*(3), 1199 - 1207.

Kamphaus, R. W., & Reynolds, C. R. (2007). *BASC-2 Behavioral and Emotional Screening System manual*. Bloomington, MN: Pearson.

Kam, C., & Greenberg, M. T. (1998). *Technical measurement report on the Teacher Social Competence Rating Scale*. Unpublished technical report, Prevention Research Center for the Promotion of Human Development, Pennsylvania State University.

Kan, C., Karasawa, M., & Kitayama, S. (2009). Minimalist in style: Self, identity, and well-being in Japan. *Self and Identity*, *8*(2 - 3), 300 - 317.

Kehoe, J., & Fischer, N. (2002). *Mind power for children: The guide for parents and teachers*. Vancouver, BC, Canada: Zoetic.

Kelly, R. M., Hills, K. J., Huebner, E. S., & McQuillin, S. D. (2012). The longitudinal stability and dynamics of group membership in the dual-factor model of mental health: Psychosocial predictors of mental health. *Canadian Journal of School Psychology*, *27*(4), 337 - 355.

Kern, M. L., Waters, L. E., Adler, A., & White, M. A. (2015). A multidimensional approach to measuring well-being in students: Application of the PERMA framework. *Journal of Positive Psychology*, *10*(3), 262 - 271.

Keyes, C. L. M. (2006). Mental health in adolescence: Is America's youth flourishing? *American Journal of Orthopsychiatry*, *76*(3), 395 - 402.

Keyes, C. L. M. (2009). The nature and importance of positive mental health in America's adolescents. In R. Gilman, E. S. Huebner, & M. J. Furlong (Eds.), *Handbook of positive psychology in the schools* (pp. 9 - 23). New York: Routledge.

Kim, E., Dowdy, E., & Furlong, M. J. (2014). An exploration of using a dual-factor model in school-based mental health screening. *Canadian Journal of School Psychology*, *29*(2), 127 - 140.

Kim, J. S., & Franklin, C. (2009). Solution-focused brief therapy in schools: A review of the outcome literature. *Children and Youth*

Services Review, *31*(4), 464 - 470.

King, L. A. (2001). The health benefits of writing about life goals. *Personality and Social Psychology Bulletin*, *27*(7), 798 - 807.

Klassen, R. M., & Chiu, M. M. (2010). Effects on teachers' self-efficacy and job satisfaction: Teacher gender, years of experience, and job stress. *Journal of Educational Psychology*, *102*(3), 741 - 756.

Koestner, R. F., & Veronneau, M. H. (2001). *The Children's Intrinsic Needs Satisfaction Scale*. Unpublished questionnaire, McGill University, Montreal, Quebec, Canada.

Kosher, H., Ben-Arieh, A., Jiang, X., & Huebner, E. S. (2014). Advances in children's rights and the science of subjective well-being: Implications for school psychologists. *School Psychology Quarterly*, *29*(1), 7 - 20.

Kovacs, M. (1992). *Children's Depression Inventory (CDI) manual*. New York: Multi-Health Systems.

Kurtz, J. L. (2008). Looking to the future to appreciate the present: The benefits of perceived temporal scarcity. *Psychological Science*, *19*(12), 1238 - 1241.

Kusché, C. A., Greenberg, M. T., & Beilke, R. (1988). *Seattle Personality Questionnaire for Young School-Aged Children*. Unpublished measure, University of Washington, Department of Psychology.

Lam, C. C., Lau, N. S., Lo, H. H., & Woo, D. M. S. (2015). Developing mindfulness programs for adolescents: Lessons learned from an attempt in Hong Kong. *Social Work in Mental Health*, *13*(4), 365 - 389.

Lambert, R. G., McCarthy, C., O'Donnell, M., & Wang, C. (2009). Measuring elementary teacher stress and coping in the classroom: Validity evidence for the classroom appraisal of resources and demands. *Psychology in the Schools*, *46*(10), 973 - 988.

Lau, N. -S., & Hue, M. -T. (2011). Preliminary outcomes of a mindfulness-based programme for Hong Kong adolescents in schools: Well-being, stress and depressive symptoms. *International Journal of Children's*

Spirituality, *16*(4), 315 - 330.

Laurent, J., Cantanzaro, S. J., Joiner, T. E., Rudolph, K. D., Potter, K. I., Lambert, S., et al. (1999). A measure of positive and negative affect for children: Scale development and preliminary validation. *Psychological Assessment*, *11*(3), 326 - 338.

Lawlor, M. S., Schonert-Reichl, K. A., Gadermann, A. M., & Zumbo, B. D. (2014). A validation study of the Mindful Attention Awareness Scale adapted for children. *Mindfulness*, *5*(6), 730 - 741.

Lawson, A., Moore, R., Portman-Marsh, N., & Lynn, J. (2013). Random Acts of Kindness (RAK) school-based pilot implementation: Year two evaluation report executive summary.

Layous, K., Chancellor, J., & Lyubomirsky, S. (2014). Positive activities as protective factors against mental health conditions. *Journal of Abnormal Psychology*, *123*(1), 3 - 12.

Layous, K., Lee, H., Choi, I., & Lyubomirsky, S. (2013). Culture matters when designing a successful happiness-increasing activity: A comparison of the United States and Republic of Korea. *Journal of Cross-Cultural Psychology*, *44*(8), 1294 - 1303.

Layous, K., & Lyubomirsky, S. (2014). The how, why, what, when, and who of happiness: Mechanisms underlying the success of positive interventions. In J. Gruber & J. T. Moskowitz (Eds.), *Positive emotion: Integrating the light sides and dark side* (pp. 473 - 495). New York: Oxford University Press.

Layous, K., Nelson, S. K., & Lyubomirsky, S. (2013). What is the optimal way to deliver a positive activity intervention?: The case of writing about one's best possible selves. *Journal of Happiness Studies*, *14*(2), 635 - 654.

Layous, K., Nelson, S. K., Oberle, E., Schonert-Reichl, K. A., & Lyubomirsky, S. (2012). Kindness counts: Prompting prosocial behavior in preadolescents boosts peer acceptance and well-being. *PLoS ONE*, *7*(12), e51380.

Lee, B. J., & Yoo, M. S. (2015). Family, school, and community correlates of children's subjective well-being: An international comparative study. *Child Indicators Research*, *8*(1), 151 - 175.

Lee, S., You, S., & Furlong, M. J. (2016). Validation of the Social Emotional Health Survey—Secondary for Korean students. *Child Indicators Research*, *9*(1), 73 - 92.

Lenzi, M., Dougherty, D., Furlong, M. J., Sharkey, J., & Dowdy, E. (2015). The configuration protective model: Factors associated with adolescent behavioral and emotional problems. *Journal of Applied Developmental Psychology*, *38*, 49 - 59.

Leong, F. T. L., Leung, K., & Cheung, F. M. (2010). Integrating cross-cultural psychology research methods into ethnic minority psychology. *Cultural Diversity and Ethnic Minority Psychology*, *16*(4), 590 - 597.

Lewinsohn, P. M., Redner, J. E., & Seeley, J. R. (1991). The relationship between life satisfaction and psychosocial variables: New perspectives. In F. Strack, M. Argyle, & N. Schwarz (Eds.), *Subjective well-being: An interdisciplinary perspectice* (pp. 141 - 169). Elmsford, NY: Pergamon Press.

Linkins, M., Niemiec, R. M., Gillham, J., & Mayerson, D. (2015). Through the lens of strength: A framework for educating the heart. *Journal of Positive Psychology*, *10*(1), 64 - 68.

Linley, P. A., Garcea, N., Hill, J., Minhas, G., Trenier, E., & Willars, J. (2010). Strengthspotting in coaching: Conceptualisation and development of the Strengthspotting Scale. *International Coaching Psychology Review*, *5*(2), 165 - 176.

Lippman, L. H., Moore, K. A., Guzman, L., Ryberg, R., McIntosh, H., Ramos, M. F., et al. (2014). *Flourishing children*. New York: Springer.

Long, A. C., Renshaw, T. L., Hamilton, M., Bolognino, B. S., & Lark, C. (2015, February). *Teacher psychological resources as they relate to classroom management practices*. Poster presented at the annual convention of the National Association of School Psychologists, Orlando, FL.

Lovibond, S. H., & Lovibond, P. F. (1995). *Manual for the Depression Anxiety Stress Scales* (2nd ed.) Sydney: Psychology Foundation.

Lu, L. (2006). "Cultural fit": Individual and societal discrepancies in values, beliefs, and subjective well-being. *Journal of Social Psychology*, *146* (2), 203 - 221.

Luiselli, J. K., Putnam, R. F., Handler, M. W., & Feinberg, A. B. (2005). Whole-school positive behaviour support: Effects on student discipline problems and academic performance. *Educational Psychology*, *25*(2 - 3), 183 - 198.

Lykken, D. T. (1999). *Happiness: What studies on twins show us about nature, nurture, and the happiness set point*. New York: Golden Books.

Lyons, M. D., & Huebner, E. S. (2015). Academic characteristics of early adolescents with higher levels of life satisfaction. *Applied Research in Quality of Life*. Published online.

Lyons, M. D., Huebner, E. S., & Hills, K. J. (2013). The dual-factor model of mental health: A short-term longitudinal study of school-related outcomes. *Social Indicators Research*, *114*(2), 549 - 565.

Lyons, M. D., Otis, K. L., Huebner, E. S., & Hills, K. J. (2014). Life satisfaction and maladaptive behaviors in early adolescents. *School Psychology Quarterly*, *29*(4), 553 - 566.

Lyubomirsky, S. (2008). *The how of happiness: A scientific approach to getting the life you want*. New York: Penguin.

Lyubomirsky, S., & Layous, K. (2013). How do simple positive activities increase well-being? *Current Directions in Psychological Science*, *22* (1), 57 - 62.

Lyubomirsky, S., & Lepper, H. S. (1999). A measure of subjective happiness: Preliminary reliability and construct validation. *Social Indicators Research*, *46*(2), 137 - 155.

Lyubomirsky, S., Sheldon, K. M., & Schkade, D. (2005). Pursuing happiness: The architecture of sustainable change. *Review of General Psychology*, *9*(2), 111 - 131.

Lyubomirsky, S., Tkach, C., & Sheldon, K. M. (2004). [Pursuing sustained happiness through random acts of kindness and counting one's blessings: Tests of two six-week interventions]. Unpublished raw data.

Madden, W., Green, S., & Grant, A. M. (2011). A pilot study evaluating strengths-based coaching for primary school students: Enhancing engagement and hope. *International Coaching Psychology Review*, *6*(1), 71 - 83.

Manassis, K., Lee, T. C., Bennett, K., Zhao, X. Y., Mendlowitz, S., Duda, S., et al. (2014). Types of parental involvement in CBT with anxious youth: A preliminary meta-analysis. *Journal of Consulting and Clinical Psychology*, *82*(6), 1163 - 1172.

Manicavasagar, V., Horswood, D., Burckhardt, R., Lum, A., Hadzi-Pavlovic, D., & Parker, G. (2014). Feasibility and effectiveness of a web-based positive psychology program for youth mental health: Randomized controlled trial. *Journal of Medical Internet Research*, *16*(6), 23 - 39.

Marion, D., Laursen, B., Zettergren, P., & Bergman, L. R. (2013). Predicting life satisfaction during middle adulthood from peer relationships during mid-adolescence. *Journal of Youth and Adolescence*, *42*(8), 1299 - 1307.

Marques, S. C., Lopez, S. J., & Pais-Ribeiro, J. L. (2011). "Building hope for the future": A program to foster strengths in middle-school students. *Journal of Happiness Studies*, *12*(1), 139 - 152.

Marques, S. C., Pais-Ribeiro, J. L., & Lopez, S. J. (2007). Validation of a Portuguese version of the Students' Life Satisfaction Scale. *Applied Research in Quality of Life*, *2*(2), 83 - 94.

Marsh, H. W., Barnes, J., Cairns, L., & Tidman, M. (1984). Self-Description Questionnaire: Age and sex effects in the structure and level of self-concept for preadolescent children. *Journal of Educational Psychology*, *76*(5), 940 - 956.

Martens, B. K., Witt, J. C., Elliott, S. N., & Darveaux, D. X. (1985).

Teacher judgments concerning the acceptability of school-based interventions. *Professional Psychology: Research and Practice*, *16*(2), 191 - 198.

Maslach, C., & Goldberg, J. (1999). Prevention of burnout: New perspectives. *Applied and Preventive Psychology*, *7*(1), 63 - 74.

Masten, A. S. (2014). Invited commentary: Resilience and positive youth development frameworks in developmental science. *Journal of Youth and Adolescence*, *43*(6), 1018 - 1024.

Masten, A. S., Cutuli, J. J., Herbers, J. E., & Reed, M. J. (2009). Resilience in development. In C. R. Snyder & S. J. Lopez (Eds.), *The Oxford handbook of positive psychology* (2nd ed., pp. 117 - 131). New York: Oxford University Press.

Masten, A. S., Roisman, G. I., Long, J. D., Burt, K. B., Obradović, J. R., Boelcke-Stennes, K., et al. (2005). Developmental cascades: Linking academic achievement and externalizing and internalizing symptoms over 20 years. *Developmental Psychology*, *41*(5), 733 - 746.

McCabe, K., Bray, M. A., Kehle, T. J., Theodore, L. A., & Gelbar, N. W. (2011). Promoting happiness and life satisfaction in school children. *Canadian Journal of School Psychology*, *26*(3), 177 - 192.

McCabe-Fitch, K. A. (2009). *Examination of the impact of an intervention in positive psychology on the happiness and life satisfaction of children*. Unpublished doctoral dissertation, University of Connecticut, Storrs.

McCullough, G., & Huebner, E. S. (2003). Life satisfaction reports of adolescents with learning disabilities and normally achieving adolescents. *Journal of Psychoeducational Assessment*, *21*(4), 311 - 324.

McCullough, M. E., Emmons, R. A., & Tsang, J. A. (2002). The grateful disposition: A conceptual and empirical topography. *Journal of Personality and Social Psychology*, *82*(1), 112 - 127.

McCullough, M. M. (2015). *Improving elementary teachers' well-being through a strength-based intervention: A multiple baseline single-case design*. Unpublished master's thesis, University of South Florida,

Tampa, FL.

McDermott, D., & Hastings, S. (2000). Children: Raising future hopes. In C. R. Snyder (Ed.), *Handbook of hope: Theory, measures, and applications* (pp. 185 - 199). San Diego, CA: Academic Press.

McGrath, H., & Noble, T. (2011). *Bounce Back! A well-being and resilience program* (2nd ed.). Melbourne, Australia: Pearson Education.

McIntosh, K., Bennett, J. L., & Price, K. (2011). Evaluation of social and academic efforts of school-wide positive behaviour support in a Canadian school district. *Exceptionality Education International*, *21*(1), 46 - 60.

McIntosh, K., Filter, K. J., Bennett, J. L., Ryan, C., & Sugai, G. (2010). Principles of sustainable prevention: Designing scale-up of school-wide positive behavior support to promote durable systems. *Psychology in the Schools*, *47*(1), 5 - 21.

McLaughlin, K. A., Gadermann, A. M., Hwang, L., Sampson, N. A., Al-Hamzawi, A., Andrade, L. H., et al. (2012). Parent psychopathology and offspring mental disorders: Results from the WHO World Mental Health Surveys. *British Journal of Psychiatry*, *200*, 290 - 299.

McMahan, M. M. (2013). *A longitudinal examination of high school students' group membership in a dual-factor model of mental health: Stability of mental health status and predictors of change* (doctoral dissertation). Retrieved from PsycInfo (Accession Number: 2013 - 99200 - 311).

McNulty, J. K., & Fincham, F. D. (2012). Beyond positive psychology?: Toward a contextual view of psychological processes and well-being. *American Psychologist*, *67*(2), 101 - 110.

Merkas, M., & Brajsa-Zganec, A. (2011). Children with different levels of hope: Are there differences in their self-esteem, life satisfaction, social support, and family cohesion? *Child Indicators Research*, 4(3), 499 - 514.

Merrell, K. W., Carrizales, D., Feuerborn, L., Gueldner, B. A., & Tran, O. K. (2007). *Strong kids: A social and emotional learning curriculum for students in grades 3 - 5*. Baltimore: Brookes.

Miller, D. N., Nickerson, A. B., Chafouleas, S. M., & Osborne, K. M. (2008). Authentically happy school psychologists: Applications of positive psychology for enhancing professional satisfaction and fulfillment. *Psychology in the Schools*, *45*(8), 679 - 692.

Miller, W. R., & Rollnick, S. (2013). *Motivational interviewing: Helping people change* (3rd ed.). New York: Guilford Press.

Mitchell, J., Vella-Brodrick, D., & Klein, B. (2010). Positive psychology and the Internet: A mental health opportunity. *E-Journal of Applied Psychology*, *6*(2), 30 - 41.

Mitchell, M. M., & Bradshaw, C. P. (2013). Examining classroom influences on student perceptions of school climate: The role of classroom management and exclusionary discipline strategies. *Journal of School Psychology*, *51*(5), 599 - 610.

Miyamoto, Y., & Ryff, C. D. (2011). Cultural difference in the dialectical and non-dialectical emotional styles and their implications for health. *Cognition and Emotion*, *25*(1), 22 - 39.

Montgomery, C., & Rupp, A. A. (2005). A meta-analysis for exploring the diverse causes and effects of stress in teachers. *Canadian Journal of Education*, *28*(3), 458 - 486.

Moor, I., Lampert, T., Rathmann, K., Kuntz, B., Kolip, P., Spallek, J., et al. (2014). Explaining educational inequalities in adolescent life satisfaction: Do health behaviour and gender matter? *International Journal of Public Health*, *59*(2), 309 - 317.

Moore, S. A., Wildales-Benetiz, O., Carnazzo, K. W., Kim, E. K., Moffa, K., & Dowdy, E. (2015). Conducting universal complete mental health screening via student self-report. *Contemporary School Psychology*, *19*(4), 253 - 267.

Mychailyszyn, M. P., Brodman, D. M., Read, K. L., & Kendall, P. C. (2012). Cognitive-behavioral school-based interventions for anxious and depressed youth: A meta-analysis of outcomes. *Clinical Psychology:*

Science and Practice, *19*(2), 129 - 153.

National Association of School Psychologists. (2010). *National Association of School Psychologists Principles for Professional Ethics*. Bethesda, MD: Author.

Navarro, D., Montserrat, C., Malo, S., Gonzalez, M., Casas, F., & Crous, G. (2015). Subjective well-being: What do adolescents say? *Child and Family Social Work*. Published online.

Nelson, J. R., Martella, R. M., & Marchand-Martella, N. (2002). Maximizing student learning: The effects of a comprehensive school-based program for preventing problem behaviors. *Journal of Emotional and Behavioral Disorders*, *10*(3), 136 - 148.

Nelson, R. B., Schnorr, D., Powell, S., & Huebner, S. (2013). Building resilience in schools. In R. B. Mennuti, C. R. Christner, & A. Freeman (Eds.), *Cognitive-behavioral interventions in educational settings* (2nd ed., pp. 643 - 681). New York: Routledge.

Nowack, K. M. (1990). Initial development of an inventory to assess stress and health risk. *American Journal of Health Promotion*, *4*(3), 173 - 180.

Oberle, E., Schonert-Reichl, K. A., & Zumbo, B. D. (2011). Life satisfaction in early adolescence: Personal, neighborhood, school, family, and peer influences. *Journal of Youth and Adolescence*, *40*(7), 889 - 901.

Odou, N., & Vella-Brodrick, D. A. (2013). The efficacy of positive psychology interventions to increase well-being and the role of mental imagery ability. *Social Indicators Research*, *110*(1), 111 - 129.

O'Grady, P. (2013). *Positive psychology in the elementary school classroom*. New York: Norton.

Olenik, C., Zdrojewski, N., & Bhattacharya, S. (2013). *Scan and review of youth development measurement tools*. Washington, DC: United States Agency for International Development.

Orkibi, H., Ronen, T., & Assoulin, N. (2014). The subjective well-being of Israeli adolescents attending specialized school classes. *Journal of Educational Psychology*, *106*(2), 515－526.

Otake, K., Shimai, S., Tanaka-Matsumi, J., Otsui, K., & Fredrickson, B. L. (2006). Happy people become happier through kindness: A counting kindnesses intervention. *Journal of Happiness Studies*, *7*(3), 361－375.

Owens, R. L., & Patterson, M. M. (2013). Positive psychology interventions for children: A comparison of gratitude and best possible selves approaches. *Journal of Genetic Psychology*, *174*(4), 403－428.

Oyserman, D., Bybee, D., & Terry, K. (2006). Possible selves and academic outcomes: How and when possible selves impel action. *Journal of Personality and Social Psychology*, *91*(1), 188－204.

Park, N., & Huebner, E. S. (2005). A cross-cultural study of the levels and correlates of life satisfaction of adolescents. *Journal of Cross-Cultural Psychology*, *36*(4), 444－456.

Park, N., & Peterson, C. (2006). Moral competence and character strengths among adolescents: The development and validation of the Values in Action Inventory of Strengths for Youth. *Journal of Adolescence*, *29*(6), 891－909.

Park, N., Peterson, C., & Seligman, M. E. P. (2004). Strengths of character and well-being. *Journal of Social and Clinical Psychology*, *23*(5), 603－619.

Parks, A. C., & Biswas-Diener, R. (2013). Positive interventions: Past, present, and future. In T. B. Kashdan & J. Ciarrochi (Eds.), *Mindfulness, acceptance, and positive psychology: The seven foundations of well-being* (pp. 140－165). Oakland, CA: Context Press/New Harbinger.

Patterson, G. R., & Forgatch, M. S. (2005). *Parents and adolescents living together: Part 1. The basics* (2nd ed.). Champaign, IL: Research Press.

Perez-Blasco, J., Viguer, P., & Rodrigo, M. F. (2013). Effects of a mindfulness-based intervention on psychological distress, well-being, and maternal self-efficacy in breast-feeding mothers: Results of a pilot study. *Archives of Women's Mental Health*, *16*(3), 227 - 236.

Peterson, C., & Seligman, M. E. P. (2004). *Character strengths and virtues: A classification and handbook*. Washington, DC: American Psychological Association.

Powdthavee, N., & Vignoles, A. (2008). Mental health of parents and life satisfaction of children: A within-family analysis of intergenerational transmission of well-being. *Social Indicators Research*, *88*(3), 397 - 422.

Proctor, C., Linley, P. A., & Maltby, J. (2009a). Youth life satisfaction measures: A review. *Journal of Positive Psychology*, *4*(2), 128 - 144.

Proctor, C., Linley, P. A., & Maltby, J. (2009b). Youth life satisfaction: A review of the literature. *Journal of Positive Psychology*, *10*(5), 583 - 630.

Proctor, C., Linley, P. A., & Maltby, J. (2010). Very happy youths: Benefits of very high life satisfaction among adolescents. *Social Indicators Research*, *98*(3), 519 - 532.

Proctor, C., Tsukayama, E., Wood, A. M., Maltby, J., Fox Eades, J., & Linley, P. A. (2011). Strengths Gym: The impact of a character strengths-based intervention on the life satisfaction and well-being of adolescents. *Journal of Positive Psychology*, *6*(5), 377 - 388.

Quinlan, D., Vella-Brodrick, D., Caldwell, J., & Swain, N. (2016). *It just makes my hopes rise: The student and teacher experience of strengths in the classroom*. Manuscript in preparation.

Quinlan, D., Vella-Brodrick, D., Gray, A., & Swain, N. (2016). *Teachers' strengths spotting matter: Student outcomes in a classroom strengths intervention*. Manuscript in preparation.

Quinlan, D. M., Swain, N., Cameron, C., & Vella-Brodrick, D. A. (2015). How "other people matter" in a classroom-based strengths intervention: Exploring interpersonal strategies and classroom outcomes. *Journal of Positive Psychology*, *10*, 77 - 89.

Rashid, T. (2005). *Positive Psychotherapy Inventory*. Unpublished manuscript,

University of Pennsylvania.

Rashid, T. (2015). Positive psychotherapy: A strength-based approach. *Journal of Positive Psychology*, *10*(1), 25 - 40.

Rashid, T., & Anjum, A. (2008). Positive psychotherapy for young adults and children. In J. R. Z. Abela & B. L. Hankin (Eds.), *Handbook of depression in children and adolescents* (pp. 250 - 287). New York: Guilford Press.

Rashid, T., Anjum, A., Lennox, C., Quinlan, D., Niemiec, R. M., Mayerson, D., et al. (2013). Assessment of character strengths in children and adolescents. In C. Proctor & P. A. Linley (Eds.), *Research, applications, and interventions for children and adolescents: A positive psychology perspective* (pp. 81 - 115). New York: Springer.

Raskin, N. J., Rogers, C. R., & Witty, M. C. (2014). Client-centered therapy. In R. J. Corsini & D. Wedding (Eds.), *Current psychotherapies* (10th ed., pp. 95 - 150). Belmont, CA: Thomson Brooks/Cole.

Rees, G., & Dinisman, T. (2015). Comparing children's experiences and evaluations of their lives in 11 different countries. *Child Indicators Research*, *8*(1), 5 - 31.

Reinke, W. M., Herman, K. C., & Stormont, M. (2013). Classroom-level positive behavior supports in schools implementing SW-PBIS: Identifying areas for enhancement. *Journal of Positive Behavior Interventions*, *15*(1), 39 - 50.

Reinke, W. M., Stormont, M., Herman, K. C., Puri, R., & Goel, N. (2011). Supporting children's mental health in schools: Teacher perceptions of needs, roles, and barriers. *School Psychology Quarterly*, *26*(1), 1 - 13.

Renshaw, T. L., & Cohen, A. S. (2014). Life satisfaction as a distinguishing indicator of college student functioning: Further validation of the two-continua model of mental health. *Social Indicators Research*, *117*(1), 319 - 334.

Renshaw, T. L., Furlong, M. J., Dowdy, E., Rebelez, J., Smith, D. C.,

O'Malley, M. D., et al. (2014). Covitality: A synergistic conception of adolescents' mental health. In M. J. Furlong, R. Gilman, & E. S. Huebner (Eds.), *Handbook of positive psychology in schools* (2nd ed., pp. 12 - 32). New York: Routledge/Taylor & Francis.

Renshaw, T. L., Long, A. C. J., & Cook, C. R. (2015). Assessing teachers' positive psychological functioning at work: Development and validation of the teacher Subjective Wellbeing Questionnaire. *School Psychology Quarterly*, *30*(2), 289 - 306.

Reynolds, C. R., & Kamphaus, R. (2004). *Behavior Assessment System for Children* (2nd ed.). Circle Pines, MN: American Guidance Services.

Reynolds, S., Wilson, C., Austin, J., & Hooper, L. (2012). Effects of psychotherapy for anxiety in children and adolescents: A meta-analytic review. *Clinical Psychology Review*, *32*(4), 251 - 262.

Robertson-Kraft, C., & Duckworth, A. L. (2014). True grit: Trait-level perseverance and passion for longterm goals predicts effectiveness and retention among novice teachers. *Teachers College Record*, *116*(3), 1 - 27.

Roeser, R. W., Schonert-Reichl, K. A., Jha, A., Cullen, M., Wallace, L., Wilensky, R., et al. (2013). Mindfulness training and reductions in teacher stress and burnout: Results from two randomized, waitlist-control field trials. *Journal of Educational Psychology*, *105*(3), 787 - 804.

Rooney, R., Hassan, S., Kane, R., Roberts, C. M., & Nesa, M. (2013). Reducing depression in 9 - 10 year old children in low SES schools: A longitudinal universal randomized controlled trial. *Behaviour Research and Therapy*, *51*(12), 845 - 854.

Rosenberg, M. (1965). *Society and the adolescent self-image*. Princeton, NJ: Princeton University Press.

Roth, R., Suldo, S. M., & Ferron, J. (2016). *Improving middle school students' subjective well-being: Efficacy of a multicomponent positive psychology intervention targeting small groups of youth*. Manuscript submitted for publication.

Ruini, C., Ottolini, F., Tomba, E., Belaise, C., Albieri, E., Visani, D., et al. (2009). School intervention for promoting psychological well-being in adolescence. *Journal of Behavior Therapy and Experimental Psychiatry*, *40*(4), 522 - 532.

Rust, T., Diessner, R., & Reade, L. (2009). Strengths only or strengths and relative weaknesses?: A preliminary study. *Journal of Psychology: Interdisciplinary and Applied*, *143*(5), 465 - 476.

Rye, M. S., Fleri, A. M., Moore, C. D., Worthington, E. L., Wade, N. G., Sandage, S. J., et al. (2012). Evaluation of an intervention designed to help divorced parents forgive their ex-spouse. *Journal of Divorce and Remarriage*, *53*(3), 231 - 245.

Ryff, C. D., & Keyes, C. L. M. (1995). The structure of psychological well-being revisited. *Journal of Personality and Social Psychology*, *69*(4), 719 - 727.

Ryff, C. D., Love, G. D., Miyamoto, Y., Markus, H. R., Curhan, K. B., Kitayama, S., et al. (2014). Culture and the promotion of well-being in east and west: Understanding varieties of attunement to the surrounding context. In G. A. Fava & C. Ruini (Eds.), *Increasing psychological well-being in clinical and educational settings* (pp. 1 - 21). Dordrecht, The Netherlands: Springer.

Saha, R., Huebner, E. S., Hills, K. J., Malone, P. S., & Valois, R. F. (2014). Social coping and life satisfaction in adolescents. *Social Indicators Research*, *115*(1), 241 - 252.

Saha, R., Huebner, E. S., Suldo, S. M., & Valois, R. F. (2010). A longitudinal study of adolescent life satisfaction and parenting. *Child Indicators Research*, *3*, 149 - 165.

Sarriera, J. C., Casas, F., Bedin, L., Abs, D., Strelhow, M. R., Gross-Manos, D., et al. (2015). Material resources and children's subjective well-being in eight countries. *Child Indicators Research*, *8*(2), 199 - 209.

Scales, P. C., Benson, P. L., Moore, K. A., Lippman, L., Brown, B., & Zaff, J. F. (2008). Promoting equal developmental opportunity and outcomes among America's children and youth: Results from the National Promises Study. *Journal of Primary Prevention*, *29* (1), 121 - 144.

Scheier, M. F., & Carver, C. S. (1985). Optimism, coping, and health: Assessment and implications of generalized outcome expectancies. *Health Psychology*, *4*(2), 219 - 247.

Scheier, M. F., Carver, C. S., & Bridges, M. W. (1994). Distinguishing optimism from neuroticism (and trait anxiety, self-mastery, and self-esteem): A reevaluation of the Life Orientation Test. *Journal of Personality and Social Psychology*, *67*(6), 1063 - 1078.

Schonert-Reichl, K. A., & Lawlor, M. S. (2010). The effects of a mindfulness-based education program on pre- and early adolescents' well-being and social and emotional competence. *Mindfulness*, *1* (3), 137 - 151.

Schonert-Reichl, K. A., Oberle, E., Lawlor, M. S., Abbott, D., Thomson, K., Oberlander, T. F., et al. (2015). Enhancing cognitive and social-emotional development through a simple-to-administer mindfulness-based school program for elementary school children: A randomized controlled trial. *Developmental Psychology*, *51*(1), 52 - 66.

Schueller, S. M. (2010). Preferences for positive psychology exercises. *Journal of Positive Psychology*, *5*(3), 192 - 203.

Schwarz, B., Mayer, B., Trommsdorff, G., Ben-Arieh, A., Friedlmeier, M., Lubiewska, K., et al. (2012). Does the importance of parent and peer relationships for adolescents' life satisfaction vary across cultures? *Journal of Early Adolescence*, *32*(1), 55 - 80.

Schwarzer, R., & Jerusalem, M. (1995). Generalized Self-Efficacy scale. In J. Weinman, S. Wright, & M. Johnston, *Measures in health psychology: A user's portfolio* (pp. 35 - 37). Windsor, UK: NFER-NELSON.

Seligman, M. E. P. (1990). *Learned optimism: How to change your mind and your life*. New York: Random House.

Seligman, M. E. P. (2002). *Authenlic happiness: Using the new positice psychology to realize your potential for lasting fulfillment*. New York: Free Press.

Seligman, M. E. P. (2011). *Flourish: A visionary new understanding of happiness and well-being*. New York: Free Press.

Seligman, M. E. P., & Csikszentmihalyi, M. (2000). Positive psychology: An introduction. *American Psychologist*, *55*(1), 5 - 14.

Seligman, M. E. P., Ernst, R. M., Gillham, J., Reivich, K., & Linkins, M. (2009). Positive education: Positive psychology and classroom interventions. *Oxford Review of Education*, *35*(3), 293 - 311.

Seligman, M. E. P., Kaslow, N. J., Alloy, L. B., Peterson, C., Tanenbaum, R. L., & Abramson, L. Y. (1984). Attributional style and depressive symptoms among children. *Journal of Abnormal Psychology*, *93*(2), 235 - 238.

Seligman, M. E. P., Steen, T. A., Park, N., & Peterson, C. (2005). Positive psychology progress: Empirical validation of interventions. *American Psychologist*, *60*(5), 410 - 421.

Seligman, M. E. P., Reivich, K., Jaycox, L., & Gillham, J. (1995). *The optimistic child*. Boston: Houghton Mifflin.

Seligson, J. L., Huebner, E. S., & Valois, R. F. (2003). Preliminary validation of the Brief Multidimensional Students' Life Satisfaction Scale (BMSLSS). *Social Indicators Research*, *61*(5), 121 - 145.

Seligson, J. L., Huebner, E. S., & Valois, R. F. (2005). An investigation of a brief life satisfaction scale with elementary school children. *Social Indicators Research*, *73*(3), 355 - 374.

Senf, K., & Liau, A. K. (2013). The effects of positive interventions on happiness and depressive symptoms with an examination of personality as a moderator. *Journal of Happiness Studies*, *14*(2), 591 - 612.

Shapira, L. B., & Mongrain, M. (2010). The benefits of self-compassion and optimism exercises for individuals vulnerable to depression. *Journal of Positive Psychology*, *5*(5), 377 - 389.

Shek, D. T. L., & Liu, T. T. (2014). Life satisfaction in junior secondary school students in Hong Kong: A 3-year longitudinal study. *Social Indicators Research*, *117*(3), 777 – 794.

Sheldon, K. M., Boehm, J. K., & Lyubomirsky, S. (2013). Variety is the spice of happiness: The hedonic adaptation prevention (HAP) model. In S. A. David, I. Boniwell, & A. C. Ayers (Eds.), *Oxford handbook of happiness* (pp. 901 – 914). Oxford, UK: Oxford University Press.

Sheldon, K. M., & Lyubomirsky, S. (2006a). Achieving sustainable gains in happiness: Change your actions, not your circumstances. *Journal of Happiness Studies*, *7*(1), 55 – 86.

Sheldon, K. M., & Lyubomirsky, S. (2006b). How to increase and sustain positive emotion: The effects of expressing gratitude and visualizing best possible selves. *Journal of Positive Psychology*, *1*(2), 73 – 82.

Sheldon, K. M., & Lyubomirsky, S. (2012). The challenge of staying happier: Testing the hedonic adaptation prevention model. *Personality and Social Psychology Bulletin*, *38*(5), 670 – 680.

Shonin, E., Van Gordon, W., Compare, A., Zangeneh, M., & Griffiths, M. D. (2015). Buddhist-derived loving-kindness and compassion meditation for the treatment of psychopathology: A systematic review. *Mindfulness*, *6*(5), 1161 – 1180.

Shoshani, A., & Steinmetz, S. (2014). Positive psychology at school: A school-based intervention to promote adolescents' mental health and well-being. *Journal of Happiness Studies*, *15*(6), 1289 – 1311.

Sin, N. L., & Lyubomirsky, S. (2009). Enhancing well-being and alleviating depressive symptoms with positive psychology interventions: A practice-friendly meta-analysis. *Journal of Clinical Psychology: In Session*, *65*(5), 467 – 487.

Siu, O. L., Cooper, C. L., & Phillips, D. R. (2014). Intervention studies on enhancing work well-being, reducing burnout, and improving recovery experiences among Hong Kong health care workers and teachers. *International Journal of Stress Management*, *21*(1), 69 – 84.

Skinner, E. A., Kindermann, T. A., & Furrer, C. J. (2009). A motivational perspective on engagement and disaffection: Conceptualization and assessment of children's behavioral and emotional participation in academic activities in the classroom. *Educational and Psychological Measurement*, *69*(3), 493 - 525.

Snyder, C. R. (2005). Measuring hope in children. In K. A. Moore & L. H. Lippman (Eds.), *What do children need to flourish?: Conceptualizing and measuring indicators of positive development* (pp. 61 - 73). New York: Springer.

Snyder, C. R., Harris, C., Anderson, J. R., Holleran, S. A., Irving, L. M., Sigmon, S. T., et al. (1991). The will and the ways: Development and validation of an individual-differences measure of hope. *Journal of Personality and Social Psychology*, *60*(4), 570 - 585.

Snyder, C. R., Hoza, B., Pelham, W. E., Rapoff, M., Ware, L., Danovsky, M., et al. (1997). The development and validation of the children's hope scale. *Journal of Pediatric Psychology*, *22*(3), 399 - 421.

Snyder, C. R., Rand, K. L., & Sigmon, D. R. (2005). Hope theory: A member of the positive psychology family. In C. R. Snyder & S. J. Lopez (Eds.), *Handbook of positive psychology* (pp. 257 - 276). New York: Oxford University Press.

Song, M. (2003). *Two studies on the Resilience Inventory (RI): Toward the goal of creating a culturally sensitive measure of adolescence resilience*. Unpublished doctoral dissertation, Harvard University.

Spence, S. H. (1998). A measure of anxiety symptoms among children. *Behavior Research and Therapy*, *36*(5), 545 - 566.

Spilt, J. L., Koomen, H. M., & Thijs, J. T. (2011). Teacher wellbeing: The importance of teacher-student relationships. *Educational Psychology Review*, *23*(4), 457 - 477.

Sprick, R. (2009). *CHAMPS: A proactive and positive approach to classroom management* (2nd ed.). Eugene, OR: Pacific Northwest.

Steel, P., Schmidt, J., & Shultz, J. (2008). Refining the relationship between personality and subjective well-being. *Psychological Bulletin*, *134*(1), 138–161.

Steinberg, L. (2004). *The ten basic principles of good parenting*. New York: Simon & Schuster.

Stewart-Brown, S., Tennant, A., Tennant, R., Platt, S., Parkinson, J., & Weich, S. (2009). Internal construct validity of the Warwick-Edinburgh Mental Well-Being Scale (WEMWBS): A Rasch analysis using data from the Scottish Health Education Population Survey. *Health and Quality of Life Outcomes*, *7*, 15.

Stiglbauer, B., Gnambs, T., Gamsjäger, M., & Batinic, B. (2013). The upward spiral of adolescents' positive school experiences and happiness: Investigating reciprocal effects over time. *Journal of School Psychology*, *51*(2), 231–242.

Strait, G. G., Smith, B. H., McQuillin, S., Terry, J., Swan, S., & Malone, P. S. (2012). A randomized trial of motivational interviewing to improve middle school students' academic performance. *Journal of Community Psychology*, *40*(8), 1032–1039.

Sugai, G., Horner, R. H., Algozzine, R., Barrett, S., Lewis, T., Anderson, C., et al. (2010). *School-wide positive behavior support: Implementers' blueprint and self-assessment*. Eugene: University of Oregon.

Sugai, G., & Horner, R. R. (2006). A promising approach for expanding and sustaining school-wide positive behavior support. *School Psychology Review*, *35*(2), 245.

Suldo, S. M., Bateman, L., & Gelley, C. D. (2014). Understanding and promoting school satisfaction in children and adolescents. In M. J. Furlong, R. Gilman, & E. S. Huebner (Eds.), *Handbook of positive psychology in schools* (2nd ed., pp. 365–380). New York: Routledge.

Suldo, S. M., Dedrick, R. F., Shaunessy-Dedrick, E., Fefer, S. A., & Ferron, J. (2015). Development and initial validation of the Coping with Academic Demands Scale (CADS): How students in accelerated high school curricula cope with school-related stressors. *Journal of Psychoeducational Assessment*, *33*(4), 357 - 374.

Suldo, S. M., Dedrick, R. F., Shaunessy-Dedrick, E., Roth, R., & Ferron, J. (2015). Development and initial validation of the Student Rating of Environmental Stressors Scale (StRESS): Stressors faced by students in accelerated high school curricula. *Journal of Psychoeducational Assessment*, *33*(4), 339 - 356.

Suldo, S. M., & Fefer, S. A. (2013). Parent-child relationships and well-being. In C. Proctor & P. A. Linley (Eds.), *Research, applications and interventions for children and adolescents: A positive psychology perspective* (pp. 131 - 147). New York: Springer.

Suldo, S. M., Frank, M. J., Chappel, A. M., Albers, M. M., & Bateman, L. P. (2014). American high school students' perceptions of determinants of life satisfaction. *Social Indicators Research*, *118*(2), 485 - 514.

Suldo, S. M., Friedrich, A. A., & Michalowski, J. (2010). Factors that limit and facilitate school psychologists' involvement in mental health services. *Psychology in the Schools*, *47*(4), 354 - 373.

Suldo, S. M., Friedrich, A. A., White, T., Farmer, J., Minch, D., & Michalowski, J. (2009). Teacher support and adolescents' subjective well-being: A mixed-methods investigation. *School Psychology Review*, *38*(1), 67 - 85.

Suldo, S. M., Gelley, C. D., Roth, R. A., & Bateman, L. P. (2015). Influence of peer social experiences on positive and negative indicators of mental health among high school students. *Psychology in the Schools*, *52*(5), 431 - 446.

Suldo, S. M., Gormley, M., DuPaul, G., & Anderson-Butcher, D. (2014). The impact of school mental health on student and school-level academic outcomes: Current status of the research and future directions. *School Mental Health*, *6*(2), 84 - 98.

Suldo, S. M., Hearon, B. V., Bander, B., McCullough, M., Garofano, J., Roth, R., et al. (2015). Increasing elementary school students' subjective well-being through a classwide positive psychology intervention: Results of a pilot study. *Contemporary School Psychology*, *19*(4), 300 - 311.

Suldo, S. M., Hearon, B. V., Dickinson, S., Esposito, E., Wesley, K. L., Lynn, C., et al. (2015). Adapting positive psychology interventions for use with elementary school children. *NASP Communiqué*, *43*(8), 4 - 8.

Suldo, S. M., & Huebner, E. S. (2004a). Does life satisfaction moderate the effects of stressful life events on psychopathological behavior during adolescence? *School Psychology Quarterly*, *19*(2), 93 - 105.

Suldo, S. M., & Huebner, E. S. (2004b). The role of life satisfaction in the relationship between authoritative parenting dimensions and adolescent problem behavior. *Social Indicators Research*, *66*(1 - 2), 165 - 195.

Suldo, S. M., & Huebner, E. S. (2006). Is extremely high life satisfaction during adolescence advantageous? *Social Indicators Research*, *78*(2), 179 - 203.

Suldo, S. M., Minch, D. R., & Hearon, B. V. (2015). Adolescent life satisfaction and personality characteristics: Investigating relationships using a five factor model. *Journal of Happiness Studies*, *16*(4), 965 - 983.

Suldo, S. M., Savage, J. A., & Mercer, S. (2014). Increasing middle school students' life satisfaction: Efficacy of a positive psychology group intervention. *Journal of Happiness Studies*, *15*(1), 19 - 42.

Suldo, S. M., & Shaffer, E. J. (2008). Looking beyond psychopathology: The dual factor model of mental health in youth. *School Psychology Review*, *37*(1), 52 - 68.

Suldo, S. M., Thalji, A., & Ferron, J. (2011). Longitudinal academic outcomes predicted by early adolescents' subjective well-being, psychopathology, and mental health status yielded from a dual factor model. *Journal of Positive Psychology*, *6*(1), 17 - 30.

Suldo, S. M., Thalji-Raitano, A., Hasemeyer, M., Gelley, C. D., & Hoy, B. (2013). Understanding middle school students' life satisfaction: Does school climate matter? *Applied Research in Quality of Life*, *8*(2),

169 - 182.

Suldo, S. M., Thalji-Raitano, A., Kiefer, S. M., & Ferron, J. (in press). Conceptualizing high school students' mental health through a dual-factor model. *School Psychology Review*.

Terry, J., Strait, G., McQuillin, S., & Smith, B. H. (2014). Dosage effects of motivational interviewing on middle-school students' academic performance: Randomized evaluation of one versus two sessions. *Advances in School Mental Health Promotion*, *7*(1), 62 - 74.

Tilly, W. D. III. (2014). The evolution of school psychology to science-based practice: Problem solving and the three-tiered model. In P. L. Harrison & A. Thomas (Eds.), *Best practices in school psychology: Professional foundation* (pp. 17 - 36). Bethesda, MD: National Association of School Psychologists.

Thompson, E. R. (2007). Development and validation of an internationally reliable short-form of the Positive and Negative Affect Schedule (PANAS). *Journal of Cross-Cultural Psychology*, *38*(2), 227 - 242.

Tkach, C., & Lyubomirsky, S. (2006). How do people pursue happiness?: Relating personality, happiness increasing strategies, and well-being. *Journal of Happiness Studies*, *7*(2), 183 - 225.

Tolan, P. H., & Larsen, R. (2014). Trajectories of life satisfaction during middle school: Relations to developmental-ecological microsystems and student functioning. *Journal of Research on Adolescence*, *24*(3), 497 - 511.

Tschannen-Moran, M., & Hoy, A. W. (2001). Teacher efficacy: Capturing an elusive construct. *Teaching and Teacher Education*, *17*(7), 783 - 805.

van Horn, J. E., Taris, T. W., Schaufeli, W. B., & Schreurs, P. J. G. (2004). The structure of occupational well-being: A study among Dutch teachers. *Journal of Occupational and Organizational Psychology*, *77*(3), 365 - 375.

Veronneau, M. -H., Koestner, R. F., & Abela, J. R. Z. (2005). Intrinsic need satisfaction and well-being in children and adolescents: An application of the self-determination theory. *Journal of Social and Clinical Psychology*, *24*(2), 280 - 292.

Walker, H. M., Horner, R. H., Sugai, G., Bullis, M., Sprague, J. R., Bricker, D., et al. (1996). Integrated approaches to preventing antisocial behavior patterns among school-age children and youth. *Journal of Emotional and Behavioral Disorders*, *4*(4), 194 - 209.

Ware, J. E., Snow, K. K., Kosinski, M., & Gandek, B. (1993). *SF-36 Health Survey Manual and Interpretation Guide*. Boston: The Health Institute.

Warner, R. M., & Vroman, K. G. (2011). Happiness inducing behaviors in everyday life: An empirical assessment of "the how of happiness." *Journal of Happiness Studies*, *12*(6), 1063 - 1082.

Watkins, C. L., & Slocum, T. A. (2003). The components of direct instruction. *Journal of Direct Instruction*, *3*(2), 75 - 110.

Watson, D., Clark, L. A., & Tellegen, A. (1988). Development and validation of brief measures of positive and negative affect: The PANAS scales. *Journal of Personality and Social Psychology*, *54*(6), 1063 - 1070.

Weist, M. D., Lever, N. A., Bradshaw, C. P., & Owens, J. S. (2014). *Handbook of school mental health: Research, training, practice, and policy* (2nd ed.). New York: Springer.

Weisz, J. R., & Kazdin, A. E. (2010). *Evidence-based psychotherapies for children and adolescents* (2nd ed.). New York: Guilford Press.

Weisz, J. R., Sandler, I. N., Durlak, J. A., & Anton, B. S. (2005). Promoting and protecting youth mental health through evidence-based prevention and treatment. *American Psychologist*, *60*(6), 628 - 648.

Wentzel, K. R. (1993). Motivation and achievement in early adolescence: The role of multiple classroom goals. *Journal of Early Adolescence*, *13*(1), 4 - 20.

West, A. E., Weinstein, S. M., Peters, A. T., Katz, A. C., Henry, D. B.,

Cruz, R. A., et al. (2014). Child-and family-focused cognitive-behavioral therapy for pediatric bipolar disorder: A randomized clinical trial. *Journal of the American Academy of Child and Adolescent Psychiatry*, *53*(11), 1168 - 1178.

White, M. A., & Waters, L. E. (2015). A case study of "the good school": Examples of the use of Peterson's strengths-based approach with students. *Journal of Positive Psychology*, *10*(1), 69 - 76.

Wilmes, J., & Andresen, S. (2015). What does "good childhood" in a comparative perspective mean?: An explorative comparison of child well-being in Nepal and Germany. *Child Indicators Research*, *8*(1), 33 - 47.

World Health Organization. (1948). *Constitution of the World Health Organization*. Geneva, Switzerland: Author.

Yeager, D. S., & Walton, G. M. (2011). Social-psychological interventions in education: They're not magic. *Review of Educational Research*, *81*(2), 267 - 301.

You, S., Dowdy, E., Furlong, M. J., Renshaw, T., Smith, D. C., & O'Malley, M. D. (2014). Further validation of the Social and Emotional Health Survey for high school students. *Applied Quality of Life Research*, *9*(4), 997 - 1015.

You, S., Furlong, M. J., Felix, E., & O'Malley, M. D. (2015). Validation of the Social and Emotional Health Survey for five sociocultural groups: Multigroup invariance and latent mean analyses. *Psychology in the Schools*, *52*(4), 349 - 362.

译后记

《促进学生的幸福：学校中的积极心理干预》由美国南佛罗里达大学的学校心理学教授香农·M. 苏尔多(Shannon M. Suldo)组织撰写。这部著作包括四个部分，分别为学生幸福感概述、以学生为中心提升青少年幸福感的策略、提升青少年幸福感的生态策略、对跨文化和系统提升幸福感的专业思考。

经历三年多的翻译，译稿终于在2021年春夏之交完成。感谢三年多来本系列译丛主编李丹教授和上海教育出版社编辑的宽容与耐心。全书共计十章，第一章介绍主观幸福感的背景和原理，第二章介绍学生主观幸福感的测量方法，第三章介绍青少年主观幸福感的相关因素，第四章介绍积极心理干预设计与开发的理论框架，第五章介绍幸福感提升项目：对青少年的选择性干预，第六章介绍提升青少年幸福感的选择性和指征性干预，第七章介绍提升学生幸福感的通用策略，第八章介绍提升青少年幸福感的家庭中心策略，第九章介绍提升幸福感的跨文化思考和国际思考，第十章介绍在多层次支持系统中对积极心理学的整合思路。其中，第一至第六章由崔丽莹负责组织翻译和统稿，第七至第十章以及附录由彭安妮负责翻译和统稿。各章译者如下：第一章，崔佳蕾、崔丽莹；第二章，王欣竹、崔丽莹；第三章，蓝一沁、崔丽莹；第四章，任海霞、崔丽莹；第五章，翟梦真、崔丽莹；第六章，梁燕、崔丽莹；第七至第十章，彭安妮；附录，彭安妮。全书经过三轮修改，第一轮由彭安妮负责全书内容的检查和修改，郝娜负责全书格式的核查和修改，第二轮由陈怡文对全书的文字逐字进行翻译检查与修改，第三轮由彭安妮与崔丽莹负责统稿和定稿。

由于翻译者水平有限，译稿中肯定会有不少瑕疵，敬请包涵和谅解，并希望读者在阅读时能指出，以便我们进一步改进。

彭安妮　崔丽莹　陈怡文

2023 年 12 月 8 日